高等学校数学专业规划教材

（本书也可供研究生使用）

实变函数

胡国恩　王鑫　刘宏奎　编著

西安电子科技大学出版社

内 容 简 介

本书是编者在长期从事应用数学、信息安全等专业的“实变函数”课程教学实践基础上结合科研体会编写而成的. 全书共7章：第1章“从Riemann积分开始”主要是回顾数学分析中介绍过的Riemann积分，以便在第6章学习Lebesgue积分时做对比，同时可使读者对测度和积分理论的来源、背景有基本的了解；第2、3章是预备知识，分别介绍集合论的一些知识和欧氏空间中点集的基本知识与连续函数的性质；第4～6章是本书的核心部分，分别介绍Lebesgue测度、Lebesgue可测函数、Lebesgue积分理论；第7章介绍微分与积分.

全书表述简洁通俗，论证严谨，概念有解释，定理有说明，主要结论后均有例题，适合初学者使用，既可作为高等学校数学、应用数学、信息安全等专业高年级本科生或研究生的教材，也可供相关领域的科研人员参考.

图书在版编目(CIP)数据

实变函数/胡国恩，王鑫，刘宏奎编著. 一西安：西安电子科技大学出版社，2014.8(2015.1重印)
高等学校数学专业规划教材
ISBN 978-7-5606-3412-8

Ⅰ.①实…　Ⅱ.①胡…　②王…　③刘…　Ⅲ.①实变函数—高等学校—教材　Ⅳ.①O174.1

中国版本图书馆CIP数据核字(2014)第163543号

策　　划　李惠萍
责任编辑　王　瑛　李惠萍
出版发行　西安电子科技大学出版社(西安市太白南路2号)
电　　话　(029)88242885　88201467　　邮　　编　710071
网　　址　www.xduph.com　　电子邮箱　xdupfxb001@163.com
经　　销　新华书店
印刷单位　陕西华沐印刷科技有限责任公司
版　　次　2014年8月第1版　2015年1月第2次印刷
开　　本　787毫米×960毫米　1/16　　印　张　11
字　　数　221千字
印　　数　801～2800册
定　　价　19.00元

ISBN 978-7-5606-3412-8/O

XDUP 3704001-2

＊＊＊如有印装问题可调换＊＊＊

前　言

Riemann 积分的创立是数学史上里程碑性的进展，它不但为几何、物理等领域中的计算提供了有效的工具，更重要的是促进了分析理论的蓬勃发展. 但是，由于 Riemann 积分对被积函数的连续性有较高的要求，从而导致积分和极限的换序条件、Newton-Leibniz 公式成立的条件比较苛刻，并且区间 $[a, b]$ 上的 Riemann 可积函数空间不完备. 为刻画 Riemann 可积函数的不连续点集，并且引入新积分以克服 Riemann 积分对函数的连续性要求较高且不够灵活的缺点，数学家们做了不懈的努力. 20 世纪初，法国数学家 Lebesgue 在他的论文中成功地使用了一种新的分割方法：对函数的值域(而不是像 Riemann 积分那样对函数的定义域)做分割，再沿用经典分析中“局部求近似、整体求极限”来计算定积分，该方法避免了对函数的有界性和连续性的要求，但是需要解决一些问题:什么样的实数集合是“可以求长度的”? 什么样的函数可以按照这样的方法求积分? Lebesgue 本人对这些问题进行了系统、深入的研究，建立了 Lebesgue 测度和积分理论. 这不但解决了 Riemann 可积函数的不连续点集的特征刻画问题，而且引进的新积分——Lebesgue 积分，从根本上克服了 Riemann 积分的一些缺陷. 更重要的是，Lebesgue 积分的出现，为分析理论提供了一个最合理的平台，并促成了现代分析的许多分支(如泛函分析、调和分析、抽象分析等)的蓬勃发展.

以 Lebesgue 测度和积分理论为核心的实变函数，作为大学数学系的课程，已经远远超过半个世纪，它可能是数学系较为难学的课程之一. 与前期课程(数学分析)相比，实变函数概念众多、内容抽象、思想深刻，但正因为如此，它可能是数学、应用数学等专业的大学生开始研究性学习的最适宜课程之一：虽然概念众多，但每一个概念都有明确的背景和目的；很多结论虽然深刻，但证明过程大多是从最简单的情形开始，然后采用具体的技巧过渡到一般情形；为建立一个新的理论，往往是先确定一个路线图，再逐个解决前进道路上的难题(可测集、可测函数等). 为此，在“把基本问题理清楚，将主要思想说明白”的前提下，注意引导学生发现问题和解决问题、激发学生学习的积极性进而享受学习中的乐趣，是教学过程中最重要的环节之一. 正如 NBA 最成功的教练之一菲尔·杰克逊所说的:“作为教练，重要的是让球员学会阅读比赛和享受比赛.”这需要教师结合自己的理解以通俗的语言讲解相关内容，同时还需要教材这个教与学之间的纽带促进学生在思考和品味中参悟所学知识. 基于这样的教学指导思想，编者在总结、梳理近年来的教学实践的基础上编写了本书，其初衷就是强调对基本概念、基本思想的理解和掌握，注重引导学生尝试研究性学习，而不是单纯地记概念、背定理、做大量习题．在语言组织上，本书融入了编者对有关知识的理解，力求直观、朴素；对于重要的概念，先说明其产生的背景，在用准确的数学语言描述之后，尽量用通俗的语言解释其本质性的内涵；对于主要定理(如 Lusin 定理、Riesz 定理等)，尽可能交代清楚其证明思想，并力求简化证明过程；同时，注意相关知识点(和数学分析知识、前后章节知识)之间的对比，以使学生在学习过程中及时将前后知识联系起来，理解 Lebesgue 测度和积分理论的精髓与本质．

全书分为 7 章．第 1 章“从 Riemann 积分开始”其实是为全书做一个铺垫，一方面是为了回顾数学分析中介绍过的 Riemann 积分以便在第 6 章学习 Lebesgue 积分时做对比，另一方面是为了让读者对测度和积分理论的来源、背景有基本的了解．第 2 章“集合与基数”介绍集合论的基本知识，特别是基数以及基数的比较．第 3 章“欧氏空间中的拓扑与连续函数”介绍欧氏空间中的点集的基本知识以及连续函数的性质．这三章的篇幅都不长，目的是在课程开始阶段让学生避免视觉疲劳．第 4～6 章是本书的核心部分，按照 Lebesgue 建立新积分的路线图，分别介绍 Lebesgue 测度、Lebesgue 可测函数、Lebesgue 积分．第 7 章作为应用篇，介绍积分与微分．与传统的实变函数教材相比，除了 6.6 节在不涉及泛函分析知识的前提下对 Lorentz 空间做了初步介绍，本书在主要内容上并没有大的变化，也基本上不涉及抽象分析的内容，只是力求在主要部分的细节处理、引导学生思考等方面做得好一些．

在本书出版之际，编者衷心感谢我国数学界的老前辈陆善镇教授和施咸亮教授，他们结合自己长期的教学实践和科研经验为本书的编写提出了指导性建议；也要感谢长期支持和帮助编者的国内调和分析界的各位同行，特别是陈杰诚教授、刘和平教授、杨大春教授、丁勇教授、江寅生教授、燕敦验教授和朱月萍教授，与他们长期进行学术交流及合作使编者加深了对相关问题的理解和认识；还要感谢西安电子科技大学出版社的王瑛编辑，她出色的文字工作使本书增色不少．在编者的教学实践中，曾多次使用周性伟教授编著的实变函数教材，从中获益良多．吴国昌博士、乔蕾博士和张启慧同志校阅了本书部分章节，在此一并表示感谢．

由于编者水平有限，书中不足之处在所难免，恳请读者批评指正．

编　者

2014 年 5 月

常 用 符 号

本书使用的符号是标准的，对于大多数符号，在第一次出现的时候，我们都给出了其明确的意义. 没有明确说明的，我们均沿用通常的表示，例如：

- $\mathbf{R}$：实数集；$\mathbf{R}^n$：集合$\{(x_1, \cdots, x_n): x_k \in \mathbf{R}, 1 \leqslant k \leqslant n\}$；$\mathbf{R}^\infty$：所有实数列组成的集合.
- $\mathbf{N}$：全体正整数集；$\mathbf{Z}$：全体整数集；$\mathbf{Q}$：全体无理数集；$\mathbf{Z}_+$：集合 $\mathbf{N} \cup \{0\}$.
- $\mathbf{Z}_+^n$：集合$\{(\alpha_1, \cdots, \alpha_n): \alpha_k \in \mathbf{Z}_+, 1 \leqslant k \leqslant n\}$；$\mathbf{Q}^n$：集合$\{(x_1, \cdots, x_n): x_k \in \mathbf{Q}, 1 \leqslant k \leqslant n\}$.
- $\varnothing$：空集.
- $B(x_0, r)$：$\mathbf{R}^n$ 中以 x_0 为中心、r 为半径的球；特别地，$B(0, r)$表示以原点为中心、r 为半径的球.
- $|Q|$：方体 Q 的体积；$|B|$：球 B 的体积.
- $\ell(Q)$：方体 Q 的边长或区间 Q 的长度.
- χ_E：集合 E 的特征函数.
- $\lim\limits_{k\to\infty} f_k(x)$：和数学分析中稍有不同，本书中$\lim\limits_{k\to\infty} f_k(x)$表示$\lim\limits_{k\to\infty} f_k(x)$存在有限或者当 $k\to\infty$时 $f_k(x)$趋于∞或趋于$-\infty$.
- $\overline{\lim\limits_{n\to\infty}} a_n$：数列$\{a_n\}$的上极限；$\underline{\lim\limits_{n\to\infty}} a_n$：数列$\{a_n\}$的下极限.
- $\lfloor a \rfloor$：不超过 a 的最大整数.
- $a_k \uparrow a$：数列$\{a_k\}$单增收敛于 a；$a_k \downarrow a$：数列$\{a_k\}$单减收敛于 a.

目　录

第 1 章　从 Riemann 积分开始

19 世纪开始，在分析中注入严密性逐渐成为数学家们的共识. 得益于 Cauchy、Riemann、Darboux 等人的出色工作，函数的可积性有了清晰、严谨的数学定义，这一里程碑性的进展促成了微积分的迅速发展和完善. 但是，数学家们也在第一时间内注意到了 Riemann 积分不方便的地方，进而开始了刻画 Riemann 可积函数的不连续点集、引入新积分等有关研究，这些工作最终促成了 Lebesgue 测度和积分理论的出现.

本章作为全书的铺垫，先简要回顾 Riemann 积分的定义和基本性质(以便在第 6 章学习 Lebesgue 积分时做对比)，再分析 Riemann 积分对函数连续性的要求带来的一些弊端，并简单介绍数学家们为解决有关问题所做的研究工作.

1.1　回顾 Riemann 积分

给定闭区间$[a, b]$以及$[a, b]$中的有限个点 $x_0, x_1, \cdots, x_k$，假如

$$a = x_0 < x_1 < \cdots < x_{k-1} < x_k = b$$

则称 $T=\{x_l\}_{0\leqslant l\leqslant k}$ 是$[a, b]$的一个**分割**，并称 $r(T)=\max\limits_{1\leqslant l\leqslant k}(x_l-x_{l-1})$ 是 T 的**细度**. 现假设 f 是定义于$[a, b]$的实值函数，对于$[a, b]$的一个分割 $T=\{x_l\}_{0\leqslant l\leqslant k}$ 以及 $\xi_l\in[x_{l-1}, x_l](1\leqslant l\leqslant k)$，我们称 $\sum\limits_{l=1}^{k} f(\xi_l)(x_l-x_{l-1})$ 是 f 的相应于分割 T 的一个**积分和**.

定义 1.1.1　设 $-\infty<a<b<\infty$，f 是定义于$[a, b]$上的实值函数，A 是一个实数. 假如

$$\lim_{\delta\to 0+}\sup_{\substack{T:\, T=\{x_l\}_{0\leqslant l\leqslant k}\text{是}[a,\,b]\text{的分割}\\ \xi_l\in[x_{l-1},\,x_l](1\leqslant l\leqslant k),\ r(T)<\delta}}\left|\sum_{l=1}^{k} f(\xi_l)(x_l-x_{l-1})-A\right|=0$$

则称 f 在$[a, b]$上 **Riemann 可积**，并称 A 为 f 在$[a, b]$上的 **Riemann 积分**，记为

$$\int_a^b f(x)\mathrm{d}x = A$$

如用 $\varepsilon-\delta$ 语言来表述积分的定义，则 f 在 $[a, b]$ 上可积且其 Riemann 积分为 A 就意味着：对于任意的 $\varepsilon>0$，存在 $\delta>0$，使得对 $[a, b]$ 的任何一个细度小于 δ 的分割 $\{x_l\}_{0\leqslant l\leqslant k}$ 以及 f 相应于这个分割的任何一个积分和 $\sum\limits_{l=1}^{k} f(\xi_l)(x_l-x_{l-1})$，都有

$$\left|\sum_{l=1}^{k} f(\xi_l)(x_l-x_{l-1})-A\right|<\varepsilon$$

例 1.1.1　Riemann 函数

$$R(x)=\begin{cases}\dfrac{1}{q}, & x=\dfrac{p}{q},\ q>0,\ p、q\ \text{是既约整数}\\ 0, & x\ \text{是无理数}\end{cases}$$

在 $[0, 1]$ 上 Riemann 可积且积分为零.

证明　对于任意的 $\varepsilon>0$，容易看出满足 $1/q\geqslant\varepsilon/2$ 的正整数 q 只有有限个，于是 $[0, 1]$ 中使得 $R(x)\geqslant\varepsilon/2$ 的 x 也只有有限个，记这个数量为 N. 对于 $[0, 1]$ 的任意一个分割 $T=\{x_j\}_{0\leqslant j\leqslant k}$，有

$$\sum_{j=1}^{k} R(\xi_j)(x_j-x_{j-1})=\sum_{1\leqslant j\leqslant k}^{\mathrm{I}} R(\xi_j)(x_j-x_{j-1})+\sum_{1\leqslant j\leqslant k}^{\mathrm{II}} R(\xi_j)(x_j-x_{j-1})$$

其中 $\sum\limits_{1\leqslant j\leqslant k}^{\mathrm{I}}$ 中的 $[x_{j-1}, x_j]$ 里含有使得 $R(x)\geqslant\varepsilon/2$ 的点，而 $\sum\limits_{1\leqslant j\leqslant k}^{\mathrm{II}}$ 中的 $[x_{j-1}, x_j]$ 里不含有使得 $R(x)\geqslant\varepsilon/2$ 的点. 由于 $\sum\limits_{1\leqslant j\leqslant k}^{\mathrm{I}}$ 中至多有 $2N$ 项，因此

$$\sum_{1\leqslant j\leqslant k}^{\mathrm{I}} R(\xi_j)(x_j-x_{j-1})<2Nr(T)$$

$$\sum_{1\leqslant j\leqslant k}^{\mathrm{II}} R(\xi_j)(x_j-x_{j-1})<\frac{\varepsilon}{2}$$

现在取 $\delta=\varepsilon/(4N)$，上面的讨论说明：当 $[0, 1]$ 的分割 $T=\{x_j\}_{0\leqslant j\leqslant k}$ 的细度 $r(T)<\delta$ 时，对于 R 的相应于 T 的任何一个积分和 $\sum\limits_{j} R(\xi_j)(x_j-x_{j-1})$，都有

$$\left|\sum_{j} R(\xi_j)(x_j-x_{j-1})\right|<\varepsilon$$

由 Riemann 积分的定义就知道函数 R 在 $[0, 1]$ 上 Riemann 可积且积分为零.　□

利用 Riemann 积分的定义，容易证明下述定理.

定理 1.1.1　设 $-\infty<a<b<\infty$，f 是定义于 $[a, b]$ 上的实值函数. 假如 f 在 $[a, b]$ 上 Riemann 可积，则 f 在 $[a, b]$ 上有界.

为了刻画函数的 Riemann 可积性，我们需要引入 Darboux 上和与 Darboux 下和. 对于区间 $[a, b]$ 上的有界实值函数 f 以及 $[a, b]$ 的一个分割 $T=\{x_k\}_{0\leqslant l\leqslant k}$，令

$$S_T(f)=\sum_{l=1}^{k}M_l(x_l-x_{l-1}),\ s_T(f)=\sum_{l=1}^{k}m_l(x_l-x_{l-1})$$

其中对 $1\leqslant l\leqslant k$，有

$$M_l=\sup_{y\in[x_{l-1},\,x_l]}f(y),\ m_l=\inf_{z\in[x_{l-1},\,x_l]}f(z)$$

我们称 $S_T(f)$ 为 f 的相应于分割 T 的 **Darboux 上和**，而称 $s_T(f)$ 为 f 的相应于分割 T 的 **Darboux 下和**.

引理 1.1.1　设 $-\infty<a<b<\infty$，f 是 $[a,b]$ 上的实值函数.

(1) 假如 $T_1=\{x_l\}_{0\leqslant l\leqslant k}$，$T_2=\{y_m\}_{0\leqslant m\leqslant v}$ 是 $[a,b]$ 的两个分割且 T_2 是 T_1 的加细，即 $T_1\subset T_2$，则 $S_{T_1}(f)\geqslant S_{T_2}(f)$，$s_{T_1}(f)\leqslant s_{T_2}(f)$；

(2) 对于 $[a,b]$ 的任意两个分割 T_1、T_2，必有 $S_{T_1}(f)\geqslant s_{T_2}(f)$；

(3) 假如存在 $M>0$ 使得对于任意的 $x\in[a,b]$，$|f(x)|\leqslant M$，$T=\{x_i\}_{0\leqslant i\leqslant N}$ 是 $[a,b]$ 的一个分割，$y\in(a,b)$ 且 $y\notin T$，令 $\widetilde{T}=T\cup\{y\}$，则

$$S_{\widetilde{T}}(f)\geqslant S_T(f)-2Mr(T),\ s_{\widetilde{T}}(f)\leqslant s_T(f)+2Mr(T)$$

证明　由于对于任意实数集 A、B，有

$$\sup(A\cup B)=\max\{\sup A,\ \sup B\},\ \inf(A\cup B)=\min\{\inf A,\ \inf B\}$$

因此结论(1)、(3)可以由 S_T、s_T 的定义直接得到. 对于结论(2)，只要注意到

$$S_{T_1}(f)\geqslant S_{T_1\cup T_2}(f)\geqslant s_{T_1\cup T_2}(f)\geqslant s_{T_2}(f)$$

即可. □

令

$$\overline{A_{[a,b]}}(f)=\inf_{T:\,T\text{是}[a,b]\text{的分割}}S_T(f),\ \underline{A_{[a,b]}}(f)=\sup_{T:\,T\text{是}[a,b]\text{的分割}}s_T(f)$$

则对于 $[a,b]$ 的任意一个分割 T，有

$$S_T(f)\geqslant\overline{A_{[a,b]}}(f),\ \underline{A_{[a,b]}}(f)\geqslant s_T(f)$$

基于 Darboux 上和与 Darboux 下和的定义及基本性质，可以得到如下结论.

定理 1.1.2　设 $-\infty<a<b<\infty$，f 是定义于 $[a,b]$ 上的有界实值函数，则下面各条件等价.

(1) f 在 $[a,b]$ 上 Riemann 可积；

(2) $\lim\limits_{\delta\to 0+}\ \sup\limits_{T:\,T\text{是}[a,b]\text{的分割且}r(T)<\delta}[S_T(f)-s_T(f)]=0$；

(3) 对于 $[a,b]$ 的任意一列单调加细的分割 $\{T_k\}$（即对于任意的正整数 k，T_{k+1} 是 T_k 的加细），只要 $r(T_k)\to 0$，必有

$$\lim_{k\to\infty}S_{T_k}(f)=\lim_{k\to\infty}s_{T_k}(f)\tag{1.1.1}$$

(4) 存在 $[a,b]$ 的一列单调加细的分割 $\{T_k\}$，$r(T_k)\to 0$，且式(1.1.1)成立；

(5) 任给 $\varepsilon>0$，存在 $[a,b]$ 的一个分割 W，使得

$$S_W(f)-s_W(f)<\varepsilon$$

(6) $\overline{A_{[a,b]}}(f)=\underline{A_{[a,b]}}(f)$.

证明　条件(2)隐含条件(3)、条件(3)隐含条件(4)以及条件(4)隐含条件(5)是明显的，只需证明条件(1)隐含条件(2)、条件(5)等价于条件(6)以及条件(5)+条件(6)隐含条件(1).

先证明条件(1)隐含条件(2). 对于任意的 $\varepsilon>0$，由于 f 在 $[a, b]$ 上 Riemann 可积，故存在 $\delta>0$ 使得对于任意细度小于 δ 的分割 $T=\{x_l\}_{0\leqslant l\leqslant k}$ 以及任意的 $\xi_l\in[x_{l-1}, x_l]$ $(1\leqslant l\leqslant k)$，都有

$$\left|\sum_{l=1}^{k}f(\xi_l)(x_l-x_{l-1})-\int_a^b f(x)\mathrm{d}x\right|<\frac{\varepsilon}{4}$$

从而有

$$-\frac{\varepsilon}{4}+\int_a^b f(x)\mathrm{d}x<\sum_{l=1}^{k}f(\xi_l)(x_l-x_{l-1})<\int_a^b f(x)\mathrm{d}x+\frac{\varepsilon}{4}$$

这隐含着

$$-\frac{\varepsilon}{4}+\int_a^b f(x)\mathrm{d}x\leqslant\sum_{l=1}^{k}M_l(x_l-x_{l-1})\leqslant\int_a^b f(x)\mathrm{d}x+\frac{\varepsilon}{4}$$

以及

$$-\frac{\varepsilon}{4}+\int_a^b f(x)\mathrm{d}x\leqslant\sum_{l=1}^{k}m_l(x_l-x_{l-1})\leqslant\int_a^b f(x)\mathrm{d}x+\frac{\varepsilon}{4}$$

因此

$$S_T(f)-s_T(f)\leqslant\frac{\varepsilon}{2}$$

从而条件(2)成立.

现在来证明条件(5)隐含条件(6). 明显地，条件(5)表明：对于任意的 $\varepsilon>0$，$\overline{A_{[a,b]}}(f)<\underline{A_{[a,b]}}(f)+\varepsilon$，所以 $\overline{A_{[a,b]}}(f)\leqslant\underline{A_{[a,b]}}(f)$. 再结合 $\overline{A_{[a,b]}}(f)\geqslant\underline{A_{[a,b]}}(f)$，即得 $\overline{A_{[a,b]}}(f)=\underline{A_{[a,b]}}(f)$.

再来证明条件(6)隐含条件(5). 若 $\overline{A_{[a,b]}}(f)=\underline{A_{[a,b]}}(f)$，则对于任意的 $\varepsilon>0$，存在 $[a, b]$ 的一个分割 T_1，使得 $S_{T_1}(f)<\underline{A_{[a,b]}}(f)+\varepsilon/2$. 这又表明存在 $[a, b]$ 的另一个分割 T_2，使得 $S_{T_1}(f)<s_{T_2}(f)+\varepsilon$. 令 $T=T_1\cup T_2$，则

$$S_T(f)-s_T(f)<\varepsilon$$

最后证明条件(5)+条件(6)隐含条件(1). 令 $A=\overline{A_{[a,b]}}(f)=\underline{A_{[a,b]}}(f)$，并设 $\sup\limits_{x\in[a,b]}|f(x)|\leqslant M$. 对于任意的 $\varepsilon>0$，设 $W=\{y_j\}_{0\leqslant j\leqslant L}$ 是 $[a, b]$ 的满足 $S_W(f)-s_W(f)<\varepsilon/2$ 的分割. 取 $\delta=\varepsilon/(8ML)$. 对于任意细度小于 δ 的分割 T，记 $U=T\cup W$. 注意到 U 是 T 添加至多 $L-1$ 个分割点后的加细，由引理 1.1.1 可知

$$S_U(f)\geqslant S_T(f)-2MLr(T),\quad s_U(f)\leqslant s_T(f)+2MLr(T)$$

另一方面，由 $S_U(f)\leqslant S_W(f)$和 $s_U(f)\geqslant s_W(f)$可得

$$S_T(f)-s_T(f)\leqslant S_U(f)-s_U(f)+4MLr(T)$$

$$\leqslant S_W(f)-s_W(f)+\frac{\varepsilon}{2}<\varepsilon$$

从而有

$$S_T(f)-A\leqslant S_T(f)-s_T(f)<\varepsilon$$

以及

$$A-s_T(f)\leqslant S_T(f)-s_T(f)<\varepsilon$$

这样，对于 f 的相应于分割 T 的任意一个积分和 $\sum_{l=1}^{k}f(\xi_l)(x_l-x_{l-1})$，都有

$$A-\varepsilon<s_T(f)\leqslant\sum_{l=1}^{k}f(\xi_l)(x_l-x_{l-1})\leqslant S_T(f)<A+\varepsilon$$

这意味着

$$\left|\sum_{l=1}^{k}f(\xi_l)(x_l-x_{l-1})-A\right|<\varepsilon$$

因此 f 在$[a, b]$上 Riemann 可积. □

由定理 1.1.2 的证明过程还可以看出：假如$\overline{A_{[a,b]}}(f)=\underline{A_{[a,b]}}(f)$，则

$$\int_a^b f(x)\mathrm{d}x=\overline{A_{[a,b]}}(f)$$

设$\{x_l\}_{0\leqslant l\leqslant k}$是$[a, b]$的一个分割，$f$ 是$[a, b]$上的非负有界函数. 对于满足 $1\leqslant l\leqslant k$ 的整数 l，$m_l(x_l-x_{l-1})$其实就是包含于曲边梯形$\{(x, y): x_{l-1}\leqslant x\leqslant x_l, 0\leqslant y\leqslant f(x)\}$内部的最大的矩形的面积，而 $M_l(x_l-x_{l-1})$则是包含曲边梯形$\{(x, y): x_{l-1}\leqslant x\leqslant x_l, 0\leqslant y\leqslant f(x)\}$的最小的矩形的面积. 定理 1.1.2 表明：函数 f 在$[a, b]$上 Riemann 可积，大体上即指用小矩形的并从曲边梯形的内部和外部做逼近，这两个逼近的效果相同(这在一定意义上与数列极限存在的充分必要条件相吻合).

定理 1.1.2 暗示着可以用连续函数来逼近 Riemann 可积函数. 设$\{y_k\}_{0\leqslant k\leqslant N}$是$[a, b]$的分割，$f$ 是$[a, b]$上的实值函数. 假如存在常数 c_1，…，c_N，使得对于任意的 $1\leqslant k\leqslant N$，f 在(y_{k-1}, y_k)上恒等于 c_k，则称 f 是$[a, b]$上的**阶梯函数**.

例 1.1.2　设 $-\infty<a<b<\infty$，f 是定义于$[a, b]$上的实值函数，则 f 在$[a, b]$上 Riemann 可积的充分必要条件是：对于任意的 $\varepsilon>0$，存在$[a, b]$上的阶梯函数 $C(x)$、$c(x)$，使得 $c(x)\leqslant f(x)\leqslant C(x)$且

$$\int_a^b[C(x)-c(x)]\mathrm{d}x<\varepsilon \tag{1.1.2}$$

证明　先证明必要性. 任给 $\varepsilon>0$，由于 f 在$[a, b]$上 Riemann 可积，所以存在$[a, b]$

的一个分割 $T=\{x_l\}_{0\leqslant l\leqslant k}$，使得 $S_T(f)-s_T(f)<\varepsilon$. 设

$$S_T(f)=\sum_{i=1}^{k}M_i(x_i-x_{i-1}),\ s_T(f)=\sum_{i=1}^{k}m_i(x_i-x_{i-1})$$

则

$$C(x)=\sum_{l=1}^{k-1}M_l\chi_{[x_{l-1},x_l)}(x)+M_k\chi_{[x_{k-1},x_k]}(x)$$

$$c(x)=\sum_{l=1}^{k-1}m_l\chi_{[x_{l-1},x_l)}(x)+m_k\chi_{[x_{k-1},x_k]}(x)$$

就是我们所要找的阶梯函数.

再证明条件的充分性. 对于任意的 $\varepsilon>0$，不失一般性，可以设满足式(1.1.2)的阶梯函数分别为

$$C(x)=\sum_{i=1}^{k-1}c_i\chi_{[x_{i-1},x_i)}(x)+c_k\chi_{[x_{k-1},x_k]}(x)$$

$$c(x)=\sum_{j=1}^{l-1}d_j\chi_{[y_{j-1},y_j)}(x)+d_l\chi_{[y_{l-1},y_l]}(x)$$

其中 $\{x_i\}_{0\leqslant i\leqslant k}$、$\{y_j\}_{0\leqslant j\leqslant l}$ 都是 $[a,b]$ 的分割，$C_i(i=1,\cdots,k)$ 和 $d_j(j=1,\cdots,l)$ 是常数. 记 $T_1=\{x_i\}_{0\leqslant i\leqslant k}$，$T_2=\{y_j\}_{0\leqslant j\leqslant l}$，以及 $T=T_1\cup T_2$，则 T 是 $[a,b]$ 的一个分割，且

$$S_T(f)-s_T(f)<S_{T_1}(f)-s_{T_2}(f)=\int_a^b C(x)\mathrm{d}x-\int_a^b c(x)\mathrm{d}x<\varepsilon$$

由定理 1.1.2 可知 f 在 $[a,b]$ 上 Riemann 可积. □

阶梯函数虽然不一定是连续函数，但是它和连续函数非常接近. 事实上，假如 g 是 $[a,b]$ 上的阶梯函数，且对于 $[a,b]$ 的分割 $\{a_l\}_{0\leqslant l\leqslant k}$，$g$ 在 (a_{l-1},a_l) 上等于 $c_l(1\leqslant l\leqslant k)$，对于任意的 $0<\varepsilon<\min\limits_{1\leqslant l\leqslant k}(a_l-a_{l-1})/2$，令

$$h(x)=\begin{cases}c_l, & l=1\text{ 且 }x\in[a_0,a_1-\varepsilon/k]\text{，或 }l=k\text{ 且 }x\in[a_{k-1}+\varepsilon/k,a_k]\\ c_l, & 2\leqslant l\leqslant k-1\text{ 且 }x\in[a_{l-1}+\varepsilon/k,a_l-\varepsilon/k]\\ \text{线性}, & x\in[a_l-\varepsilon/k,a_l+\varepsilon/k]\text{ 且 }1\leqslant l\leqslant k-1\end{cases}$$

则 $h(x)$ 在 $[a,b]$ 上连续. 在 $[a,b]$ 上，h 和 g 在除去若干个小区间段外的点处相等，这些小区间段的长度的和小于 ε；同时，有

$$\int_a^b|h(x)-g(x)|\mathrm{d}x<2\varepsilon\max_{1\leqslant l\leqslant k}c_l$$

再由例 1.1.2 即可得出如下结论.

定理 1.1.3 假如 f 是定义于 $[a,b]$ 上的实值 Riemann 可积函数，则对于任意的 $\varepsilon>0$，存在 $[a,b]$ 上的连续函数 g，使得

$$\int_a^b|f(x)-g(x)|\mathrm{d}x<\varepsilon$$

在本节的最后，我们给出**微积分基本定理**.

定理 1.1.4　设 f 是 $[a, b]$ 上的实值函数. 假如 f 在 $[a, b]$ 上处处可导且导函数在 $[a, b]$ 上 Riemann 可积，则

$$\int_a^b f'(x)\mathrm{d}x = f(b) - f(a) \tag{1.1.3}$$

(式(1.1.3)称为 Newton - Leibniz 公式.)

证明　对于正整数 k，取 $[a, b]$ 的分割 $\{x_k^l\}_{0\leqslant l\leqslant k}$，其中 $x_k^l = a + \frac{l}{k}(b-a)$，$l=0, \cdots, k$. 由微分中值定理可知：对于任意的 l，$1\leqslant l\leqslant k$，存在 $\xi_k^l \in (x_k^{l-1}, x_k^l)$，使得

$$f(x_k^l) - f(x_k^{l-1}) = f'(\xi_k^l)(x_k^l - x_k^{l-1})$$

因为

$$f(b) - f(a) = \sum_{l=1}^k [f(x_k^l) - f(x_k^{l-1})] = \sum_{l=1}^k f'(\xi_k^l)(x_k^l - x_k^{l-1})$$

令 $k\to\infty$ 并利用 f' 的 Riemann 可积性即可得到理想的结论. □

习　题

1. 设 $-\infty < A < a < b < B < \infty$，$f$ 在 $[A, B]$ 上 Riemann 可积，证明：

$$\lim_{h\to 0}\int_a^b |f(x+h) - f(x)| \mathrm{d}x = 0$$

2. 设 f 在 $[a, b]$ 上 Riemann 可积，证明：

$$\lim_{k\to\infty}\int_a^b f(x)\cos kx\,\mathrm{d}x = 0,\ \lim_{k\to\infty}\int_a^b f(x)\sin kx\,\mathrm{d}x = 0$$

3. 假设 f 在 $[a, b]$ 上 Riemann 可积，证明：存在有理系数多项式函数列 $\{P_k\}$，使得

$$\lim_{k\to\infty}\int_a^b |f(x) - P_k(x)| \mathrm{d}x = 0$$

4. 设 f 在 $[0, \infty)$ 上连续且 $\lim\limits_{x\to\infty} f(x) = a$，证明：

$$\lim_{x\to\infty}\frac{1}{x}\int_0^x f(t)\mathrm{d}t = a$$

1.2　从容量、测度到 Lebesgue 积分

虽然在 Riemann 积分的定义中并没有对函数的连续性做明确的要求，并且 Riemann

本人也曾经给出过一个在区间$[a, b]$的任意小区间上有无穷个间断点(即间断点集在$[a, b]$上稠密[①])、但在$[a, b]$上仍然可积的函数(见例 1.1.1)，但 Riemann 积分对函数连续性的要求不言而喻. 明显地，假如$x_0\in[a, b]$是f的间断点，$T=\{x_l\}_{0\leqslant l\leqslant k}$是$[a, b]$的分割，则对于包含$x_0$的区间$[x_{l-1}, x_l]$，当$r(T)\to 0$时，$M_l-m_l$并不趋于零. 正如 Darboux 本人和 Volterra 所证明的那样，要使函数f在$[a, b]$上 Riemann 可积，包含f的间断点的小区间的长度的总和应该任意小才行(可以想象：若把这些不连续点做无缝拼接连在一起，所挤占的长度应该是零). 正是由于对函数的连续性有较高的要求，古典分析中关于积分的一些重要结论都或多或少地有一些缺陷. 例如：

(1) 微积分基本定理. 微积分基本定理是微积分理论中最基本、也最核心的结论之一，正是由于这一定理的建立，微分学和积分学这两个原本各自独立发展的方向开始交汇，从而促进了微积分的诞生；但是 Newton - Leibniz 公式要求函数的导函数 Riemann 可积，一个非常令人关注的问题是：当这个条件不满足时，微分和积分有怎样的关系？

(2) 极限与积分换序的条件比较强. Riemann 积分和极限的换序问题是古典分析中经常涉及的一个问题. 迄今为止所知道的关于 Riemann 积分和极限换序的最弱条件是：若$\{f_k\}$是$[a, b]$上一致有界的 Riemann 可积函数列，

$$\lim_{k\to\infty}f_k(x)=f(x) \tag{1.2.1}$$

在$[a, b]$上都成立且极限函数f在$[a, b]$上也 Riemann 可积，则有[②]

$$\lim_{k\to\infty}\int_a^b f_k(x)\mathrm{d}x=\int_a^b f(x)\mathrm{d}x \tag{1.2.2}$$

这表明：Riemann 积分和极限的换序条件是比较强的. 一般情况下，$\{f_k\}$是$[a, b]$上的 Riemann可积函数列且式(1.2.1)甚至不能保证极限函数f的可积性，即使f在$[a, b]$上 Riemann 可积，也未必能保证式(1.2.2)成立.

(3) Riemann 可积函数空间是不完备的. 记$R([a, b])$为在区间$[a, b]$上 Riemann 可积函数的全体. 我们称$\{f_k\}$是$R([a, b])$中的 Cauchy 列，假如对于任意的ε，存在N，使得当$k>N$时，对于任意的正整数p，有

$$\int_a^b |f_k(x)-f_{k+p}(x)|\,\mathrm{d}x<\varepsilon$$

一个熟知的事实是“任何 Cauchy 数列必收敛”，因此我们也期望：对$R([a, b])$中的任意 Cauchy 列$\{f_k\}$都存在$f\in R([a, b])$，使得

$$\lim_{k\to\infty}\int_a^b |f_k(x)-f(x)|\,\mathrm{d}x=0$$

但是存在反例表明这是不可能的.

---

① 见定义 3.2.4.

② Amer Math Monthly，1986，78.

基于 Riemann 积分的上述缺陷，19 世纪后期，数学家们开始了两个方面的研究，其一是刻画 Riemann 可积函数的不连续点集，其二是引入新积分来推广 Riemann 积分. 为研究前一问题，Bois-Reymond、Harnack、Stolz、Cantor 等人几乎同时提出了“容量”这个概念. 虽然容量的早期结论并不是在所有方面令人满意，但却揭示出两个重要事实：存在具有正容量的疏集①；存在导函数有界但导函数不是 Riemann 可积的函数. 进一步，Peano 提出了内容量和外容量的概念.

定义 1.2.1　设 S 是 $\mathbf{R}^2$ 中的点集，记

$$C_i(S) = \sup\{|I|: I \text{ 是多边形且 } S \supset I\}$$

$$C_e(S) = \inf\{|I|: I \text{ 是多边形且 } S \subset I\}$$

它们分别称为 S 的**内容量**和**外容量**. 假如 $C_i(S)=C_e(S)$，则称 S 是**有容量的**.

Peano 指出：非负函数 f 在区间 $[a, b]$ 上可积的充分必要条件是平面区域

$$\Gamma_{[a,b]}(f) = \{(x, y): a \leqslant x \leqslant b, 0 \leqslant y \leqslant f(x)\}$$

的内、外容量相等. 1892 年，Jordan 迈出了关键性的一步(Jordan 对于容量的兴趣是为了说明函数的二重可积性)，他更清楚地陈述了容量这个概念.

定义 1.2.2　设 S 是 $\mathbf{R}^n$ 中的点集，称

$$C_i(S) = \sup\left\{\sum_{k\geqslant 1} |I_k|: \{I_k\} \text{ 是有限多个相互不交的 } n \text{ 维开矩体且 } S \supset \bigcup_k I_k\right\}$$

$$C_e(S) = \inf\left\{\sum_{k\geqslant 1} |I_k|: \{I_k\} \text{ 是有限多个 } n \text{ 维开矩体且 } S \subset \bigcup_k I_k\right\}$$

分别为 S 的内、外容量. 假如 $C_i(S)=C_e(S)$，则称 S 是有容量的.

Jordan 证明了容量具有有限可加性：有限多个相互不交的、有容量的集合的并是有容量的且其容量等于这些集合的容量的和.

为了弥补关于容量的早期理论中的缺陷(仅有有限可加性而不满足可数可加性)，Borel 在 1898 年利用 Cantor 关于一维开集的结构定理②，在 $\mathbf{R}$ 中引进了一类集合(Borel 集)，这些集合的测度(就是原来的容量)满足下述性质：

(1) 区间都是 Borel 集，且其测度等于区间的长度；

(2) 可数可加性：一列相互不交的 Borel 集的并集的测度等于它们的测度的和(从而开集的测度等于它的生成区间的长度的和)；

(3) 若 $S \subset R$ 是两个 Borel 集，则它们的差集 $R \backslash S$ 也是 Borel 集且其测度等于 R 和 S 的测度的差.

与 Peano 和 Jordan 关于容量的工作不同，Borel 的测度理论并没有被应用于 Riemann 积分中. 尽管如此，这一理论深刻地影响到了 Borel 的学生 Lebesgue. Lebesgue 本人致力

① 见定义 3.2.3.

② 见定理 3.2.3.

于引入比 Riemann 积分更灵活的新积分. 为避免在求积分时涉及函数的连续性，他提出了一种新的分割、逼近曲边梯形的方法，其具体做法大致如下：

设 f 是定义于区间$[a, b]$的非负有界实值函数，且

$$M=\sup_{x\in[a, b]} f(x), \quad m=\inf_{x\in[a, b]} f(x)$$

设 $T=\{y_l\}_{0\leqslant l\leqslant k}$是$[m, M]$的一个分割，令

$$E_l=\{x\in[a, b]: y_{l-1}\leqslant f(x)<y_l\}, 1\leqslant l\leqslant k$$

假如 E_l是区间(或者是一些区间的并)，我们以 $m(E_l)$表示这个区间的长度(或这些区间的长度的和)，则 $\sum_{l=1}^{k} y_{l-1} m(E_l)$ 表示曲边梯形$\{(x, y): a\leqslant x\leqslant y, 0\leqslant y\leqslant f(x)\}$内部的一些矩形的面积的和(如图 1-2-1 所示). 假如存在常数 A，使得

$$\lim_{\delta\to 0} \sup_{T:\ T\text{是}[m, M]\text{的分割且}r(T)<\delta} \left|\sum_{l=1}^{k} y_{l-1} m(E_l)-A\right|=0 \tag{1.2.3}$$

则称 A 是 f 在$[a, b]$上的 Lebesgue 积分，记为

$$\int_a^b f(x)\mathrm{d}x=A$$

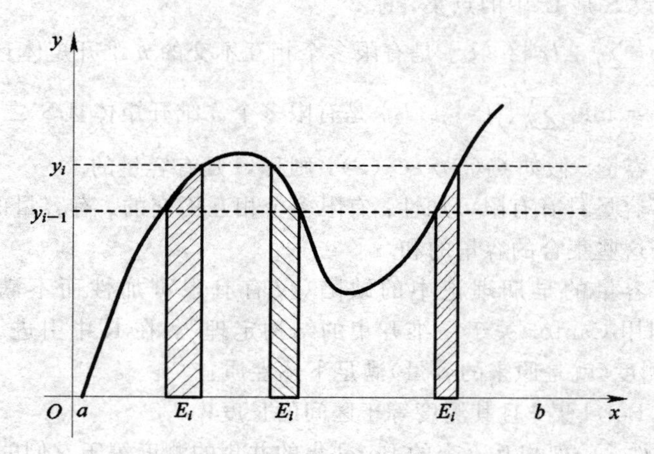

图 1-2-1 Lebesgue 积分示意图

Lebesgue 用一个形象的比喻解释了 Riemann 积分和 Lebesgue 积分的不同：现在要合计一堆钞票，有两种不同的计算方法，一种方法是将这些钞票逐一按面值相加来得到钞票的总值，另一种方法是按面值分类，用每种钞票的面值乘以这种钞票的数目，再求和来得到钞票的总值. Riemann 积分相当于第一种合计方法，而 Lebesgue 积分相当于第二种合计方法. 从这一点上看，Lebesgue 积分是比 Riemann 积分更高级的求和方式.

明显地，按照 Lebesgue 的方式来计算积分时，不需要对函数的连续性作任何假设，但面临如下两个问题：

(1) 在式(1.2.3)中，假如集合 $E_l=\{x\in[a,b]: y_{l-1}\leqslant f(x)<y_l\}$ 是区间，其长度易知，但 E 很可能不是区间或若干个区间的并，此时就需要引入一个量，这个量是区间长度的推广，很像前面提到的测度(容量)；

(2) 如果前面引入的那个量适应于任意实数集，这是最好的，但若它只适应于某些实数集(称其为可测集)，那么就必须对函数 f 进行限制，如哪些函数 f 可以使得对于任意的实数 α、β，$\{x\in[a,b]: \alpha\leqslant f(x)<\beta\}$ 是可测集.

Lebesgue 对上述两个问题做了深入的探讨，成功地引入了 Lebesgue 测度，并以此为基础建立了 Lebesgue 积分理论. 事实证明：Lebesgue 积分不仅仅是不需要函数的连续性，而且远比 Riemann 积分深刻、灵活、影响广泛. 特别地，Lebesgue 积分的引入同时解决了 Riemann 可积函数的不连续点集的刻画这一问题①. 可以说，现代分析的蓬勃发展，正是建立在 Lebesgue 测度和 Lebesgue 积分理论的基础上的，而这恰是实变函数的核心内容.

习　题

1. 设 $\{a_k\}$ 是一个实数列，$a\in\mathbf{R}$，证明：$\lim\limits_{k\to\infty}a_k=a$ 的充分必要条件是

$$\overline{\lim_{k\to\infty}}a_k=\underline{\lim_{k\to\infty}}a_k=a$$

2. 设 f 在区间 $[a,b]$ 上 Riemann 可积，记 $F(x)=\int_a^x f(t)\mathrm{d}t(a\leqslant x\leqslant b)$，证明：$F$ 是 $[a,b]$ 上的连续函数；进一步，若 $x_0\in[a,b]$ 是 f 的连续点，则 F 在 x_0 点可微且 $F'(x_0)=f(x_0)$.

① 见定理 6.4.1.

第2章 集合与基数

集合论是德国数学家Cantor于19世纪80年代创立的，其初衷是为了研究古典分析涉及的一些集合的性质．时至今日，集合论已经成为现代数学的基础，其概念和方法也已经融入到了现代数学的各个分支．本章将介绍实变函数涉及的集合论的一些基本知识，如集合的运算、集合的基数等．读者不但能理解集合论为统一、简明地研究有关问题所提供的便利，而且会发现无限集合的有关内涵其实是非常有趣的．

2.1 集合及其运算

所谓**集合**，就是具有某种特定属性的一些事物的全体．集合中的成员称为这个集合的元素或点．若 x 是集合 A 中的元素，则记为 $x\in A$，并称 x 属于 A 或 A 包含 x；若 x 不是集合 A 中的元素，则记为 $x\notin A$，并称 x 不属于 A 或 A 不包含 x．不包含任何元素的集合称为空集，记为$\varnothing$．

集合一般有两种表示法：列举法和描述法．

列举法就是把集合中的元素全部列出来，如

$$\{1, 2, 3, 4, 5\}, \{x_1, x_2, \cdots, x_k\}$$

为方便起见，集合$\{x_1, x_2, \cdots, x_k\}$也可以表示为$\{x_l\}_{1\leqslant l\leqslant k}$．

描述法是指集合 A 的元素都具有性质 P 且具有性质 P 的所有元素都在 A 中时，用下面的方法来表示

$$A=\{x: x\text{ 具有性质 }P\}$$

例如：$\mathbf{R}=\{x: x\text{ 是实数}\}$．

给定两个集合 A、B，假如对于任意的 $x\in A$，都有 $x\in B$，则称 A 是 B 的**子集**，记为 $A\subset B$，我们规定$\varnothing$是任何集合的子集．假如 $A\subset B$ 和 $B\subset A$ 都成立，则称集合 A 和集合 B 相等，记为 $A=B$．

2.1.1　集合的运算

定义 2.1.1　设 A、B 是两个集合，则称集合 $\{x: x\in A$ 或 $x\in B\}$ 为 A 和 B 的**并集**，如图 2-1-1 所示，记为 $A\cup B$；称集合 $\{x: x\in A$ 且 $x\in B\}$ 为 A 和 B 的**交集**，如图 2-1-2 所示，记为 $A\cap B$；特别地，假如 $A\cap B=\varnothing$，则称 A 和 B 相互不交.

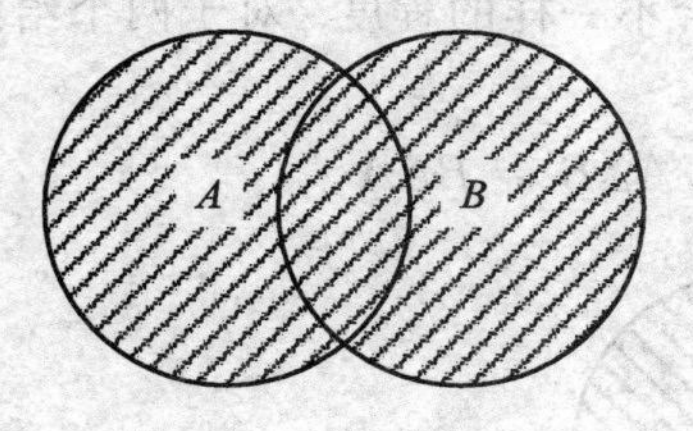

图 2-1-1　$A\cup B$

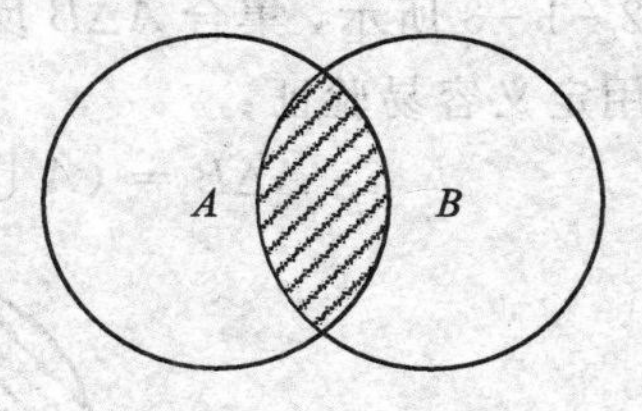

图 2-1-2　$A\cap B$

利用定义，容易验证集合的交与并满足下述运算规律.

定理 2.1.1　设 A、B、C 是三个集合，则

(1) 交换律：$A\cup B=B\cup A$，$A\cap B=B\cap A$；

(2) 结合律：$(A\cup B)\cup C=A\cup(B\cup C)$，$(A\cap B)\cap C=A\cap(B\cap C)$；

(3) 分配律：$(A\cup B)\cap C=(A\cap C)\cup(B\cap C)$，$(A\cap B)\cup C=(A\cup C)\cap(B\cup C)$.

设 Λ 是一个非空集合，对于任意一个 $\lambda\in\Lambda$，都有一个集合 A_λ 与之相应，则称 $\{A_\lambda\}_{\lambda\in\Lambda}$ 是一个集族，Λ 是其指标集. 特别地，当 $\Lambda=\mathbf{N}$ 时，将 $\{A_\lambda\}_{\lambda\in\Lambda}$ 简记为 $\{A_k\}$.

现在将交和并的运算推广到任意多个集合的情形. 设 $\{A_\lambda\}_{\lambda\in\Lambda}$ 是一个集族，这个集族的交集和并集定义如下：

$$\bigcap_{\lambda\in\Lambda}A_\lambda=\{x\text{: 对于任意的 }\lambda\in\Lambda,\ x\in A_\lambda\}$$

$$\bigcup_{\lambda\in\Lambda}A_\lambda=\{x\text{: 存在 }\lambda\in\Lambda\text{ 使得 }x\in A_\lambda\}$$

例 2.1.1　设 $f(x)$ 是 $\mathbf{R}$ 上的实函数，$\{f_k(x)\}$ 是 $\mathbf{R}$ 上的一列实函数，则

$$\{x\in\mathbf{R}: \lim_{k\to\infty}f_k(x)=f(x)\}=\bigcap_{j=1}^{\infty}\bigcup_{k=1}^{\infty}\bigcap_{l=k}^{\infty}\{x\in\mathbf{R}: |f_l(x)-f(x)|<1/j\}\tag{2.1.1}$$

证明　令 $A=\{x\in\mathbf{R}: \lim_{k\to\infty}f_k(x)=f(x)\}$. 假如 $x\in A$，则由极限的定义可知对于任意的正整数 j，存在 k，使得当 $l\geqslant k$ 时 $|f_l(x)-f(x)|<1/j$，这意味着 $x\in\bigcup_{k=1}^{\infty}\bigcap_{l=k}^{\infty}\{y: |f_l(y)-f(y)|<1/j\}$，因此 $A\subset\bigcap_{j=1}^{\infty}\bigcup_{k=1}^{\infty}\bigcap_{l=k}^{\infty}\{y: |f_l(y)-f(y)|<1/j\}$. 反过来，假如 $x\in\bigcap_{j=1}^{\infty}\bigcup_{k=1}^{\infty}\bigcap_{l=k}^{\infty}\{y: |f_l(y)-f(y)|<1/j\}$，则对于任意的 $\varepsilon>0$，取正整数 j 使得 $1/j<\varepsilon$，于是有正整数 k，使得当 $l\geqslant k$ 时 $|f_l(x)-f(x)|<1/j<\varepsilon$. 由函数极限的定义即知 $\lim_{l\to\infty}f_l(x)=f(x)$，所以 $x\in A$，进而

$$\bigcap_{j=1}^{\infty}\bigcup_{k=1}^{\infty}\bigcap_{l=k}^{\infty}\{y: |f_l(y)-f(y)|<1/j\}\subset A$$

综上可知，式(2.1.1)成立. □

定义 2.1.2 设 A、B 是两个集合，则称集合$\{x\in A$ 且 $x\notin B\}$为 A 和 B 的**差集**，记为 $A\backslash B$；称集合$(A\backslash B)\cup(B\backslash A)$为 A 和 B 的**对称差**，记为 $A\Delta B$.

如图 2-1-3 所示，集合 $A\Delta B$ 反映了这两个集合不一样的程度. 对于两个给定的集合 A、B，利用定义容易验证：

$$A\Delta B=(A\cup B)\backslash(A\cap B),\ A\Delta B=B\Delta A$$

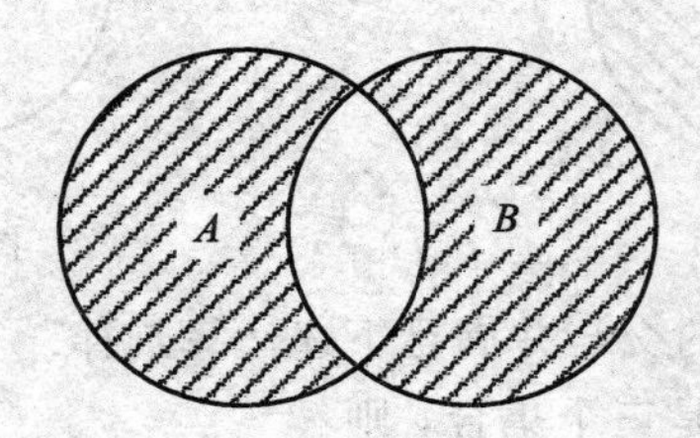

图 2-1-3 $A\Delta B$

若 $A\subset X$，$X\backslash A$ 称为 A 在 X 中的余集，称定义于 X 的函数

$$\chi_A(x)=\begin{cases}1, & 若\ x\in A\\ 0, & 若\ x\in X\backslash A\end{cases}$$

为集合 A 关于 X 的特征函数；在约定 X 为某个特定集合时，A 关于 X 的余集记为 A^c，χ_A 称为 A 的特征函数.

定理 2.1.2(De Morgan 公式) 设 X 是一个集合，$\{A_\lambda\}_{\lambda\in\Lambda}$是 X 的某些子集组成的集族，则

$$(\bigcup_{\lambda\in\Lambda}A_\lambda)^c=\bigcap_{\lambda\in\Lambda}A_\lambda^c,\ (\bigcap_{\lambda\in\Lambda}A_\lambda)^c=\bigcup_{\lambda\in\Lambda}A_\lambda^c$$

这个定理的证明留作习题.

现在介绍一种新的集合运算——直积. 设 A_1、A_2是两个集合，称集合

$$\{(x_1, x_2): x_1\in A_1, x_2\in A_2\}$$

为 A_1和 A_2的**直积**，记为 $A_1\times A_2$. 类似地，若 A_1，…，A_k是 k 个集合，它们的直积记为 $A_1\times\cdots\times A_k$，定义为

$$\prod_{l=1}^{k}A_l=\{(x_1, \cdots, x_k): x_l\in A_l, 1\leqslant l\leqslant k\}$$

对于集合序列$\{A_k\}$，其直积 $\prod\limits_{k=1}^{\infty}A_k$ 定义为

$$\prod_{k=1}^{\infty}A_k=\{(x_1, \cdots, x_k, \cdots): x_k\in A_k, k\geqslant 1\}$$

2.1.2　集合列的极限

数列的极限有两种定义方式：一种是最原始的方式，即 $\varepsilon-N$ 语言；另一种是利用"单调有界数列必有极限"这一结论再通过数列的上、下极限来定义(当然，这两种定义是一致的)．明显地，前一定义方式不适合集合列．我们希望按照后一种方式来定义**集合列的极限**．

定义 2.1.3　设$\{A_k\}$是集合列．假如对于任意的正整数 k，$A_k\subset A_{k+1}$，则称$\{A_k\}$是单增集合列，此时我们称 $\bigcup\limits_{k=1}^{\infty}A_k$ 为集合列$\{A_k\}$的极限，记为$\lim\limits_{k\to\infty}A_k=\bigcup\limits_{k=1}^{\infty}A_k$；假如对于任意的正整数 k，$A_k\supset A_{k+1}$，则称$\{A_k\}$是单减集合列，此时我们称$\bigcap\limits_{k=1}^{\infty}A_k$为集合列$\{A_k\}$的极限，记为$\lim\limits_{k\to\infty}A_k=\bigcap\limits_{k=1}^{\infty}A_k$．

有了单调集合列的极限的定义，我们即可定义一般集合列的上极限、下极限以及极限．

定义 2.1.4　设$\{A_k\}$是一列集合，记

$$B_k=\bigcap_{l=k}^{\infty}A_l,\ C_k=\bigcup_{l=k}^{\infty}A_l$$

明显地，$\{B_k\}$是单增集合列而$\{C_k\}$是单减集合列．我们把$\lim\limits_{k\to\infty}B_k$称为集合列$\{A_k\}$的下极限，记为$\underline{\lim}\limits_{k\to\infty}A_k$，而将$\lim\limits_{k\to\infty}C_k$称为集合列$\{A_k\}$的上极限，记为$\overline{\lim}\limits_{k\to\infty}A_k$．进一步，假如$\underline{\lim}\limits_{k\to\infty}A_k=\overline{\lim}\limits_{k\to\infty}A_k$，则称集合列$\{A_k\}$有极限并将其上极限称为$\{A_k\}$的极限，记为$\lim\limits_{k\to\infty}A_k=\overline{\lim}\limits_{k\to\infty}A_k$．

对于集合列$\{A_k\}$，由定义可知

$$\underline{\lim}_{k\to\infty}A_k=\bigcup_{k=1}^{\infty}\bigcap_{l=k}^{\infty}A_l,\qquad \overline{\lim}_{k\to\infty}A_k=\bigcap_{k=1}^{\infty}\bigcup_{l=k}^{\infty}A_l$$

进一步，容易验证下述结论成立．

定理 2.1.3　设$\{A_k\}$是一列集合．

(1) $x\in\underline{\lim}\limits_{k\to\infty}A_k$的充分必要条件是$\{A_k\}$中至多有有限个 A_k不包含 x，换言之，$x\in\underline{\lim}\limits_{k\to\infty}A_k$的充分必要条件是存在正整数 k，使得当 $l>k$ 时，$x\in A_l$；

(2) $x\in\overline{\lim}\limits_{k\to\infty}A_k$的充分必要条件是$\{A_k\}$中有无限项包含 x，也就是说，对于任意的正整数 N，存在 $k>N$，使得 $x\in A_k$．

对比数列的上极限(下极限)与集合列的上极限(下极限)，容易看出这两个定义其实是非常一致的．

下面举例说明集合列的上、下极限的计算方法．

例 2.1.2　设 B、C 是两个集合，定义集合列$\{A_k\}$如下：

$$A_k=\begin{cases}B, & \text{若 } k \text{ 是偶数}\\ C, & \text{若 } k \text{ 是奇数}\end{cases}$$

计算 $\overline{\lim\limits_{k\to\infty}}A_k$ 和 $\underline{\lim\limits_{k\to\infty}}A_k$.

解 对于任意的正整数 l, $\bigcup\limits_{j=l}^{\infty}A_j=B\cup C$, $\bigcap\limits_{j=l}^{\infty}A_j=B\cap C$, 于是

$$\overline{\lim_{k\to\infty}}A_k=B\cup C,\quad \underline{\lim_{k\to\infty}}A_k=B\cap C$$

□

例 2.1.3 设 $A_k=\{m/k: m\in\mathbf{Z}\}(k\in\mathbf{N})$, 则

$$\overline{\lim_{k\to\infty}}A_k=\mathbf{Q},\quad \underline{\lim_{k\to\infty}}A_k=\mathbf{Z}$$

证明 先考虑第一个等式. 明显地, 对于任意的 $k\in\mathbf{N}$, $A_k\subset\mathbf{Q}$, 从而由集合列的上极限的定义可知: $\overline{\lim\limits_{k\to\infty}}A_k\subset\mathbf{Q}$. 反过来, 假如 $x\in\mathbf{Q}$, 则存在正整数 l 和整数 m 使得 $x=m/l$, 从而对于任意的正整数 p, $x=mp/(lp)\in A_{lp}$. 所以, 对于任意的正整数 k, $x\in\bigcup\limits_{j\geqslant k}A_j$, 这意味着 $x\in\overline{\lim\limits_{k\to\infty}}A_k$. 这就证明了第一个等式.

现在考虑第二个等式. 由于 $\mathbf{Z}\subset A_k$ 对于任意的 $k\in\mathbf{N}$ 都成立, 因此 $\mathbf{Z}\subset\underline{\lim\limits_{k\to\infty}}A_k$. 另一方面, 假如 $x\in\underline{\lim\limits_{k\to\infty}}A_k$, 则存在正整数 k, 使得当 $l\geqslant k$ 时, $x\in A_l$, 所以 $x=m_1/l=m_2/(l+1)$, 其中 m_1、m_2 都是整数. 于是就得到 $m_2-m_1=x$, 所以 $x\in\mathbf{Z}$. 这样就证明了第二个等式.

□

习 题

1. 设 $\{A_k\}$、$\{B_k\}$ 是两个集合列, 证明: $\bigcup\limits_{k=1}^{\infty}A_k\setminus\bigcup\limits_{k=1}^{\infty}B_k\subset\bigcup\limits_{k=1}^{\infty}(A_k\setminus B_k)$.

2. 设 $\{A_k\}$ 是一列集合, 令 $B_1=A_1$, $B_2=A_2\setminus A_1$, …, $B_k=A_k\setminus(\bigcup\limits_{l=1}^{k-1}A_l)$, 证明: $\{B_k\}$ 中的任意两个相互不交且 $\bigcup\limits_{l=1}^{\infty}B_l=\bigcup\limits_{l=1}^{\infty}A_l$.

3. 设 A 是一个集合, A_1, $A_2\subset A$, 证明:

$$\chi_{A_1\cap A_2}(x)=\chi_{A_1}(x)\chi_{A_2}(x),\ \chi_{A_1\setminus A_2}(x)=\chi_{A_1}(x)[1-\chi_{A_2}(x)]$$

$$\chi_{A_1\cup A_2}(x)=\chi_{A_1}(x)+\chi_{A_2}(x)-\chi_{A_1\cap A_2}(x)$$

4. 设 $\{A_k\}$ 是一列集合, 且对于任意的 $k\in\mathbf{N}$, $A_k\subset X$, 证明:

$$\underline{\lim_{k\to\infty}}\chi_{A_k}(x)=\chi_{\underline{\lim}_{k\to\infty}A_k}(x),\quad \overline{\lim_{k\to\infty}}\chi_{A_k}(x)=\chi_{\overline{\lim}_{k\to\infty}A_k}(x)$$

5. 设 $A\subset\mathbf{R}^n$, $\{f_k\}$ 是 $\mathbf{R}^n$ 上的一列实值函数. 对 $\alpha\in\mathbf{R}$, 令 $B_{k,\alpha}=\{x\in\mathbf{R}^n: f_k(x)>\alpha\}$.

假如$\lim\limits_{k\to\infty}f_k(x)=\chi_A(x)$，证明：对于任意的$\alpha\in(0,1)$，都成立$\lim\limits_{k\to\infty}B_{k,\alpha}=A$.

6. 设E_1，$E_2\subset X$，F_1，$F_2\subset Y$，证明：

$$(E_1\times F_1)\backslash(E_2\times F_2)=((E_1\backslash E_2)\times F_1)\cup(E_1\times(F_1\backslash F_2))$$

2.2 集合的基数

给定两个有限集合(集合中所包含的元素的个数有限)A和B，为比较它们所包含的元素的数目，最原始的方法是统计两个集合含有的元素的数量后做比较. 此外，还可以通过建立两个集合之间的映射来做比较，假如存在集合A到B的单射(见下面的定义2.2.2)，则集合A中包含的元素的数量不会超过集合B的元素的数量. 如同比较一间教室内的座位的数量和正在这间教室上课的学生的数量的多少，只要看看教室内是否有空座位即可. 如果每个学生都有座位并且还有空座位，则座位的数量多于学生的数量. 本节要介绍的基数这个概念，其实就是将上述通过一一对应来比较集合中元素多少的方法应用于一般集合中. 首先介绍映射的定义和基本性质.

定义 2.2.1　设A、B是两个集合. 若T是某一法则，使得对于任意的$x\in A$，都有唯一的$y\in B$与之对应，则称T是A到B的**映射**，记为T：$A\to B$. 当x与y相对应时，y称为x在映射T下的**像**，记为$y=Tx$；而x称为y在映射T下的**原像**，记为$x=T^{-1}y$.

容易看出：映射其实就是函数的拓广和延伸. 实数集A到实数集B的映射就是通常的实值函数.

例 2.2.1　设$-\infty<a<b<\infty$，以$C[a,b]$表示$[a,b]$上连续函数的全体，$t_0\in[a,b]$. 定义

$$f: C[a,b]\to\mathbf{R},\ f(x)=x(t_0),\ x(t)\in C[a,b]$$

$$g: C[a,b]\to\mathbf{R},\ g(x)=\int_a^b x(t)\mathrm{d}t,\ x(t)\in C[a,b]$$

则f、g都是$C[a,b]$到$\mathbf{R}$的映射.

例 2.2.2　设X是一个集合，A是X的子集，则A的特征函数χ_A是X到$\{0,1\}$的一个映射.

例 2.2.3　设$A=[-1,1]$，$B=[-1,1]$，对应关系f：$x\to\sqrt{x}$不是A到B的映射.

定义 2.2.2　设A、B是两个集合，T是A到B的一个映射. 假如对于任意的x_1，$x_2\in A$，$x_1\neq x_2$时必有$T(x_1)\neq T(x_2)$，则称T是A到B的**单射**；假如对于任意的$y\in B$，必有$x\in A$使得$y=Tx$，则称T是A到B的**满射**. 假如T既是单射又是满射，则称T是A到B的**一一对应**.

假如 T 是 A 到 B 的一一对应，可以定义 B 到 A 的映射 S 如下：

$$S: B \to A,\ S(y) = x, \quad 若\ y = Tx$$

容易验证 S 是 B 到 A 的一一对应，我们把 S 称为 T 的**逆映射**，记为 $S=T^{-1}$.

像、原像这两个概念可以推广到更一般的情形. 设 A、B 是两个集合，T 是 A 到 B 的映射，$A_1 \subset A$，则称 B 的子集

$$T(A_1) = \{Tx: x \in A_1\}$$

为 A_1 在映射 T 下的像. 特别地，称 $T(A)$ 为 T 的值域. 若 B_1 是 B 的子集，则称 A 的子集

$$\{x: x \in A\ 且\ Tx \in B_1\}$$

为 B_1 的原像，记为 $T^{-1}(B_1)$. 可以验证如下结论成立.

定理 2.2.1 设 A、B 是两个集合，$\{A_\lambda\}_{\lambda \in \Lambda}$ 是 A 的一族子集，$\{B_\gamma\}_{\gamma \in \Gamma}$ 是 B 的一族子集，T 是 A 到 B 的映射，则

(1) $T(\bigcup\limits_{\lambda \in \Lambda} A_\lambda) = \bigcup\limits_{\lambda \in \Lambda} T(A_\lambda)$；

(2) $T^{-1}(\bigcup\limits_{\gamma \in \Gamma} B_\gamma) = \bigcup\limits_{\gamma \in \Gamma} T^{-1}(B_\gamma)$；

(3) $T(\bigcap\limits_{\lambda \in \Lambda} A_\lambda) \subset \bigcap\limits_{\lambda \in \Lambda} T(A_\lambda)$；

(4) $T^{-1}(\bigcap\limits_{\gamma \in \Gamma} B_\gamma) = \bigcap\limits_{\gamma \in \Gamma} T^{-1}(B_\gamma)$；

(5) 对于任意的 $\gamma \in \Gamma$，$T^{-1}(B \backslash B_\gamma) = A \backslash T^{-1}(B_\gamma)$.

与函数的复合类似，我们可以定义两个映射的复合.

定义 2.2.3 设 A、B、C 是三个集合，T_1 是 A 到 B 的映射，T_2 是 B 到 C 的映射. 令

$$T: A \to C,\ T(x) = T_2(T_1(x)),\ x \in A$$

则 T 是 A 到 C 的映射，称之为 T_1 和 T_2 的**复合映射**，记为 $T = T_2 \circ T_1$.

容易验证：若 A、B 和 C 是三个集合，$S: A \to B$ 和 $T: B \to C$ 是两个映射，则对于任意的 $C_1 \subset C$，有

$$(T \circ S)^{-1}(C_1) = S^{-1}(T^{-1}(C_1))$$

有了前面的准备工作，现在可以定义集合的基数了.

定义 2.2.4 设 A、B 是两个集合，假如存在 A、B 之间的一一对应，则称 A 和 B 是**等价**的，记为 $A \sim B$；凡是等价的集合称为具有相同的**基数**(或称为具有相同的势).

明显地，两个有限集合等价的充分必要条件是它们所含的元素的个数相等. 如果集合 A 中元素的个数为 n，则 A 的基数记为 $\overline{\overline{A}} = n$.

定理 2.2.2 等价关系具有“自反性、对称性和传递性”. 具体地讲，

(1) 对于任意集合 A，$A \sim A$；

(2) 若 A、B 是两个集合且 $A \sim B$，则 $B \sim A$；

(3) 若 A、B、C 是三个集合，且 $A \sim B$，$B \sim C$，则 $A \sim C$.

定理 2.2.2 的证明留作习题. 关于集合的等价，还有下面的结论.

定理 2.2.3　设 Λ 是一个指标集，$\{A_\lambda\}_{\lambda\in\Lambda}$ 和 $\{B_\lambda\}_{\lambda\in\Lambda}$ 是两族集合，并且对于任意的 λ_1，$\lambda_2\in\Lambda$，$\lambda_1\neq\lambda_2$，有

$$A_{\lambda_1}\cap A_{\lambda_2}=\varnothing,\ B_{\lambda_1}\cap B_{\lambda_2}=\varnothing$$

假如对于任意的 $\lambda\in\Lambda$，$A_\lambda\sim B_\lambda$，则

$$\bigcup_{\lambda\in\Lambda}A_\lambda\sim\bigcup_{\lambda\in\Lambda}B_\lambda$$

证明　对于任意的 $\lambda\in\Lambda$，由于 $A_\lambda\sim B_\lambda$，因此存在 A_λ 到 B_λ 的一个一一对应 ϕ_λ. 现在令

$$\Phi(x)=\phi_\lambda(x),\quad 若\ x\in A_\lambda$$

则 Φ 是 $\bigcup\limits_{\lambda\in\Lambda}A_\lambda$ 到 $\bigcup\limits_{\lambda\in\Lambda}B_\lambda$ 的一一对应，从而 $\bigcup\limits_{\lambda\in\Lambda}A_\lambda\sim\bigcup\limits_{\lambda\in\Lambda}B_\lambda$. □

例 2.2.4　设 $\{A_k\}$ 和 $\{B_k\}$ 是两列集合，且对于任意的 k，$A_k\sim B_k$，则 $\prod\limits_{k=1}^{\infty}A_k\sim\prod\limits_{k=1}^{\infty}B_k$.

证明　由于 $A_k\sim B_k$，因此存在 A_k 到 B_k 的一一对应 Φ_k，设 $B_k=\{\Phi_k(a):a\in A_k\}$，则定义 $\prod\limits_{k=1}^{\infty}A_k$ 到 $\prod\limits_{k=1}^{\infty}B_k$ 的映射 Φ 如下：

$$\Phi:(a_1,\cdots,a_k,\cdots)\rightarrow(\Phi_1(a_1),\cdots,\Phi_k(a_k),\cdots)，其中\ a_k\in A_k，k=1,2,\cdots$$

明显地，Φ 是 $\prod\limits_{k=1}^{\infty}A_k$ 到 $\prod\limits_{k=1}^{\infty}B_k$ 的一一对应，从而 $\prod\limits_{k=1}^{\infty}A_k\sim\prod\limits_{k=1}^{\infty}B_k$. □

习　题

1. 证明定理 2.2.1.
2. 设 X、Y 是两个集合，f 是 X 到 Y 的映射，证明：
(1) f 是单射的充分必要条件是：对于任意的 A，$B\subset X$，$f(A\cap B)=f(A)\cap f(B)$；
(2) f 是一一对应的充分必要条件是：对于任意的 $A\subset X$，$f(A^c)=(f(A))^c$.
3. 设 A、B 是两个集合，$A\backslash B\sim B\backslash A$，证明：$A\sim B$.
4. 设 $A_1\supset A_2$，$B_1\supset B_2$，且 $A_2\sim B_2$.
(1) 假如 $A_1\backslash A_2\sim B_1\backslash B_2$，证明 $A_1\sim B_1$；
(2) 假如 $A_1\sim B_1$，$A_2\sim B_2$，则 $A_1\backslash A_2\sim B_1\backslash B_2$ 是否成立？
(3) 假如 Φ 是 A_1 到 B_1 的一一对应且 $B_2=\Phi(A_2)$，证明 $A_1\backslash A_2\sim B_1\backslash B_2$.

2.3　可数集与不可数集

如果按照集合中元素的数量来对集合做分类，可以简单地将集合分为有限集和无限集

两个大类. 相比之下，我们对无限集合更感兴趣. 一个明显的问题是：是否所有的无限集合都等价？本节的主要目的就是借助于前一节引进的基数的概念来探讨这个问题.

2.3.1 可数集

定义 2.3.1 凡是与正整数集等价的集合，称为**可数集**，它们的基数记为 a；可数集和有限集统称为**至多可数集**.

例 2.3.1 全体整数组成的集合 $\mathbf{Z}$ 是可数集.

证明 定义 $\mathbf{Z}$ 和 $\mathbf{N}$ 之间的映射 T 如下：

$$T(x)=\begin{cases}2x, & \text{若 } x \text{ 是正整数}\\ -2x+1, & \text{若 } x=0 \text{ 或 } x \text{ 是负整数}\end{cases}$$

明显地，T 是 $\mathbf{Z}$ 和 $\mathbf{N}$ 这两个集合之间的一一对应. □

明显地，$\mathbf{N}$ 是 $\mathbf{Z}$ 的一个真子集，$\mathbf{Z}$ 中的点比 $\mathbf{N}$ 中的点多，但它们又是等价的(二者之间可以建立一一对应)，它们所含有的点的数量“一样多”. 初次接触集合基数概念的读者可能会对此感到困惑. 事实上，我们在后面(定理 2.3.2)将严格证明：任何无限集都会和它的某个(些)真子集等价；另一方面，两个无限集合等价，意味着它们所含有的点的个数在无限多这个层面上属于同一等级，也就是同阶无限多. 这就好比两个亿万富翁，他们属于同一等级的富人，虽然他们拥有的财富不一定严格相同.

现在介绍可数集的基本性质.

定理 2.3.1

(1) 任意无限集必有一个可数子集；

(2) 可数集的任意子集是可数集或有限集；

(3) 有限个或可数个可数集的并仍然是可数集；

(4) 有限个可数集 $A_1, A_2, \cdots, A_k$ 的直积 $\prod_{j=1}^{k} A_j$ 是可数集.

证明 设 A 是无限集. 任取 $a_1 \in A$，则 $A\backslash\{a_1\}$ 仍是无限集，取 $a_2 \in A\backslash\{a_1, a_2\}$，…，如此无限取下去，就得到 A 的一个可数子集 $\{a_1, \cdots, a_n, \cdots\}$.

现在转向结论(2). 设 A 是可数集，$B\subset A$. 记

$$A=\{a_1, a_2, \cdots, a_n, \cdots\}$$

如果 B 是有限集，则结论得证；如果 B 不是有限集，则令

$$n_1=\min\{n: a_n \in B\}$$

$$n_2=\min\{n: a_n \in B \text{ 且 } n>n_1\}$$

$$\vdots$$

$$n_k=\min\{n: a_n \in B \text{ 且 } n>n_{k-1}\}$$

$$\vdots$$

由于 B 是无限集，因此按照上述方式可以得到无限个正整数 $n_1 < n_2 < \cdots < n_k < \cdots$，容易看出

$$B = \{a_{n_1}, \cdots, a_{n_k}, \cdots\}$$

它是可数集.

再来证明结论(3). 只要证明：可数个可数集 $A_1, \cdots, A_k, \cdots$ 的并为可数集. 由 2.1 节习题 2 知，可以假设这可数个集合 $\{A_k\}$ 互不相交. 将 $A_1, A_2, \cdots, A_k, \cdots$ 中的元素先排列如下：

$$\begin{aligned}
A_1 &: a_{11}, a_{12}, \cdots, a_{1k}, \cdots \\
A_2 &: a_{21}, a_{22}, \cdots, a_{2k}, \cdots \\
A_3 &: a_{31}, a_{32}, \cdots, a_{3k}, \cdots \\
&\vdots \\
A_k &: a_{k1}, a_{k2}, \cdots, a_{kk}, \cdots \\
&\vdots
\end{aligned}$$

一直无限地排列下去，将这些元素排列成无穷列：

$$a_{11}, a_{12}, a_{21}, a_{13}, a_{22}, a_{31}, \cdots, a_{1k}, a_{2,k-1}, a_{3,k-2}, \cdots, a_{k-1,2}, a_{k1}, \cdots$$

(这个排列的次序是这样的：第 1 步考虑标号之和为 2 的元素，只有一个 a_{11}；第 2 步考虑标号之和为 3 的元素，有两个，即 a_{12} 和 a_{21}，先排列 a_{12} 再排列 a_{21}…… 第 k 步考虑标号之和为 $k+1$ 的元素，将这些标号之和为 $k+1$ 的元素再按照第一个标号的大小从小到大排列，一直做下去，如图 2-3-1 所示). 上述排列列出了 $\bigcup\limits_{k=1}^{\infty} A_k$ 中的所有元素. 由此可见，$\bigcup\limits_{k=1}^{\infty} A_k$ 是可数集.

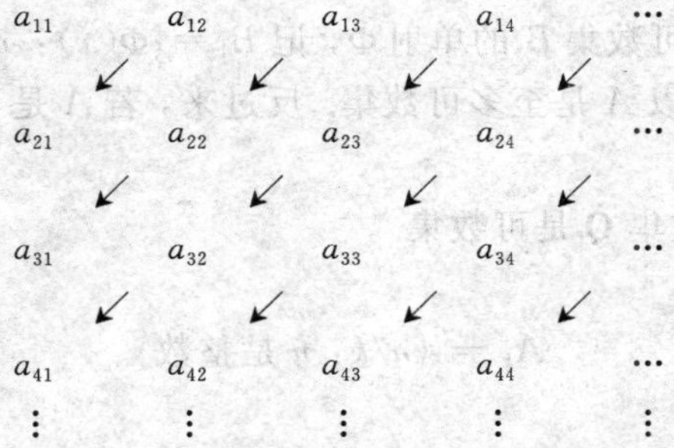

$$\begin{array}{ccccccccc}
a_{11} & & a_{12} & & a_{13} & & a_{14} & & \cdots \\
& \swarrow & & \swarrow & & \swarrow & & \swarrow & \\
a_{21} & & a_{22} & & a_{23} & & a_{24} & & \cdots \\
& \swarrow & & \swarrow & & \swarrow & & & \\
a_{31} & & a_{32} & & a_{33} & & a_{34} & & \cdots \\
& \swarrow & & \swarrow & & \swarrow & & \swarrow & \\
a_{41} & & a_{42} & & a_{43} & & a_{44} & & \cdots \\
\vdots & & \vdots & & \vdots & & \vdots & & \vdots
\end{array}$$

图 2-3-1　a_{nk} 的排列

最后来证明结论(4). 我们采用数学归纳法. 先证明 $n=2$ 时结论成立. 设

$$A_1 = \{a_{11}, a_{12}, \cdots, a_{1n}, \cdots\},\ A_2 = \{a_{21}, a_{22}, \cdots, a_{2n}, \cdots\}$$

则 $A_1 \times A_2$ 中的元素都可以表示为 (a_{1k}, a_{2l})，其中 k、l 均为正整数. 我们将这些元素按如下方式排列：第 1 步考虑标号 k 与 l 之和为 2 的元素，只有一个 (a_{11}, a_{21})；第 2 步考虑标

号 k 与 l 之和为 3 的元素，有两个，即 (a_{11}, a_{22}) 和 (a_{12}, a_{21})…… 第 n 步考虑标号之和为 $n+1$ 的元素，有 n 个，即 (a_{11}, a_{2n})，$(a_{12}, a_{2,n-1})$，…，(a_{1n}, a_{21}). 如此一直做下去，不难看出 $A_1 \times A_2$ 是可数个互不相交的有限集合的并，当然是可数集.

现在假设 k 个可数集的直积是可数集. 假如 $A_1, A_2, \cdots, A_k, A_{k+1}$ 是可数集，由归纳假设知 $A_1 \times A_2 \times \cdots \times A_k$ 是可数集. 注意到

$$A_1 \times A_2 \times \cdots \times A_k \times A_{k+1} = (A_1 \times A_2 \times \cdots \times A_k) \times A_{k+1}$$

故 $A_1 \times A_2 \times \cdots \times A_k \times A_{k+1}$ 也是可数集. □

很自然，我们要问：可数个可数集的直积是否也是可数集？对这个问题的回答是否定的. 事实上，如取 $A_n = A = \{0, 1\}$，下面的定理 2.3.3 和定理 2.3.4 表明：$\prod_{k=1}^{\infty} A_k$ 和 $[0, 1]$ 是等价的，而后者不是可数集.

作为定理 2.3.1 的推论，可以得到如下结论.

定理 2.3.2 设 A 是无限集，B 是至多可数集，则 $A \sim A \cup B$.

证明 不妨设 $A \cap B = \varnothing$. 利用定理 2.3.1 中的结论(1)，可取到 A 的可数子集 A_1，则 $A_1 \cup B$ 可数. 注意到

$$A \backslash A_1 \sim A \backslash A_1, \quad A_1 \sim A_1 \cup B$$

由定理 2.2.3 可知

$$A = (A \backslash A_1) \cup A_1 \sim (A \backslash A_1) \cup (A_1 \cup B) = A \cup B$$ □

定理 2.3.2 表明：无限集并上一个至多可数集，其基数不变，因此任一无限集可以和它的某个真子集等价. 容易看出：有限集不具备这一性质.

例 2.3.2 集合 A 是至多可数集的充分必要条件是：存在可数集 B 以及 A 到 B 的单射.

证明 假如存在 A 到可数集 B 的单射 Φ，记 $B_1 = \{\Phi(x): x \in A\}$，则 B_1 是有限集或可数集而且 A 和 B_1 等价，所以 A 是至多可数集. 反过来，若 A 是至多可数集，则明显存在 A 到 $\mathbf{N}$ 的单射. □

例 2.3.3 全体有理数集 $\mathbf{Q}$ 是可数集.

证明 对正整数 k，记

$$A_k = \{n/k: n \text{ 是整数}\}$$

则 A_k 是可数集. 注意到

$$\mathbf{Q} = \bigcup_{k\text{是正整数}} A_k$$

由定理 2.3.1 中的结论(3)可知有理数集是可数集. □

例 2.3.4 设 $\{I_\lambda\}_{\lambda \in \Lambda}$ 是一族区间且对于任意的 $\lambda \in \Lambda$，I_λ 的两个端点都是有理数，则 $\{I_\lambda\}_{\lambda \in \Lambda}$ 是至多可数集.

证明 只要证明：若 A 是以有理数为端点的开区间的全体，则 A 是可数集. 为此，记

$\mathbf{Q}=\{r_1, \cdots, r_k, \cdots\}$. 对 $k\in\mathbf{N}$, 令

$$A_k=\{(r_k, b): b\in\mathbf{Q}, b>r_k\}$$

则 A_k 等价于集合 $\{r: r\in\mathbf{Q}$ 且 $r>r_k\}$, 后者是可数集, 所以 A_k 也是可数集. 注意到 $A=\bigcup\limits_{k=1}^{\infty}A_k$, 因此 A 是可数集. □

例 2.3.5 设 $\{I_\lambda\}_{\lambda\in\Lambda}$ 是一族相互不交的开区间, 则 $\{I_\lambda\}_{\lambda\in\Lambda}$ 是至多可数集.

证明 对于任意的 $\lambda\in\Lambda$, 取一个有理数 $r_\lambda\in I_\lambda$. 定义 $\{I_\lambda\}_{\lambda\in\Lambda}$ 到 $\mathbf{Q}$ 的映射 Φ 如下:

$$\Phi(I_\lambda)=r_\lambda, \lambda\in\Lambda$$

由于 $\{I_\lambda\}_{\lambda\in\Lambda}$ 中的开区间相互不交, 因此 Φ 是 $\{I_\lambda\}_{\lambda\in\Lambda}$ 到 $\mathbf{Q}$ 的单射, 再由 $\mathbf{Q}$ 的可数性和例 2.3.2 即知 $\{I_\lambda\}_{\lambda\in\Lambda}$ 是至多可数集. □

2.3.2 不可数集

在了解可数集之后, 我们希望知道: 是否所有无限集都是可数集?

定理 2.3.3 集合 $I=[0, 1]$ 不是可数集.

证明 假如 $I=[0, 1]$ 是可数集, 则 $I=\{a_1, \cdots, a_n, \cdots\}$. 将 I 分为等长的三个闭区间: I_{11}、I_{12}、I_{13}, 则其中必有一个不含 a_1, 记这个闭区间为 I_1; 再将 I_1 等分为三个闭区间, 则至少有一个区间不含 a_2, 记这个区间为 I_2. 依此步骤无限地做下去, 可得一列闭区间 $\{I_n\}$, 它们满足

$$I_{n+1}\subset I_n, \ell(I_n)\to 0$$

这里 $\ell(I_n)$ 表示 I_n 的长度. 由闭区间套定理可知, 存在唯一的实数 a, $a\in\bigcap\limits_{n=1}^{\infty}I_n$. 但是对于任意的 k, $a\neq a_k$, 所以 $a\notin[0, 1]$, 这和 $a\in\bigcap\limits_{n=1}^{\infty}I_n$ 矛盾. 这就证明了 I 不是可数集. □

定义 2.3.2 不是可数集的无限集称为**不可数集**; 凡是和 $[0, 1]$ 等价的集合 A 的基数称为连续基数, 或称 A 具有基数 c, 记为 $\overline{\overline{A}}=c$.

可数集和不可数集虽然都是无限集, 但它们的区别是非常明显的. 可数集的元素可以按照某个次序进行排列, 这意味着与可数集相应的无限多是"离散的无限多"; 而与不可数集对应的无限多是"连续的无限多". 依据等价关系, 我们可以将无限集分成若干类(如同我们将富翁分成"百万富翁"、"千万富翁"等不同档次). 定理 2.3.1 的结论(1)表明: 可数集是所含元素"数量最少"的无限集, 即它们含有无穷多个元素, 但这个无穷却是"最小的无穷".

例 2.3.6 任何区间都具有基数 c; 特别地, 实数集 $\mathbf{R}$ 具有基数 c.

证明 明显地, 任何开区间 (a, b) 都和 $(0, 1)$ 等价, 而 $(0, 1)\cup\{0, 1\}=[0, 1]$, 利用定理 2.3.2 即知 $(0, 1)\sim[0, 1]$, 因此 $(0, 1)$ 具有基数 c, 从而所有开区间具有基数 c. 类似地, 可以证明其他类型的区间也具有基数 c. □

由定理 2.3.2 可知：

$$\{无理数\} \sim \mathbf{Q} \cup \{无理数\} = \mathbf{R}$$

这表明：无理数集合的基数是 c，它是不可数集. 所以，“无理数比有理数多”.

例 2.3.7 设 $E \subset \mathbf{R}$ 是不可数集，则集合

$$E^* = \{x \in E: 对于任意的 \delta > 0, E \cap (x-\delta, x+\delta) 是不可数集\}$$

是不可数集.

证明 由于 E 是不可数集，$E^* \cup (E \backslash E^*) = E$，由定理 2.3.1 的结论(3)可知，只要证明 $E \backslash E^*$ 是至多可数集. 事实上，假如 $x \in E \backslash E^*$，则存在 $\delta > 0$，使得 $E \cap (x-\delta, x+\delta)$ 是至多可数集，这样我们可以找到有理数 r_x 和 R_x 使得 $x \in (r_x, R_x)$ 且 $E \cap (r_x, R_x)$ 是至多可数集. 明显地，有

$$E \backslash E^* \subset \bigcup_{x \in E \backslash E^*} (E \cap (r_x, R_x)) \tag{2.3.1}$$

另一方面，由例 2.3.4 的证明过程知，以有理数为端点的所有开区间组成的集合是可数集，因此，集合关系式(2.3.1)的右边是至多可数个集合的并集，再利用定理 2.3.1 即知集合 $E \backslash E^*$ 是至多可数集. □

定理 2.3.4 设 n 是正整数，令

$$\{0, 1, \cdots, n-1\}^\infty = \{\{a_1, \cdots, a_k, \cdots\}: a_k \in \{0, 1, 2, \cdots, n-1\}, k \in \mathbf{N}\}$$

这个集合称为 n 元数列集，其基数为 c.

证明 对于给定的 n 元数列 $\{a_k\}$，假如存在正整数 N 使得 $k > N$ 时 $a_k = 0$，我们就称 $\{a_k\}$ 是有限 n 元数列，不是有限 n 元数列的 n 元数列称为无限 n 元数列. 明显地，有限 n 元数列的全体是可数集. 现在令

$$\{0, 1, \cdots, n-1\}_i^\infty = \{无限\ n\ 元数列\}$$

由定理 2.3.2 可知，只要证明 $\{0, 1, \cdots, n-1\}_i^\infty \sim (0, 1]$.

对于任意的 $x \in (0, 1]$，存在唯一的正整数 k_1，$1 \leqslant k_1 \leqslant n$，使得

$$\frac{k_1 - 1}{n} < x \leqslant \frac{k_1}{n}$$

注意到 $x - \frac{k_1 - 1}{n} \in (0, 1/n]$，于是存在唯一的正整数 k_2，$1 \leqslant k_2 \leqslant n$，使得

$$\frac{k_2 - 1}{n^2} < x - \frac{k_1 - 1}{n} \leqslant \frac{k_2}{n^2}$$

同理，存在唯一的正整数 k_l，$1 \leqslant k_l \leqslant n$，使得

$$\frac{k_l - 1}{n^l} < x - \sum_{j=1}^{l-1} \frac{k_j - 1}{n^j} \leqslant \frac{k_l}{n^l}$$

上面的步骤可以一直做下去. 令 $a_l = k_l - 1$，则 $\{a_l\}$ 是无限 n 元数列，且

$$x = \sum_{k=1}^{\infty} \frac{a_k}{n^k}$$

现在考虑$(0, 1]$到$\{0, 1, \cdots, n-1\}_i^\infty$的映射$f$如下：

$$f(x) = \{a_1, \cdots, a_k, \cdots\}, \qquad 若\ x = \sum_{k=1}^{\infty} \frac{a_k}{n^k} \in (0, 1]$$

这是一个一一对应. 所以$\{0, 1, \cdots, n-1\}_i^\infty \sim (0, 1]$. □

例 2.3.8　设A是可数集，则A的子集的全体组成的集合$T(A)$具有基数c.

证明　以$\{0, 1\}^\infty$表示二元数列的全体. 由于A是可数集，记$A=\{a_1, \cdots, a_k, \cdots\}$. 对于$A$的任意子集$B$，定义二元数列$f(B)$如下：

$$f(B) = \{x_1, \cdots, x_k, \cdots\}$$

其中

$$x_k = \begin{cases} 1, & 若\ a_k \in B \\ 0, & 若\ a_k \notin B \end{cases}$$

容易验证：f是$T(A)$到$\{0, 1\}^\infty$的一一对应，因此$T(A)$具有基数c. □

我们知道：若A是有限集且包含的元素的个数为k，则$T(A)$包含2^k个元素. 基于这个原因，对于基数为μ的集合A，我们用2^μ来表示$T(A)$的基数. 这样由例 2.3.8 可知，$2^a = c$.

定理 2.3.5　设$\{A_k\}$是至多可数个具有基数c的集合，则$A = \prod\limits_{k\geqslant 1} A_k$也具有基数$c$.

证明　我们只证明可数个具有连续基数的集合的直积也具有连续基数. 由于A_k具有连续基数，因此$A_k \sim \{0, 1\}^\infty$. 结合例 2.2.4，不妨设对于任意的自然数k，$A_k = \{0, 1\}^\infty$. 令$A = \prod\limits_{k=1}^{\infty} A_k$，并定义$A$到$\{0, 1\}^\infty$的映射$f$为：对于$x=(x_1, \cdots, x_k, \cdots) \in A$，其中$x_k = \{x_1^{(k)}, \cdots, x_l^{(k)}, \cdots\}$，

$$f(x) = \{x_1^{(1)}, x_2^{(1)}, x_1^{(2)}, \cdots, x_k^{(1)}, x_{k-1}^{(2)}, \cdots, x_1^{(k)}, \cdots\}$$

明显地，f是A到$\{0, 1\}^\infty$的一个单射. 另一方面，对于任意的二元数列$\{a_1, \cdots, a_k, \cdots\}$，令

$$x_1^{(1)} = a_1$$

$$x_2^{(1)} = a_2, \ x_1^{(2)} = a_3$$

$$x_3^{(1)} = a_4, \ x_2^{(2)} = a_5, \ x_1^{(3)} = a_6$$

$$\vdots$$

并令

$$x_k = \{x_1^{(k)}, \cdots, x_l^{(k)}, \cdots\}$$

则$x=(x_1, \cdots, x_k, \cdots) \in A$且$f(x) = \{a_1, \cdots, a_k, \cdots\}$. 因此$f$是$A$到$\{0, 1\}^\infty$的满射. 这样即证明了$A \sim \{0, 1\}^\infty$. □

以$\mathbf{R}^\infty$表示全体实数列组成的集合，利用定理 2.3.5，容易看出$\mathbf{R}^\infty$具有基数c.

习　题

1. 设 f 是 $\mathbf{R}$ 上的单调函数，证明：f 的不连续点至多可数.

2. 证明：所有整系数多项式全体组成的集合是可数集.

3. 设 $A\subset(0,1)$是无限集，假如对于 A 中任意可数个点$\{x_k\}$，级数 $\sum\limits_{k=1}^{\infty}x_k$ 都收敛，证明：A 是可数集.

4. 设 $E\subset\mathbf{R}$ 是可数集，$d>0$ 是一个固定的数，证明：存在 $x_0\in\mathbf{R}$，使得

$$\{x_0+nd:n\in\mathbf{Z}\}\cap E=\varnothing$$

5. 设 $A\subset\mathbf{R}^2$，假如存在常数 $d>0$，使得 A 中任意两点之间的距离大于 d，证明：A 是至多可数集.

6. 以$\{r_k\}$表示$(0,1)$中所有有理数的全体，定义

$$A_k=\{x\in\mathbf{R}:|x-r_k|\leqslant 1\},\ k\in\mathbf{N}$$

计算$\overline{\lim\limits_{k\to\infty}}A_k$和$\underline{\lim\limits_{k\to\infty}}A_k$.

7. 设 $E\subset\mathbf{R}^3$，假如 E 中任意两点之间的距离是有理数，证明：E 是至多可数集.

8. 设$\{f_\lambda\}_{\lambda\in\Lambda}$是一族定义于区间 I 的函数，假如这族函数在 I 上一致有界，即

$$\sup_{\lambda\in\Lambda}\sup_{x\in I}|f_\lambda(x)|<\infty$$

证明：对于 I 中的任意一个可数集$\{a_k\}$，从$\{f_\lambda\}_{\lambda\in\Lambda}$中可以选出一个函数列$\{f_l\}$，使得对于任意的 k，数列$\{f_l(a_k)\}$都收敛.

9. 设 A 是不可数集，B 是至多可数集，证明：$A\backslash B\sim A$.

10. 证明：平面上至少有这样一个圆周 Γ，对于任意的 $x=(x_1,x_2)\in\Gamma$，x_1、x_2至少有一个是无理数.

2.4 基数的比较

对于无限集合来说，基数反映的是集合所包含的元素数目的一个量级. 直观想象中，它们应该能像实数一样做比较. 为准确表述这个比较，下面先给出有关的定义.

定义 2.4.1 设 A 和 B 是两个集合. 假如 A 与 B 的某个子集等价，则称 A 的基数小于等于 B 的基数，记为$\overline{\overline{A}}\leqslant\overline{\overline{B}}$. 假如 $\overline{\overline{A}}\leqslant\overline{\overline{B}}$ 但 A 和 B 不等价，则称 A 的基数小于 B 的基数，记为$\overline{\overline{A}}<\overline{\overline{B}}$.

前面曾经指出，假如 A 是无限集，则 $\overline{\overline{A}} \geqslant a$. 一个很自然的问题是：是否存在集合 A 使得 $a < \overline{\overline{A}} < c$. Cantor 猜测这是不可能的，这就是著名的 Cantor 连续统假设. 1900 年国际数学家大会上，Hilbert 提出了 20 世纪数学家应该关注的 23 个数学问题，第一个就是 Cantor 连续统假设. 这个问题在 1963 年才得到最终解决. 结论是：在 Z-F 集合论公理系统①的框架下，Cantor 连续统假设既不能被证实，也不能被否定，它与集合论的其他公理是彼此独立的.

下面的定理表明：基数的大小关系与实数的大小关系有类似的性质.

定理 2.4.1　设 A、B、C 是三个集合，则

(1) $\overline{\overline{A}} \leqslant \overline{\overline{A}}$；

(2) 假如 $\overline{\overline{A}} \leqslant \overline{\overline{B}}$，$\overline{\overline{B}} \leqslant \overline{\overline{C}}$，则 $\overline{\overline{A}} \leqslant \overline{\overline{C}}$；

(3) (Berstein)假如 $\overline{\overline{A}} \leqslant \overline{\overline{B}}$，$\overline{\overline{B}} \leqslant \overline{\overline{A}}$，则 $\overline{\overline{A}} = \overline{\overline{B}}$.

定理 2.4.1 中的结论(1)和(2)是明显的. 为证明结论(3)，我们需要下面的引理.

引理 2.4.1　设 A_1、A_2、A_3 是三个集合，$A_1 \supset A_2 \supset A_3$. 假如 $A_1 \sim A_3$，则 $A_1 \sim A_2 \sim A_3$.

证明　由于 $A_1 \sim A_3$，因此存在 A_1 到 A_3 的一一对应 Φ，使得 $A_3 = \Phi(A_1)$. 由于 $A_2 \subset A_1$，因此 $\Phi(A_2) \subset A_3$. 对于不小于 2 的整数 k，令 $A_{k+2} = \Phi(A_k)$，则 $\{A_k\}$ 是单调递减的集合列. 记 $A_0 = \lim\limits_{k \to \infty} A_k = \bigcap\limits_{k=1}^{\infty} A_k$，容易验证

$$A_1 = A_0 \cup \left(\bigcup_{k=1}^{\infty} (A_{2k-1} \backslash A_{2k+1})\right)$$

$$A_2 = A_0 \cup \left(\bigcup_{k=1}^{\infty} (A_{2k} \backslash A_{2k+2})\right)$$

明显地，对于正整数 k，有

$$A_{2k+1} \backslash A_{2k+2} = \Phi(A_{2k-1}) \backslash \Phi(A_{2k}) = \Phi(A_{2k-1} \backslash A_{2k})$$

所以

$$A_{2k+1} \backslash A_{2k+2} \sim A_{2k-1} \backslash A_{2k}$$

注意到

$$A_{2k} \backslash A_{2k+1} \sim A_{2k} \backslash A_{2k+1}$$

利用定理 2.2.3 即知

$$A_{2k} \backslash A_{2k+2} \sim A_{2k-1} \backslash A_{2k+1}$$

由于集合列 $\{A_{2k-1} \backslash A_{2k+1}\}$、$\{A_{2k} \backslash A_{2k+2}\}$ 都是相互不交的集合列且这些集合都不与 A_0 相交，再次利用定理 2.2.3 即得

---

① 为建立某种公理系统来对集合论做出必要的规定以排除有关悖论，Zermelo 于 1908 年提出了一种公理系统，只允许那些看来不会产生矛盾的类进入集合论；1921 年，Fraenkel 对 Zermelo 的公理系统加以改进，形成了目前被公认的彼此无矛盾的公理系统，这就是所谓的 Z-F 集合论公理系统.

$$A_0 \cup \left(\bigcup_{k=1}^{\infty} (A_{2k-1} \setminus A_{2k+1})\right) \sim A_0 \cup \left(\bigcup_{k=1}^{\infty} (A_{2k} \setminus A_{2k+2})\right)$$

引理 2.4.1 得证. □

定理 2.4.1 中结论(3)的证明　由于 $\overline{\overline{A}} \leqslant \overline{\overline{B}}$，因此存在 B 的一个子集 B_1 使得 $A \sim B_1$；而 $\overline{\overline{B}} \leqslant \overline{\overline{A}}$ 意味着存在 A 的一个子集 A_1 以及 B 到 A_1 的一个一一对应 Φ. 令 $A_2 = \Phi(B_1)$，则 $A_2 \subset A_1 \subset A$ 且由定理 2.2.2 的结论(3)知 $A \sim A_2$. 由引理 2.4.1 即知 $A \sim A_1 \sim B$. □

下面举例说明如何应用 Berstein 定理来证明两个集合有相同的基数.

例 2.4.1　设 $-\infty < a < b < \infty$，$C[a, b]$表示$[a, b]$上连续函数的全体，则 $C[a, b]$具有基数 c.

证明　对于任意实数 d，函数 $f(x) \equiv d$ 属于 $C[a, b]$，明显地，

$$F: d \to f(x) \equiv d$$

是 $\mathbf{R}$ 到 $C[a, b]$的单射，因此$\overline{\overline{C[a, b]}} \geqslant c$. 由 Berstein 定理可知，只需证明$\overline{\overline{C[a, b]}} \leqslant c$. 为此，我们需要一个事实：假如 f 是$[a, b]$上的连续函数且在$[a, b]$上任意有理点处等于零，则 f 在$[a, b]$上恒等于零. 事实上，假如 f 在$[a, b]$上任意有理点处等于零，对于$[a, b]$上的任意无理点 x，可以找到$[a, b]$中的有理点列$\{r_k\}$，$r_k \to x$，利用 f 的连续性即知

$$f(x) = \lim_{k \to \infty} f(r_k) = 0$$

现在来证明 $C[a, b]$的基数不大于 c. 设$\{r_1, \cdots, r_k, \cdots\}$是$[a, b]$中有理数的全体. 定义 $C[a, b]$到 $\mathbf{R}^{\infty}$ 的映射 $\mathscr{G}$ 为

$$\mathscr{G}: f \to (f(r_1), \cdots, f(r_k), \cdots)$$

由前面陈述的事实即知：$\mathscr{G}$ 是 $C[a, b]$到 $\mathbf{R}^{\infty}$ 的单射，因此$\overline{\overline{C[a, b]}} \leqslant c$. □

例 2.4.2　设$\{A_k\}$是可数个集合，$\bigcup\limits_{k=1}^{\infty} A_k$具有基数 c，则必有某个 A_k具有基数 c.

证明　令 $A = \bigcup\limits_{k=1}^{\infty} A_k$. 由于 $\overline{\overline{A}} = c$，因此，存在 A 到 $\mathbf{R}^{\infty}$ 的一一对应 Φ. 令 $B_k = \Phi(A_k)$，则 A_k和 B_k等价并且 $\bigcup\limits_{k=1}^{\infty} B_k = \mathbf{R}^{\infty}$. 基于此，不妨假定 $A = \mathbf{R}^{\infty}$.

明显地，$\overline{\overline{A}}_k \leqslant c$. 假如 $\overline{\overline{A_k}} < c$，则存在实数 a_k，使得对于任意实数 $x_1, \cdots, x_{k-1}, x_{k+1}, \cdots$，有

$$\{x_1, \cdots, x_{k-1}, a_k, x_{k+1}, \cdots\} \notin A_k$$

(否则对于任意的实数 a，存在实数 $x_1, \cdots, x_{k-1}, x_{k+1}, \cdots$，使得

$$\{x_1, \cdots, x_{k-1}, a, x_{k+1}, \cdots\} \in A_k$$

于是

$$\Phi_k: a \to \{x_1, \cdots, x_{k-1}, a, x_{k+1}, \cdots\}$$

是 $\mathbf{R} \to A_k$的一一映射，所以 $\overline{\overline{A}}_k \geqslant c$，矛盾). 假如对于任何 k，$\overline{\overline{A}}_k < c$，我们就找到一列实数 $a_1, \cdots, a_k, \cdots$，使得对于任意的 l，$\{a_1, \cdots, a_k, \cdots\} \notin A_l$，这和$\{a_1, \cdots, a_k, \cdots\} \in A$

矛盾. □

本节的最后来证明：不存在基数最大的集合.

定理 2.4.2 设 A 是一个集合，其基数为 μ，则必有 $\mu<2^{\mu}$.

证明 明显地，A 与集合$\{\{x\}: x\in A\}$等价，所以 $\mu\leqslant 2^{\mu}$. 假如 $\mu<2^{\mu}$不成立，则$\mu=2^{\mu}$，即 A 和 $T(A)$等价，这表明存在 A 到 $T(A)$的一个一一对应 Φ. 对于任意的 $x\in A$，$\Phi(x)$是 A 的一个子集. A 的子集 A^* 定义如下：

$$A^* = \{x \in A: x \notin \Phi(x)\}$$

设 $x^* \in A$ 使得 $\Phi(x^*)=A^*$. 明显地，$x^* \notin A^*$（否则 $x^* \in A^*$，于是 $x^* \notin \Phi(x^*)$，矛盾），但是 x^* 也不可能不属于 A^*（否则 $x^* \notin A^*$，于是 $x^* \in \Phi(x^*)=A^*$，矛盾）. 这说明 A 和 $T(A)$不可能等价. □

定理 2.4.2 表明：对于无限集合来说，存在最小基数，但是不存在最大基数.

习 题

1. 设集合 A 具有基数 c，证明：集合

$$A^* = \{B: B\subset A \text{ 且 } B \text{ 至多可数}\}$$

具有基数 c.

2. 设$-\infty<a<b<\infty$，证明：定义于$[a, b]$的单调函数的全体组成的集合具有基数 c.

3. 证明：$\mathbf{R}$ 上的实函数的全体组成的集合具有基数 2^c.

4. 证明所有开区间的全体组成的集合具有基数 c，进而证明 $\mathbf{R}$ 中所有开集组成的集合具有基数 c. 在 $\mathbf{R}^n$中相应的结论成立吗?

第 3 章　欧氏空间中的拓扑与连续函数

欧氏空间 $\mathbf{R}^n$ 是集合 $\underbrace{\mathbf{R}\times\cdots\times\mathbf{R}}_{n}$ 与线性运算和距离的“联合体”，它性质清晰，结构简单直观，为分析理论中诸多空间的研究提供了典型的样本和特例. 本章将介绍 $\mathbf{R}^n$ 中的点集以及 $\mathbf{R}^n$ 中连续函数的性质. 由于 $\mathbf{R}^n$ 源于 $\mathbf{R}$，因此这些性质与 $\mathbf{R}$ 中集合、连续函数的性质有很多相似的地方，但由于 $\mathbf{R}^n(n\geqslant 2)$ 的几何结构比 $\mathbf{R}$ 的几何结构要复杂得多，因此关于 $\mathbf{R}^n$ 的很多结果与 $\mathbf{R}$ 中的相应结果有本质性的差异.

3.1　$\mathbf{R}^n$ 中的距离

设 n 是正整数，以 $\mathbf{R}^n$ 表示有序实数组 $(x_1, \cdots, x_n)$ 的全体组成的集合，即

$$\mathbf{R}^n = \underbrace{\mathbf{R}\times\cdots\times\mathbf{R}}_{n} = \{(x_1, \cdots, x_n): x_j \in \mathbf{R}, 1 \leqslant j \leqslant n\}$$

在 $\mathbf{R}^n$ 中，定义线性运算如下：

(1) 加法运算：对于 $\mathbf{R}^n$ 中的两点 $x=(x_1, \cdots, x_n)$，$y=(y_1, \cdots, y_n)$，有

$$x + y = (x_1 + y_1, \cdots, x_n + y_n)$$

(2) 数乘运算：对于 $x=(x_1, \cdots, x_n)\in\mathbf{R}$ 以及 $\lambda\in\mathbf{R}$，有

$$\lambda x = (\lambda x_1, \lambda x_2, \cdots, \lambda x_n)$$

明显地，$\mathbf{R}^n$ 对线性运算(加法运算以及实数数乘运算)是封闭的. 对于 $x, y\in\mathbf{R}^n$，定义

$$d(x, y) = \Big(\sum_{k=1}^{n} | x_k - y_k |^2\Big)^{\frac{1}{2}} \tag{3.1.1}$$

称之为 x 和 y 之间的欧氏距离. 有了前述线性运算和欧氏距离后的 $\mathbf{R}^n$ 称为 n 维欧氏空间.

容易看出，当 $n=1$ 时，由式(3.1.1)定义的距离 d 满足：

(1) 非负性，即对于任意的 $x, y\in\mathbf{R}$，$d(x, y)\geqslant 0$，且 $d(x, y)=0$ 的充分必要条件是 $x=y$；

(2) 对称性，即对于任意的 x，$y\in\mathbf{R}$，$d(x, y)=d(y, x)$；

(3) 三角不等式，即对于任意的 x，y，$z\in\mathbf{R}$，$d(x, y)\leqslant d(x, z)+d(z, y)$.

明显地，非负性和对称性在 $\mathbf{R}^n$ 中也成立. 我们希望知道：性质(3)在 $\mathbf{R}^n$ 中还成立吗？为此，先给出有关引理.

引理 3.1.1(Cauchy-Schwarz 不等式) 设$\{a_j\}_{1\leqslant j\leqslant k}$，$\{b_j\}_{1\leqslant j\leqslant k}$是两组非负实数，则

$$\sum_{j=1}^{k}a_jb_j\leqslant\Big(\sum_{j=1}^{k}a_j^2\Big)^{\frac{1}{2}}\Big(\sum_{j=1}^{k}b_j^2\Big)^{\frac{1}{2}}$$

证明 令

$$f(\lambda)=\Big(\sum_{j=1}^{k}b_j^2\Big)\lambda^2+2\Big(\sum_{j=1}^{k}a_jb_j\Big)\lambda+\sum_{j=1}^{k}a_j^2$$

明显地，对于任意的 $\lambda\in\mathbf{R}$，$f(\lambda)=\sum_{j=1}^{k}(a_j+\lambda b_j)^2\geqslant 0$. 因此

$$\Big(\sum_{j=1}^{k}a_jb_j\Big)^2-\Big(\sum_{j=1}^{k}a_j^2\Big)\Big(\sum_{j=1}^{k}b_j^2\Big)\leqslant 0$$

这立即给出理想的结果. □

对于 x，y，$z\in\mathbf{R}^n$，由 Cauchy-Schwarz 不等式立即得到

$$\begin{aligned}\sum_{j=1}^{n}(x_j-y_j)^2&=\sum_{j=1}^{n}(x_j-z_j)^2+2\sum_{j=1}^{n}(x_j-z_j)(z_j-y_j)+\sum_{k=1}^{n}(z_k-y_k)^2\\&\leqslant\sum_{j=1}^{n}(x_j-z_j)^2+2\Big[\sum_{j=1}^{n}(x_j-z_j)^2\sum_{k=1}^{n}(z_k-y_k)^2\Big]^{\frac{1}{2}}+\sum_{k=1}^{n}(z_k-y_k)^2\\&=\Big\{\Big[\sum_{j=1}^{n}(x_j-z_j)^2\Big]^{\frac{1}{2}}+\Big[\sum_{k=1}^{n}(z_k-y_k)^2\Big]^{\frac{1}{2}}\Big\}^2\end{aligned}$$

即

$$d(x, y)\leqslant d(x, z)+d(y, z)\tag{3.1.2}$$

当 $n=2$ 时，这个不等式可以直观地解释为：三角形任意一边的长不大于其他两边的长的和. 基于此，不等式(3.1.2)也称为 $\mathbf{R}^n$ 中的三角不等式.

利用两点间的距离，可以定义 $\mathbf{R}^n$ 中两个集合之间的距离. 设 E_1，$E_2\subset\mathbf{R}^n$，我们称

$$d(E_1, E_2)=\inf_{x\in E_1,\ y\in E_2}d(x, y)$$

为 E_1 和 E_2 之间的距离. 当 E_1 是单点集 $E_1=\{x\}$时，$d(E_1, E_2)$也称为点 x 和集合 E_2 之间的距离.

有了距离，我们就可以定义 $\mathbf{R}^n$ 中点列的极限.

定义 3.1.1 设$\{x_k\}\subset\mathbf{R}^n$，$x_0\in\mathbf{R}^n$. 假如$\lim\limits_{k\to\infty}d(x_k, x_0)=0$，则称$\{x_k\}$收敛于 x_0，记为 $x_k\rightarrow x_0$.

设$\{x_k\}\subset\mathbf{R}^n$，$x_k=(x_1^{(k)}, \cdots, x_n^{(k)})$，$x_0=(x_1^{(0)}, \cdots, x_n^{(0)})$. 利用距离的定义，容易验证，

$\{x_k\}$收敛于x_0的充分必要条件是：对于每一个$1\leqslant j\leqslant n$，数列$\{x_j^{(k)}\}$收敛于$x_j^{(0)}$.

现在介绍$\mathbf{R}^n$中的球和方体，它们是欧氏空间中最简单、最有代表性的集合，也是区间这个概念在高维情形的推广和类似.

对于给定的$x_0\in\mathbf{R}^n$和$\varepsilon>0$，我们称集合

$$B(x_0, \varepsilon)=\{x: d(x, x_0)<\varepsilon\}$$

是以x_0为中心、ε为半径的球，或称它为x_0的**ε邻域**. 对于$\mathbf{R}^n$中的集合A，假如存在球$B(x_0, r)$使得$A\subset B(x_0, r)$，则称A是**有界集**.

定理 3.1.1(Bolzano-Weierstrass)　设$\{x_k\}\subset\mathbf{R}^n$，若$\{x_k\}$有界，则它必有收敛子列.

证明　设$x_k=(x_1^{(k)}, \cdots, x_n^{(k)})$，由于$\{x_k\}$是有界点列，因此对于任意的$j$，$1\leqslant j\leqslant n$，$\{x_j^{(k)}\}$是有界数列. 所以$\{x_1^{(k)}\}$有收敛子列，记这个收敛子列为$\{x_1^{(k_1)}\}$，并以$x_1^0\in\mathbf{R}$表示其极限. 由于$\{x_2^{(k_1)}\}$是有界数列，它有收敛子列，记为$\{x_2^{(k_2)}\}$，并以$x_2^0$表示这个子列的极限，…… 依次做下去，由于$\{x_n^{(k_{n-1})}\}$是有界数列，它有收敛子列$\{x_n^{(k_n)}\}$，并记$x_n^0$为其极限. 现在取$\{x_k\}$的子列

$$\{(x_1^{(k_n)}, x_2^{(k_n)}, \cdots, x_n^{(k_n)}\}$$

它收敛于$\mathbf{R}^n$中的点$(x_1^0, \cdots, x_n^0)$. □

现在转向$\mathbf{R}^n$中的方体.

设$a_1, \cdots, a_n$和$b_1, \cdots, b_n$是两组实数，且对于任何$1\leqslant k\leqslant n$，$a_k<b_k$，称集合

$$\{(x_1, \cdots, x_n): a_k<x_k<b_k, 1\leqslant k\leqslant n\}$$

为$\mathbf{R}^n$中的开矩体，并将其简记为$\prod\limits_{k=1}^{n}(a_k, b_k)$；类似地，定义$\mathbf{R}^n$中的半开矩体

$$\{(x_1, \cdots, x_n): a_k<x_k\leqslant b_k, 1\leqslant k\leqslant n\}$$

和闭矩体

$$\{(x_1, \cdots, x_n): a_k\leqslant x_k\leqslant b_k, 1\leqslant k\leqslant n\}$$

它们分别简记为$\prod\limits_{k=1}^{n}(a_k, b_k]$、$\prod\limits_{k=1}^{n}[a_k, b_k]$. 特别地，称

$$\prod_{k=1}^{n}(a_k, a_k+r), \prod_{k=1}^{n}(a_k, a_k+r], \prod_{k=1}^{n}[a_k, a_k+r]$$

为$\mathbf{R}^n$中的开方体、半开方体、闭方体. 可以看出，矩体或方体的边都平行于相应的坐标轴.

下面介绍二进方体.

定义 3.1.2　设$m, k_1, \cdots, k_n$是整数，则

$$\prod_{j=1}^{n}\left[\frac{k_j}{2^m}, \frac{k_j+1}{2^m}\right]$$

称为$\mathbf{R}^n$中的二进闭方体(当$n=1$时，它称为二进闭区间)，点$(2^{-m}k_1, \cdots, 2^{-m}k_n)$称为这个二进方体的左端点；相应地，分别称

$$\prod_{j=1}^{n}\left(\frac{k_j}{2^m},\frac{k_j+1}{2^m}\right],\ \prod_{j=1}^{n}\left(\frac{k_j}{2^m},\frac{k_j+1}{2^m}\right)$$

为 $\mathbf{R}^n$ 中的二进半开方体、二进开方体，并称 $\prod_{j=1}^{n}\left(\frac{k_j}{2^m},\frac{k_j+1}{2^m}\right)$ 为相应的二进闭方体和二进半开方体的内部.

容易看出：在 $\mathbf{R}^n$ 中

(1) 任意两个二进闭方体要么内部相互不交，要么一个包含于另一个；而任意两个二进半开方体要么相互不交，要么一个包含于另一个.

(2) 对于固定的 $m\in\mathbf{Z}$，以 D_m 表示边长为 2^{-m} 的二进半开方体的全体，则对于任意的 $Q\in D_{m-1}$，将 Q 等分为 2^n 个边长为 2^{-m} 的小方体，这些小长方体都属于 D_m. 反过来，D_m 中的每一个都是 D_{m-1} 中的某一个进行 2^n 等分后得到的. 也就是说，对于任意的 $Q\in D_m$，必有唯一的 $\hat{Q}\in D_{m-1}$，使得 $Q\subset\hat{Q}$，我们把 $\hat{Q}$ 称为 Q 的父方体. 对于二进闭方体，也有相同的结果.

(3) 对于任意的 $m\in\mathbf{Z}$，都有 $\mathbf{R}^n=\bigcup_{Q\in D_m}Q$.

二进方体非常简明，其性质也很清晰.

例 3.1.1　设 f 是定义于 $\mathbf{R}$ 上的实函数且 $|f|$ 在 $\mathbf{R}$ 上广义 Riemann 可积，$\lambda>0$ 是一个给定的数，I 是满足

$$\frac{1}{\ell(I)}\int_I|f(x)|\,\mathrm{d}x>\lambda$$

的二进闭区间，则一定存在唯一一个包含 I 的二进闭区间 I^*，它满足

$$\frac{1}{\ell(I^*)}\int_{I^*}|f(x)|\,\mathrm{d}x>\lambda$$

且对于任意包含 I^* 的二进闭区间 $\tilde{I}$，有

$$\frac{1}{\ell(\tilde{I})}\int_{\tilde{I}}|f(x)|\,\mathrm{d}x\leqslant\lambda$$

证明　记 $I_1=I$，I_2 是 I 的父区间…… 当 I_k 确定后，取 I_{k+1} 为 I_k 的父区间，这样得到二进区间列 $\{I_k\}$，$\ell(I_k)\to\infty$. 由于 $|f|$ 在 $\mathbf{R}$ 上广义 Riemann 可积，从而

$$\lim_{k\to\infty}\frac{1}{\ell(I_k)}\int_{\mathbf{R}}|f(x)|\,\mathrm{d}x=0$$

因此，可以找到一个 N，使得当 $k\geqslant N$ 时，有

$$\frac{1}{\ell(I_k)}\int_{\mathbf{R}}|f(x)|\,\mathrm{d}x\leqslant\lambda$$

假如

$$\frac{1}{\ell(I_{N-1})}\int_{I_{N-1}}|f(y)|\,\mathrm{d}y>\lambda$$

则 I_{N-1} 就是我们要找的二进区间；假如

$$\frac{1}{\ell(I_{N-1})}\int_{I_{N-1}} |f(y)|\,\mathrm{d}y \leqslant \lambda$$

则对 I_{N-1} 重复前面的操作…… 这样一直做下去，即可在 $\{I_1, \cdots, I_{N-1}\}$ 这些区间中找到理想的二进区间 I^*. □

习 题

1. 设 $\{x_k\}$ 是 $\mathbf{R}^n$ 中的一个点列，$x_0 \in \mathbf{R}^n$，证明：$\{x_k\}$ 收敛于 x_0 的充分必要条件是对于 $\{x_k\}$ 的任意子列 $\{x_{k_l}\}$，都有子列 $\{x_{k_{l_j}}\}$，使得 $x_{k_{l_j}}$ 收敛于 x_0.

2. 设 $A \subset \mathbf{R}^n$，记 $\mathrm{diam}A = \sup\limits_{x,\, y \in A} d(x, y)$，证明：$A$ 是有界集的充分必要条件是 $\mathrm{diam}A < \infty$.

3. 设 $A \subset \mathbf{R}^n$ 是无限集，证明：A 是有界集的充分必要条件是 A 中任意点列有有界子列.

4. 设 $x \in \mathbf{R}^n$，A、B 是 $\mathbf{R}^n$ 的两个子集，则

$$d(x, B) \leqslant d(x, A) + d(A, B)$$

成立吗？如不成立，给出 $d(x, A)$、$d(x, B)$ 和 $d(A, B)$ 的正确关系式.

3.2 开集和闭集

本节介绍 $\mathbf{R}^n$ 中点集的有关概念.

定义 3.2.1 设 $E \subset \mathbf{R}^n$，$x_0 \in \mathbf{R}^n$.

(1) 假如 $x_0 \in E$ 且存在 $\delta > 0$，使得 $B(x_0, \delta) \subset E$，则称 x_0 是 E 的**内点**；E 的所有内点组成的集合称为 E 的**内核**，记为 E°.

(2) 假如 $x_0 \in E$ 且存在 $\delta > 0$，使得 $B(x_0, \delta) \cap E = \{x_0\}$，则称 x_0 是 E 的**孤立点**.

(3) 假如对于任意的 $\delta > 0$，$B(x_0, \delta) \cap E \neq \varnothing$，则称 x_0 是 E 的**触点**；E 的所有触点组成的集合称为 E 的**闭包**，记为 $\bar{E}$.

(4) 假如对于任意的 $\delta > 0$，$B(x_0, \delta) \cap (E \setminus \{x_0\}) \neq \varnothing$，则称 x_0 是 E 的**聚点**；E 的所有聚点组成的集合称为 E 的**导集**，记为 E'.

下面给出聚点的特征刻画.

定理 3.2.1 设 $E \subset \mathbf{R}^n$，$x_0 \in \mathbf{R}^n$，则下面三个条件是等价的.

(1) x_0是 E 的聚点；

(2) 对于任意的 $\delta>0$，$B(x_0, \delta)$中包含 E 的无限个点；

(3) 存在 E 中各项互异的点列$\{x_k\}$使得 $x_k \to x_0$.

证明　条件(3)隐含条件(1)是显然的，所以只需证明条件(1)隐含条件(2)以及条件(2)隐含条件(3).

先证明条件(1)隐含条件(2). 假如对于某个固定的 $\delta>0$，$B(x_0, \delta)\cap(E\setminus\{x_0\})=\{x_1, \cdots, x_N\}$，令 $\delta_1=\min\limits_{1\leqslant k\leqslant N} d(x_k, x_0)$，容易看出 $B(x_0, \delta_1)\cap(E\setminus\{x_0\})=\varnothing$. 这和 x_0是 E 的聚点矛盾.

再来证明条件(2)隐含条件(3). 按照下面的方式选取$\{x_k\}$：首先取 $x_1\in E$，使得 $d(x_1, x_0)<1/2$ …… 当 x_k取定后，取 x_{k+1} 满足 $d(x_{k+1}, x_0)<\min\{1/(k+1), d(x_k, x_0)\}$. 不难看出这个点列$\{x_k\}\subset E$ 且 $x_k\to x_0$. □

定理 3.2.1 清楚地说明了聚点的真正含义，同时也表明：若 $x\in E$，则 x 要么是 E 的聚点，要么是 E 的孤立点(虽然聚点和孤立点看起来是对立的). 另外，由例 2.3.7 的证明过程可知，$\mathbf{R}^n$中任意集合的孤立点集是至多可数集.

例 3.2.1　设 $A_1, \cdots, A_k$是 $\mathbf{R}^n$中的点集，则 $(\bigcup\limits_{j=1}^{k} A_j)'=\bigcup\limits_{j=1}^{k} A_j'$.

证明　明显地，对于任意的 $1\leqslant j\leqslant k$，都有 $A_j'\subset(\bigcup\limits_{j=1}^{k} A_j)'$，从而

$$\bigcup_{j=1}^{k} A_j'\subset(\bigcup_{j=1}^{k} A_j)'$$

反过来，假如 $x\notin\bigcup\limits_{j=1}^{k} A_j'$，则对于任意满足 $1\leqslant j\leqslant k$ 的正整数 j，存在 δ_j使得 $B(x, \delta_j)$中仅包含 A_j的有限个点. 令 $\delta=\min\limits_{1\leqslant j\leqslant k}\delta_j$，则 $B(x, \delta)$中仅包含 $\bigcup\limits_{j=1}^{k} A_j$ 中有限个点，所以 $x\notin(\bigcup\limits_{j=1}^{k} A_j)'$，于是

$$(\bigcup_{j=1}^{k} A_j)'\subset\bigcup_{j=1}^{k} A_j'$$

这就给出了理想的等式. □

现在可以定义 $\mathbf{R}^n$中的开集和闭集了.

定义 3.2.2　设 $E\subset\mathbf{R}^n$，假如对于任意的 $x\in E$，x 是 E 的内点，则称 E 是**开集**(我们约定：空集是开集)；假如 E 在 $\mathbf{R}^n$中的余集 E^c是开集，则称 E 是**闭集**.

明显地，对于任意的 $x\in\mathbf{R}^n$和 $\varepsilon>0$，$B(x, \varepsilon)$是 $\mathbf{R}^n$中的开集.

例 3.2.2　设 $E\subset\mathbf{R}^n$，则 E°是包含于 E 的最大开集而 $\overline{E}$ 是包含 E 的最小闭集.

证明　仅证明前一结论，后一结论的证明留作习题. 明显地，$E^\circ\subset E$. 假如 $G\subset E$ 且 G 是开集，则 G 中任意一点都是 E 的内点，这意味着 $G\subset E^\circ$. 所以只要证明 E°是开集. 事实上，假如 $E^\circ=\varnothing$，它就是开集；假如 $x\in E^\circ$，则存在 $\varepsilon>0$ 使得 $B(x, \varepsilon)\subset E$. 对于任意的

$y\in B(x,\varepsilon)$，我们取 $\varepsilon_y=\varepsilon-d(y,x)$，利用不等式(3.1.2)，容易验证 $B(y,\varepsilon_y)\subset B(x,\varepsilon)$，从而 $y\in E^\circ$，所以 E°是开集. □

例 3.2.2 表明：对于 $E\subset\mathbf{R}^n$，

$$E^\circ=\bigcup_{G:\ G\subset E,\ G是开集} G,\quad \bar{E}=\bigcap_{F:\ F\supset E,\ F是闭集} F$$

例 3.2.3 设 $E\subset\mathbf{R}^n$，则下面两个条件等价.

(1) E 是闭集；

(2) 若$\{x_k\}\subset E$ 且 $x_k\to x_0$，则必有 $x_0\in E$.

证明 假如 E 是闭集，则 E^c是开集. 设$\{x_k\}\subset E$ 且 $x_k\to x_0$. 假如 $x_0\notin E$，则 $x_0\in E^c$. 由开集的定义可知：存在 x_0为中心的某个球 $B(x_0,\varepsilon)\subset E^c$. 这与$\{x_k\}\subset E$ 且 $x_k\to x_0$矛盾.

现在假设条件(2)成立. 任取 $x_0\in E^c$，假如 x_0不是 E^c的内点，则对于任意的 $\varepsilon>0$，$B(x_0,\varepsilon)\cap E\neq\varnothing$. 于是可以找到一个点列$\{x_k\}\subset E$，$x_k\neq x_0$，且 $x_k\to x_0$. 由条件(2)可知 $x_0\in E$，这和 $x_0\in E^c$矛盾. □

例 3.2.3 表明：任何没有聚点的集合 $E\subset\mathbf{R}^n$都是闭集，从而有限点集一定是闭集.

定理 3.2.2 (1) 若$\{G_\lambda\}_{\lambda\in\Lambda}$是一族开集，则$\bigcup\limits_{\lambda\in\Lambda}G_\lambda$也是开集；若$G_1,\cdots,G_k$是 k 个开集，则 $\bigcap\limits_{j=1}^{k}G_j$ 也是开集.

(2) 若$\{G_\lambda\}_{\lambda\in\Lambda}$是一族闭集，则 $\bigcap\limits_{\lambda\in\Lambda}G_\lambda$ 也是闭集；若$G_1,\cdots,G_k$是 k 个闭集，则 $\bigcup\limits_{j=1}^{k}G_j$ 也是闭集.

这个定理的证明仅仅涉及开集、闭集的定义，此处略去具体的证明过程.

例 3.2.4 设 F_1、F_2是 $\mathbf{R}^n$中两个不相交的集合且 $d(F_1,F_2)>0$，则存在不相交的开集 G_1、G_2，使得 $F_1\subset G_1$，$F_2\subset G_2$.

证明 令

$$G_1=\{x\in\mathbf{R}^n:\ d(x,F_1)-d(x,F_2)<0\}$$
$$G_2=\{x\in\mathbf{R}^n:\ d(x,F_1)-d(x,F_2)>0\}$$

明显地，$G_1\cap G_2=\varnothing$，同时 $F_1\subset G_1$，$F_2\subset G_2$，所以只需证明 G_1、G_2都是开集. 任取 $x\in G_1$，则存在 $y_1\in F_1$，$y_2\in F_2$，使得 $d(x,y_1)<d(x,y_2)$，因此存在 $\varepsilon>0$ 使得

$$d(x,y_1)+\varepsilon<d(x,y_2)$$

对于任意的 $z\in B(x,\varepsilon/3)$，由距离的性质知

$$d(z,y_1)\leqslant d(x,y_1)+\frac{\varepsilon}{3}<d(x,y_2)-\frac{2}{3}\varepsilon<d(z,y_2)$$

这表明：$B(x,\varepsilon/3)\subset G_1$，从而 G_1是开集. 同理，G_2也是开集. □

现在转向**开集的分解**，首先有下面的定理.

定理 3.2.3 设 $G\subset\mathbf{R}$ 是开集，则 G 可以表示成至多可数个相互不交的开区间的并，这些相互不交的区间称为 G 的**生成区间**.

证明　设 $G\subset \mathbf{R}$ 是开集，对于任意的 $x\in G$，必有 $\delta>0$ 使得 $(x-\delta, x+\delta)\subset G$. 令

$$x_* = \inf\{y: (y, x)\in G\},\ x^* = \sup\{y: (x, y)\in G\}$$

则由确界的定义可知 $(x_*, x)\subset G$，$(x, x^*)\subset G$，从而 $(x_*, x^*)\subset G$，于是就有

$$G=\bigcup_{x\in G}(x_*, x^*) \tag{3.2.1}$$

另一方面，由 G 是开集以及 x_*、x^* 的定义容易看出 x_*、x^* 都不属于 G，因此 $\{(x_*, x^*)\}$ 中的区间相互不交，由例 2.3.5 即知：出现在等式(3.2.1)右端的开区间至多可数. □

当 $n\geqslant 2$ 时，$\mathbf{R}^n$ 中的开集的结构不像 $n=1$ 时那样简单直观(这是由于 $n\geqslant 2$ 时，$\mathbf{R}^n$ 的几何结构比 $\mathbf{R}$ 的几何结构复杂得多)，但有如下结论.

定理 3.2.4　设 $G\subset \mathbf{R}^n$ 是开集，则 G 可以表示成可数个相互不交的半开方体的并.

证明　设 G 是开集. 如 3.1 节所述，记 D_k 为 $\mathbf{R}^n$ 中边长为 2^{-k} 的二进半开方体的并. 令

$$D_1'=\{Q: Q\subset G, Q\in D_1\}$$

以及

$$D_2'=\{Q: Q\subset G\setminus \bigcup_{I\in D_1'} I, Q\in D_2\}$$

一般地，对于任意的正整数 k，记

$$D_k'=\{Q: Q\subset G\setminus \bigcup_{j=1}^{k-1}\bigcup_{I\in D_j'} I, Q\in D_k\}$$

则 $\bigcup\limits_{k=1}^{\infty} D_k'$ 中包含可数个二进半开方体.

以 $\hat{G}$ 表示 $\bigcup\limits_{k=1}^{\infty} D_k'$ 中所有方体的并，明显地，$\hat{G}\subset G$. 另一方面，由于 G 是开集，对于任意的 $x\in G$，可以找到一个 $\delta>0$，使得 $B(x, \delta)\subset G$. 注意到 $\bigcup\limits_{I\in D_k} I=\mathbf{R}^n$ 对于任意的 $k\in \mathbf{N}$ 都成立，所以必存在某个 $Q_{k,x}\in D_k$，使得 $x\in Q_{k,x}$(当然，对于某一个确定的 k，这个 $Q_{k,x}$ 未必包含在 G 中). 明显地，当 k 足够大时，$Q_{k,x}\subset B(x, \delta)$. 这就证实了 $x\in \hat{G}$，即表明 $G\subset \hat{G}$. 因此 $G=\hat{G}$，从而 G 可以表示成相互不交的二进半开方体的并. □

定义 3.2.3　设 $E\subset \mathbf{R}^n$，假如 E 没有任何内点，则称 E 是**疏集**.

很明显，$\mathbf{R}^n$ 中的**孤立点集**(集合中的任意一点都是该集合的孤立点)是疏集. 关于疏集的特征刻画，有下面的结论.

定理 3.2.5　设 $E\subset \mathbf{R}^n$，则 E 是疏集的充分必要条件是：对于 $\mathbf{R}^n$ 中的任意非空开集 U，存在球 $B(x, \varepsilon)\subset U$，使得 $B(x, \varepsilon)\cap E=\varnothing$.

证明　先证明必要性. 假如 E 是疏集，则 $\bar{E}$ 没有内点，所以，对于 $\mathbf{R}^n$ 中任意非空开集 U，$U\not\subset \bar{E}$，从而 $U\setminus \bar{E}\neq\varnothing$. 由于 $U\setminus \bar{E}$ 是非空开集，故存在一个球 $B(x, \varepsilon)\subset U\setminus \bar{E}$，$B(x, \varepsilon)$ 就是我们要找的开球.

再证明充分性. 若 E 不是疏集，则 $\bar{E}$ 有内点，因此存在 $B(x_0, r)\subset \bar{E}$. 而对于 $B(x_0, r)$ 的任一子球 $B(y, r_1)$，由 $y\in \bar{E}$ 可知 y 的任一邻域中含有 E 的点，所以 $B(y, r_1)$

$\bigcap E \neq \varnothing$. 这与假设条件矛盾. □

和疏集相对立的一个概念是**稠密集**.

定义 3.2.4 设 $E_1 \subset \bar{E}_2 \subset \mathbf{R}^n$，假如 $E_2 \subset \bar{E}_1$，则称 E_1 是 E_2 的**稠密子集**，或称 E_1 在 E_2 中稠密；特别地，假如 E 是 $\mathbf{R}^n$ 的稠密子集，则称 E 是 $\mathbf{R}^n$ 中的**稠密集**.

集合 E_1 在 E_2 中稠密，意味着集合 E_2 中的每一个点和 E_1 的距离都等于零. 事实上，容易验证，E_1 在 E_2 中稠密的充分必要条件是对于任意的 $x \in E_2$ 和任意的 $\varepsilon > 0$，$B(x, \varepsilon)$ 中必有 E_1 中的点. 另一方面，假如 E 是疏集，则 $\bar{E}$ 中没有内点，因此对于任意的 $x \in \mathbf{R}^n$ 和任意的 $\varepsilon > 0$，$B(x, \varepsilon)$ 中必有 $\mathbf{R}^n \setminus \bar{E}$ 中的点，这表明 $\mathbf{R}^n \setminus \bar{E}$ 在 $\mathbf{R}^n$ 中稠密.

例 3.2.5 记 $\mathbf{Q}^n = \{(x_1, \cdots, x_n) : x_k \in \mathbf{Q}, 1 \leqslant k \leqslant n\}$，则 $\mathbf{Q}^n$ 在 $\mathbf{R}^n$ 中稠密.

证明 对于任意的 $x = (x_1, \cdots, x_k) \in \mathbf{R}^n$ 和任意的 $\varepsilon > 0$，由有理数的稠密性可知：对于任意的 k，$1 \leqslant k \leqslant n$，存在有理数 ξ_k 使得 $|\xi_k - x_k| < \varepsilon/\sqrt{n}$，则 $y = (\xi_1, \cdots, \xi_n) \in \mathbf{Q}^n$ 且 $y \in B(x, \varepsilon)$，因此 $\mathbf{Q}^n$ 在 $\mathbf{R}^n$ 中稠密. □

例 3.2.6 设 $E \subset \mathbf{R}^n$，$\{I_\lambda\}_{\lambda \in \Lambda}$ 是 $\mathbf{R}^n$ 中的一族开集. 假如 $E \subset \bigcup_{\lambda \in \Lambda} I_\lambda$，则存在 $\{I_\lambda\}_{\lambda \in \Lambda}$ 的一个至多可数子族 $\{I_\lambda\}_{\lambda \in \Lambda_1}$ 覆盖 E.

证明 由于 $\mathbf{Q}^n$ 是可数集，可以写

$$\mathbf{Q}^n = \{x_1, \cdots, x_k, \cdots\}$$

明显地，$\{B(x_k, 1/m)\}_{k, m}$ 是可数开球族，令

$$\mathscr{E}_{km} = \{I_\lambda : I_\lambda \supset B(x_k, 1/m)\}$$

对于固定的 m、k，任取一个 $I_{km} \in \mathscr{E}_{km}$（假如 $\mathscr{E}_{km}$ 是空集，从 $\mathscr{E}_{km}$ 中取 I_{km} 的过程自动省略），则 $\{I_{km}\}_{k \geqslant 1, m \geqslant 1}$ 是 $\{I_\lambda\}_{\lambda \in \Lambda}$ 的至多可数的子族.

现在来证明 $\{I_{km}\}_{k \geqslant 1, m \geqslant 1}$ 是 E 的一个覆盖. 任取 $x \in E$，必有某个 $\lambda_0 \in \Lambda$ 使得 $x \in I_{\lambda_0}$. 由 I_{λ_0} 是开集这一事实，可以找到正整数 m_0，使得

$$B(x, 2/m_0) \subset I_{\lambda_0}$$

再利用 $\mathbf{Q}^n$ 在 $\mathbf{R}^n$ 中的稠密性可知：存在 $x_{k_0} \in B(x, 1/m_0)$. 于是

$$x \in B(x_{k_0}, 1/m_0) \subset B(x, 2/m_0) \subset I_{\lambda_0}$$

所以 $\mathscr{E}_{k_0 m_0}$ 不空，并且 $x \in I_{k_0 m_0}$，从而 $\{I_{km}\}_{k \geqslant 1, m \geqslant 1}$ 是 E 的一个覆盖. □

用某一类特定的集合覆盖一个给定的集合（或者将一个集合分解成某些特定集合的并），是分析中常用的技术之一，这样做的目的是将有关问题转化为某些容易处理的局部问题的叠加. 当然，我们希望用来做覆盖的集合只有有限个，但这往往要求被覆盖的集合有好的性质，如紧性等①. 例 3.2.6 虽然结论稍差（用至多可数个开集来做覆盖），但它不要求被覆盖的集合的任何性质且在许多情形时足够用了，这无疑是很方便的.

---

① 见定理 3.2.6.

从例 3.2.6 的证明中容易看出，这个结论本质性地依赖于欧氏空间有可数的稠密子集.

本节的最后介绍**紧集**及其性质.

定义 3.2.5　设 $E\subset\mathbf{R}^n$，假如 E 的任一开覆盖存在有限子覆盖，则称 E 是 $\mathbf{R}^n$ 中的**紧集**.

关于紧集，有下面的特征刻画.

定理 3.2.6　设 $E\subset\mathbf{R}^n$，则 E 是紧集的充分必要条件是 E 是有界闭集.

证明　先证明必要性. 明显地，有

$$E\subset\bigcup_{r>0}B(0,\ r)$$

由 E 是紧集可知：存在一个常数 R 使得 $E\subset B(0,\ R)$，从而 E 有界. 另一方面，任取 $x\in E^c$，并记 $U_j(x)=\{y\in\mathbf{R}^n:\ d(x,\ y)>1/j\}$，则 $U_j(x)$ 是开集且 $E\subset\bigcup\limits_{j=1}^{\infty}U_j(x)$，因此，存在一个正整数 k 使得 $E\subset\bigcup\limits_{j=1}^{k}U_j(x)$，这意味着 $(U_k(x))^c\subset E^c$，从而

$$\{y\in\mathbf{R}^n:\ d(x,\ y)<1/(k+1)\}\subset E^c$$

这表明 E^c 中任意一点都是 E^c 的内点，即 E^c 是开集，从而 E 是闭集.

再来证明充分性. 设 E 是有界闭集，$\{G_\lambda\}_{\lambda\in\Lambda}$ 是 E 的一个开覆盖. 由于 E 是有界集合，一定存在一个边长为 R 的闭方体 Q 使得 $E\subset Q$. 假如 $\{G_\lambda\}_{\lambda\in\Lambda}$ 没有 E 的有限子覆盖，将 Q 等分成 2^n 个小闭方体，这些小闭方体中必有一个，记为 Q_1，使得 $Q_1\cap E$ 非空且不能被 $\{G_\lambda\}_{\lambda\in\Lambda}$ 中的有限子族所覆盖；将 Q_1 等分成 2^n 个小闭方体，这些小闭方体中必有一个，记为 Q_2，使得 $Q_2\cap E$ 非空且不能被 $\{G_\lambda\}_{\lambda\in\Lambda}$ 中的有限子族所覆盖. 依次做下去，就会得到一个闭方体列 $\{Q_k\}$，使得对于任意的 k，$Q_k\cap E$ 非空且不能被 $\{G_\lambda\}_{\lambda\in\Lambda}$ 中的有限子族所覆盖，同时

$$Q_1\supset Q_2\supset\cdots\supset Q_k\supset\cdots,\ \ell(Q_k)\to 0$$

(如图 3-2-1 所示). 由闭集套定理(见本节习题 13)可知：存在 $x_0\in\bigcap\limits_{k=1}^{\infty}(Q_k\cap E)$. 由于

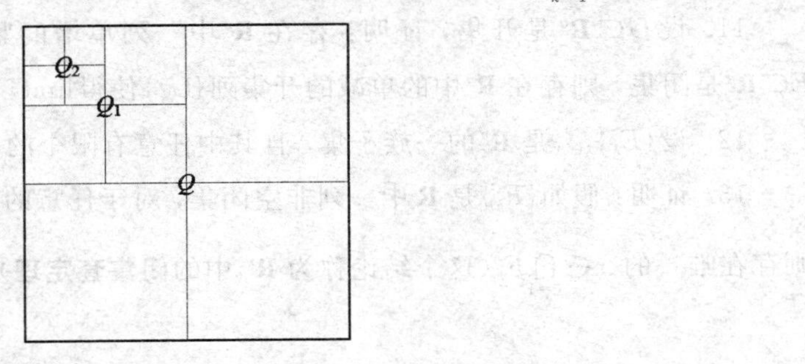

图 3-2-1　$\{Q_k\}$ 的选取

$x_0\in E\subset\bigcup\limits_{\lambda\in\Lambda}G_\lambda$，可以找到一个 λ_0，使得 $x_0\in G_{\lambda_0}$. 但由于 G_{λ_0} 是开集，可以找到一个以 x_0 为内点的闭方体 I 使得 $I\subset G_{\lambda_0}$. 注意到 $\ell(Q_k)\to 0$ 且 $x_0\in Q_k\cap E$，因此当 k 足够大时，有

$$Q_k\cap E\subset I\subset G_{\lambda_0}$$

这与 $Q_k\cap E$ 不能被 $\{G_\lambda\}_{\lambda\in\Lambda}$ 中的有限子族所覆盖的事实矛盾. 因此，E 的任意开覆盖有有限子覆盖，即 E 是紧集. □

习　题

1. 设 A，$B\subset\mathbf{R}^n$，证明：

$$(A^c)^\circ=(\overline{A})^c,\ \overline{A^c}=(A^\circ)^c,\ (A\cap B)^\circ=A^\circ\cap B^\circ$$

2. 证明：在 $\mathbf{R}$ 中，空集和 $\mathbf{R}$ 是仅有的两个既是开集也是闭集的集合.

3. 设 G_1、G_2 分别是 $\mathbf{R}^n$、$\mathbf{R}^m$ 中的开集(闭集)，证明：$G_1\times G_2$ 是 $\mathbf{R}^n\times\mathbf{R}^m$ 中的开集(闭集).

4. 设 $A\subset\mathbf{R}^n$，证明：A 是开集的充分必要条件是对于任意的 $x\in A$，$d(x,A^c)>0$.

5. 设 $E\subset\mathbf{R}^n$，证明：E' 是闭集.

6. 设 $E\subset\mathbf{R}^n$，假如 E' 是至多可数集，证明：E 也是至多可数集. 这个结论的逆命题成立吗?

7. 设 $U\subset\mathbf{R}^n$ 是开集，证明：对于任意集合 $E\subset\mathbf{R}^n$，$U\cap\overline{E}\subset\overline{U\cap E}$.

8. 设 $E\subset\mathbf{R}^n$ 是无限集，证明：E 是有界闭集的充分必要条件是对于 E 的任意无限子集 F，$E\cap F'\neq\varnothing$.

9. 设 $\{E_k\}$ 是 $\mathbf{R}^n$ 的一列稠密子集，证明：$\bigcap\limits_{k=1}^{\infty}E_k$ 也是 $\mathbf{R}^n$ 的稠密子集.

10. 设 A、B 是 $\mathbf{R}^n$ 中两个闭集且其中之一有界，证明：存在 $x\in A$，$y\in B$，使得 $d(x,y)=d(A,B)$.

11. 设 $U\subset\mathbf{R}^n$ 是开集，证明：存在 $\mathbf{R}^n$ 中一列单增的紧集 $\{F_k\}$ 使得 $U=\lim\limits_{k\to\infty}F_k$；假如 $E\subset\mathbf{R}^n$ 是闭集，则存在 $\mathbf{R}^n$ 中的单减的开集列 $\{U_k\}$ 使得 $\lim\limits_{k\to\infty}U_k=E$.

12. 设 $\{E_\lambda\}_{\lambda\in\Lambda}$ 是 $\mathbf{R}^n$ 的一族子集，且其中任意有限个的交非空，证明：$\bigcap\limits_{\lambda\in\Lambda}E_\lambda\neq\varnothing$.

13. 证明：假如 $\{F_k\}$ 是 $\mathbf{R}$ 中一列非空闭集，对于任意的 k，$F_k\supset F_{k+1}$，且 $\lim\limits_{k\to\infty}\mathrm{diam}F_k=0$，则存在唯一的 $x\in\bigcap\limits_{k=1}^{\infty}F_k$(这个结论称为 $\mathbf{R}^n$ 中的**闭集套定理**).

3.3　Borel 集和 Cantor 集

本节介绍 Borel 集和 Cantor 集. 前者是欧氏空间中与开集、闭集这种“好的集合”非常接近的集合，或者说是“开集、闭集的近亲”；后者是 $\mathbf{R}$ 中一个奇特的集合，对于读者理解集合论中的一些现象很有帮助.

3.3.1　Borel 集

开集和闭集是 $\mathbf{R}^n$ 中比较简单、基本的集合，然而在 $\mathbf{R}^n$ 中有许多集合，它们既不是开集也不是闭集，但与开集、闭集差别并不大. 例如 $(a, b]$，虽然不是开集也不是闭集，但是可以表示成一列单增的闭集的并. 下面要研究的 Borel 集合其实就包含了开集、闭集以及它们的“近亲”.

定义 3.3.1　设 X 是一个非空集，F 是 X 上的非空集族，假如

(1) F 对并运算封闭，即对于任意的 $A, B\in F$，有 $A\cup B\in F$；

(2) F 对余运算封闭，即对于任意的 $A\in F$，有 $A^c = X\backslash A\in F$，

则称 F 是 X 上的**代数**. 进一步，假如 F 满足(1)、(2)且 F 对可数并运算是封闭的，即对于 $A_1, \cdots, A_k, \cdots\in F$，都有 $\bigcup\limits_{k=1}^{\infty} A_k\in F$，则称 F 是 X 上的 **σ -代数**.

明显地，对于任意非空集合 X，X 的全体子集组成的集合 $T(X)$ 就是一个 σ -代数.

例 3.3.1　设 X 是无限集，则 $\mathscr{X}=\{A: A\subset X$ 且 A 或 A^c 是有限集$\}$ 是 X 上的代数.

证明　首先，$\mathscr{X}$ 是无限集，因为对于任意的 $x\in X$，$\{x\}\in\mathscr{X}$. 注意到 $A\in\mathscr{X}$ 的充分必要条件是 $A^c\in\mathscr{X}$，因此 $\mathscr{X}$ 对余运算封闭. 假设 $A_1, A_2\in\mathscr{X}$ 且 A_1、A_2 都是有限的，则 $A_1\cup A_2$ 有限；若 A_2 是无限集，则 A_2^c 有限，从而 $(A_1\cup A_2)^c = A_1^c\cap A_2^c$ 是有限集，于是 $A_1\cup A_2\in\mathscr{X}$；同理可证当 A_1 是无限集时 $A_1\cup A_2\in\mathscr{X}$. 这样就证明了 $\mathscr{X}$ 对并运算封闭，因此 $\mathscr{X}$ 是代数. □

利用定义即可验证如下结论成立.

定理 3.3.1　设 X 是非空集，F 是 X 上的一个代数，则

(1) X 和 $\varnothing$ 都属于 F；

(2) F 对交和差这两种运算是封闭的.

进一步，假如 F 是一个 σ -代数，则 F 对可数交、可数并是封闭的.

设 X 是一个非空集，F 是 X 上的非空集族，则存在包含 F 的代数，例如 $T(X)$. 注意到代数的交是代数(σ -代数的交是 σ -代数)，虽然 F 不一定是代数，但我们可以像生成集合的闭包(见例 3.2.2)一样从 F 出发生成一个代数(σ -代数). 事实上，如取

$$A(F) = \bigcap_{G:\, G\supset F,\, G\text{是代数}} G$$

则 $A(F)$是代数，且是包含 F 的最小代数，我们称其为由 F 生成的代数. 同样，

$$\sigma(F) = \bigcap_{G:\ G\supset F,\ G\text{是}\sigma\text{-代数}} G$$

是包含 F 的最小 σ -代数，我们称其为由 F 生成的 σ -代数.

定义 3.3.2 记 $\mathscr{K}(\mathbf{R}^n)$为 $\mathbf{R}^n$ 中所有开方体组成的集合，称由 $\mathscr{K}(\mathbf{R}^n)$生成的 σ -代数为 Borel σ -代数，记为 $\mathscr{B}(\mathbf{R}^n)$，称 $\mathscr{B}(\mathbf{R}^n)$中的集合为 **Borel 集**.

定义 3.3.3 设 $E\subset\mathbf{R}^n$，假如 E 可以表示成可数个开集的交，则称 E 为 G_δ 型集；假如 E 可以表示成可数个闭集的并，则称 E 是 F_σ 型集.

明显地，G_δ 型集和 F_σ 型集都是 Borel 集.

定理 3.3.2 设 h 是 $\mathbf{R}$ 上的严格单增连续函数，则 h 把 $\mathbf{R}$ 中的 Borel 集映射为 Borel 集.

证明 令

$$\mathscr{B}^* = \{E \subset \mathbf{R}\colon E \text{ 和 } h(E) \text{ 都是 Borel 集}\}$$

如能够证明 $\mathscr{B}^*$ 是包含所有开区间的 σ -代数，则 $\mathscr{B}^* \supset\mathscr{B}(\mathbf{R})$，但 $\mathscr{B}^* \subset\mathscr{B}(\mathbf{R})$明显成立，因此就有 $\mathscr{B}^* =\mathscr{B}(\mathbf{R})$，这样即可完成定理的证明.

现在来证明 $\mathscr{B}^*$ 是包含所有开区间的 σ -代数. 先证明 $\mathscr{B}^*$ 对余运算封闭. 事实上，假如 $E\in \mathscr{B}^*$，明显有 $E^c \in \mathscr{B}(\mathbf{R})$，由 h 的严格单增性可知 $h(E^c)=h(\mathbf{R})\backslash h(E)$，又由于 $h(\mathbf{R})$是开区间以及 $h(E)$是 Borel 集，故 $h(E^c)$也是 Borel 集，这就证实了 $E^c \in \mathscr{B}^*$，所以 $\mathscr{B}^*$ 对余运算是封闭的. 最后，若$\{E_k\}$是 $\mathscr{B}^*$ 中的可数个元素，则 $\bigcup\limits_{k=1}^{\infty} E_k$ 是 Borel 集，同时 $h(\bigcup\limits_{k=1}^{\infty} E_k) = \bigcup\limits_{k=1}^{\infty} h(E_k)$也是 Borel 集，所以 $\bigcup\limits_{k=1}^{\infty} E_k$ 也属于 $\mathscr{B}^*$. 因此 $\mathscr{B}^*$ 是 σ -代数. 至于 $\mathscr{B}^*$ 包含所有开区间，是由于 h 在 $\mathbf{R}$ 上严格单增、连续，从而 h 将任意开区间 I 映射为开区间. □

3.3.2 Cantor 集

现在介绍集合论的奠基者 Cantor 构造出的一个奇特的集合——**Cantor 集**，它对于我们理解与测度论有关的一些问题很有帮助.

Cantor 集的构造步骤如下：

将[0, 1]区间三等分，去掉中间的开区间 $I_1=(1/3,\ 2/3)$，剩下两个闭区间$[0,\ 1/3]$与$[2/3,\ 1]$，记

$$F_1 = [0,\ 1/3] \cup [2/3,\ 1]$$

然后，将 F_1的两个区间$[0,\ 1/3]$与$[2/3,\ 1]$再分别三等分，并去掉各自中间的开区间 $I_{21}=(1/3^2,\ 2/3^2)$和 $I_{22} = (7/3^2,\ 8/3^2)$，剩下四个闭区间$[0,\ 1/3^2]$、$[2/3^2,\ 3/3^3]$、$[6/3^2,\ 7/3^2]$和$[8/3^2,\ 9/3^2]$，记

$$F_2 = [0,\ 1/3^2] \cup [2/3^2,\ 3/3^3] \cup [6/3^2,\ 7/3^2] \cup [8/3^2,\ 9/3^2]$$

依次进行，在第 k 步完成之后，将第 k 步留下的 F_k的 2^k 个闭区间分别三等分，并去掉各自中间的开区间，留下 2^{k+1} 个闭区间$[0,\ 1/3^{k+1}]$，$[2/3^{k+1},\ 3/3^{k+1}]$，…，如此无限地做下去，

以 G 表示去掉的这些相互不交的开区间的并集，并令

$$C=[0,1]\backslash G=\bigcap_{k=1}^{\infty}F_k$$

这个集合 C 称为 Cantor 集.

下面讨论 Cantor 集的性质.

(1) C 是非空闭集.

事实上，在构造 Cantor 集的过程中去掉的每个开区间的端点就属于 C，所以 C 不是空集. 另一方面，由于 G 是开集，所以 C 是闭集.

(2) C 没有内点.

事实上，假如 x 是 C 的内点，则必有 $\delta>0$ 使得 $(x-\delta, x+\delta)\subset C$. 另一方面，在构造 C 的过程中去掉的开区间的长度的和为

$$\frac{1}{3}+\frac{2}{3^2}+\cdots+\frac{2^{k-1}}{3^k}+\cdots=1$$

这样，在 $[0,1]$ 中就包含一列相互不交的开区间，它们的长度的和大于 1. 这当然是不可能的.

(3) $C'=C$.

由于 C 是闭集，所以 $C'\subset C$. 反过来，假如 $x\in C$，则对于任意的 $\varepsilon>0$，存在 k_0 足够大使得 $3^{-k_0+1}<\varepsilon$. 由于 $C=\bigcap\limits_{k=1}^{\infty}F_k$，所以 $x\in F_{k_0}$，因此 x 属于组成 F_{k_0} 的某个闭区间 I(回顾一个事实：F_{k_0} 是 2^{k_0} 个长度为 3^{-k_0} 的闭区间的并)，从而 $I\subset(x-\varepsilon, x+\varepsilon)$. 由于 I 的两个端点必属于 C 且其中之一异于 x，因此 $(x-\varepsilon, x+\varepsilon)$ 中含有 C 的异于 x 的点，这就证明了 x 是 C 的聚点.

(4) Cantor 集具有基数 c.

如同 2.3 节所指出的，对于任意的 $x\in(0,1)$，存在唯一的无限 3 元数列 $\{a_k\}$ 使得

$$x=\sum_{k=1}^{\infty}\frac{a_k}{3^k}$$

容易验证：

$$(1/3, 2/3)\subset\left\{x: x=\sum_{k=1}^{\infty}\frac{a_k}{3^k}, \{a_k\}\text{ 是无限 3 元数列且 }a_1=1\right\}$$

对于区间 $I_{21}=(1/9, 2/9)$，$I_{22}=(7/9, 8/9)$ 中的每一个点 x，相应的 $a_2=1$，即

$$(1/9, 2/9)\cup(7/9, 8/9)\subset\left\{x: x=\sum_{k=1}^{\infty}\frac{a_k}{3^k}, \{a_k\}\text{ 是无限 3 元数列且 }a_1\neq 1, a_2=1\right\}$$

以 $I_{nk}(k=1, 2, \cdots, 2^{n-1})$ 表示 Cantor 集构造过程中第 k 步挖去的第 k 个开区间. 对于区间 $I_{nk}(k=1, 2, \cdots, 2^{n-1})$ 中的每一个点 x，相应的 $a_n=1$，即

$$\bigcup_k I_{nk}\subset\left\{x: x=\sum_{j=1}^{\infty}\frac{a_j}{3^j}, \{a_j\}\text{ 是无限 3 元数列且 }a_1, a_2, \cdots, a_{n-1}\neq 1, a_n=1\right\}$$

于是可知

$$G \subset \left\{ x: x = \sum_{k=1}^{\infty} \frac{a_k}{3^k}, \{a_k\} \text{ 是无限 3 元数列且至少有一项等于 1} \right\}$$

令

$$C_1 = \left\{ x = \sum_{k=1}^{\infty} \frac{a_k}{3^k}: \{a_k\} \text{ 是无限 3 元数列且 } a_k \text{ 等于 0 或 2} \right\}$$

容易看出 C_1 等价于 2 元数列的全体组成的集合，它具有基数 c. 注意到

$$[0, 1] \supset C \supset (0, 1] \backslash G \supset C_1$$

再结合引理 2.4.1 即知 C 具有基数 c.

本节的最后介绍与 Cantor 集相关的一个函数——**Cantor 函数**.

设 $I_{kl}(k \in \mathbf{N}, 1 \leqslant l \leqslant 2^{k-1})$ 是构造 Cantor 集过程中第 k 步去掉的第 l 个开区间，令

$$h(x) = \frac{2l-1}{2^k}, \quad x \in I_{kl}$$

则 h 是 G 上的单增函数. 令

$$f(x) = \begin{cases} \inf\{h(y): y \in G, y > x\}, & 0 \leqslant x < 1 \\ 1, & x = 1 \end{cases}$$

它称为 Cantor 函数. 明显地，f 是$[0, 1]$上的单增函数，$f([0, 1]) \subset [0, 1]$. 此外，对于任意的 k，$\{0, 1\} \cup \{(2l-1)/2^k\}_{1 \leqslant l \leqslant 2^{k-1}}$ 是$[0, 1]$的一个分割且当 $k \to \infty$ 时分割的直径趋于零，因此，集合 $\{0, 1\} \bigcup\limits_{k=1}^{\infty} \{1/2^k, 3/2^k, \cdots, (2^k-1)/2^k\}$ 在$[0, 1]$中稠密，从而 f 是$[0, 1]$上的连续函数(见本节习题 7).

习 题

1. 记 $O(\mathbf{R}^n)$ 为 $\mathbf{R}^n$ 中所有开集的全体，$D(\mathbf{R}^n)$ 为 $\mathbf{R}^n$ 中半开二进方体的全体，证明：$\sigma(O(\mathbf{R}^n)) = \sigma(D(\mathbf{R}^n)) = \sigma(K(\mathbf{R}^n))$.

2. 设 X 是一非空集，$A = \{A_k\}$ 是 X 的一列相互不交的子集且 $X = \bigcup\limits_{k=1}^{\infty} A_k$，证明：

$$\sigma(A) = \{A: A = \bigcup_{k=1}^{\infty} B_k, B_k \in A \text{ 或 } A = \varnothing\}$$

3. 设 X 是非空集，F 是 X 上的非空集族，证明：对于任意的 $A \in \sigma(F)$，存在 $\{A_k\} \subset F$ 使得 $A \in \sigma(\{A_k\})$.

4. 设 $\{f_k\}$ 是 $\mathbf{R}^n$ 上一列连续函数，证明：$\{x \in \mathbf{R}^n: \overline{\lim\limits_{k\to\infty}} f_k(x) = \infty\}$ 是 G_δ 型集，而 $\{x \in \mathbf{R}^n: \underline{\lim\limits_{k\to\infty}} f_k(x) > 0\}$ 是 F_σ 型集.

5. 设 f 是 $\mathbf{R}^n$ 上的实值函数，证明：$\{x\in\mathbf{R}^n: f$ 在 x 点连续$\}$ 是 G_δ 型集.

6. 设 U 是 Cantor 集构造过程中去掉的开区间的中点，证明：$U'=C$.

7. 设 f 是 $[a, b]$ 上的单增函数，$f([a, b])$ 在 $[f(a), f(b)]$ 中稠密，证明：f 在 $[a, b]$ 上连续.

8. 设 $E\subset\mathbf{R}^n$ 是不可数集，令

$$\mathscr{E}=\{x\in\mathbf{R}^n: 对于任意的 \varepsilon>0, B(x, \varepsilon)\cap E 是不可数集\}$$

证明：$\mathscr{E}$ 是不可数集且 $\mathscr{E}=\mathscr{E}'$. 进一步，$\mathbf{R}^n$ 中任意不可数闭集 F 可以表示成 $F=\mathscr{E}\cup J$，其中 $\mathscr{E}'=\mathscr{E}$，而 J 是至多可数集.

3.4　连续函数

首先回顾数学分析中区间上连续函数的定义. 设 f 是区间 $[a, b)$ 上的实值函数，假如 f 在开区间 (a, b) 上连续且在 $x=a$ 右连续，则称 f 是 $[a, b)$ 上的连续函数. 利用函数在某点连续(右连续)的充分必要条件不难看出，这个定义可以重新表述为：设 f 是区间 $[a, b)$ 上的实值函数，假如对于任意的 $x\in[a, b)$ 以及 $[a, b)$ 中收敛于 x 的点列 $\{x_k\}$，都有 $\lim\limits_{k\to\infty}f(x_k)=f(x)$，则称 f 在 $[a, b)$ 上连续. 沿用这个思路，可以把函数的连续性定义从区间上推广到一般集合上.

定义 3.4.1　设 $E\subset\mathbf{R}^n$，f 是定义于 E 的函数，$x\in E$，假如对于 E 中任意收敛于 x 的点列 $\{x_k\}$，都有 $\lim\limits_{k\to\infty}f(x_k)=f(x)$，则称 f 沿 E 在 x 连续；假如 f 沿 E 在 E 的任意一点都连续，则称 f 沿 E 连续，或称 f 是 E 上的连续函数.

容易证明(留作习题)，f 沿 E 在 x_0 连续的充分必要条件是：任给 $\varepsilon>0$，存在 $\delta>0$，使得对于任意的 $x\in B(x_0, \delta)\cap E$，都有 $f(x)\in B(f(x_0), \varepsilon)$ $(d(f(x), f(x_0))<\varepsilon)$. 另一方面，假如 f 是集合 E 上的实值函数，x_0 是 E 的孤立点，则 f 沿 E 在 x_0 连续.

为给出连续函数的特征刻画，下面引入**相对开集**和**相对闭集**的概念.

定义 3.4.2　设 $E, F\subset\mathbf{R}^n$.

(1) 对 $x_0\in E$，假如存在某个 $\delta>0$，使得 $B(x_0, \delta)\cap F\subset E$，则称 x_0 相对于 F 是 E 的内点. 假如 E 中任意一点相对于 F 都是 E 的内点，则称 E 是相对于 F 的开集. 我们约定，对于任意集合 F，空集是相对于 F 的开集.

(2) 假如对于任意的 $\{x_k\}\subset E$，$x_k\to x_0$ 且 $x_0\in F$，必有 $x_0\in E$，则称 E 是相对于 F 的闭集.

明显地，E 是相对于 $\mathbf{R}^n$ 的开集(闭集)等价于 E 是开集(闭集).

定理 3.4.1　设 $E\subset\mathbf{R}^n$，f 是 E 上的实值函数，则下面三个条件是等价的.

(1) f 在 E 上连续；

(2) 对于 $\mathbf{R}$ 中的任意开集 G，集合

$$f^{-1}(G)=\{x\in E: f(x)\in G\}$$

是 $\mathbf{R}^n$ 中相对于 E 的开集；

(3) 对于任意的闭集 F，

$$f^{-1}(F)=\{x\in E: f(x)\in F\}$$

是 $\mathbf{R}^n$ 中相对于 E 的闭集.

证明　仅证明条件(1)和条件(2)等价，条件(1)和条件(3)等价的验证留作习题.

先证明条件(1)隐含条件(2). 设 G 是开集，假如 $f^{-1}(G)$是空集，则它是相对于 E 的开集. 若 $x_0\in f^{-1}(G)$，则 $f(x_0)\in G$，而 G 是开集表明：存在 $\varepsilon>0$，使得 $B(f(x_0), \varepsilon)\subset G$. 由于 f 沿 E 连续，所以可以找到 $\delta>0$，使得 $B(x_0, \delta)\cap E$ 中的任意点 x，都有 $f(x)\in B(f(x_0), \varepsilon)$. 这样 $B(x_0, \delta)\cap E\subset f^{-1}(G)$. 也就是说：$f^{-1}(G)$中的任意一个点相对于 E 是 $f^{-1}(G)$的内点，从而条件(2)成立.

再证明条件(2) 隐含条件(1). 任取 $x_0\in E$，任给 $\varepsilon>0$，$B(f(x_0), \varepsilon)$是 $\mathbf{R}$ 中的开集，且 $f(x_0)\in B(f(x_0), \varepsilon)$，因此存在 $\delta>0$ 使得 $B(x_0, \delta)\cap E\subset f^{-1}(B(f(x_0), \varepsilon))$，即当 $d(x, x_0)<\delta$ 且 $x\in E$ 时，$d(f(x), f(x_0))<\varepsilon$，所以 f 沿 E 在 x_0点连续. □

例 3.4.1　设 $E\subset\mathbf{R}^n$，则函数 $\phi(x)=d(x, E)$在 $\mathbf{R}^n$上一致连续.

证明　首先断言：对于任意的 $x, y\in\mathbf{R}^n$，有

$$d(x, E)\leqslant d(x, y)+d(y, E) \tag{3.4.1}$$

假如这个估计式成立，则

$$|\phi(x)-\phi(y)|\leqslant d(x, y)$$

这意味着 f 在 $\mathbf{R}^n$中一致连续.

为证明式(3.4.1)，只要注意到对于任意的 $z\in E$，有

$$d(x, z)\leqslant d(x, y)+d(y, z)$$

从而对于任意的 $z\in E$，有

$$d(x, E)\leqslant d(x, y)+d(y, z)$$

再对 $z\in E$ 取下确界即得式(3.4.1). □

例 3.4.2　设 $E\subset\mathbf{R}^n$是紧集，G 是包含 E 的开集，则存在 $\mathbf{R}^n$上的连续函数 ϕ，使得 $0\leqslant\phi\leqslant 1$，且

$$\phi(x)=\begin{cases}1, & x\in E\\ 0, & x\in\mathbf{R}^n\setminus G\end{cases}$$

证明　令 $F=\mathbf{R}^n\setminus G$，则 F 是闭集且 E 和 F 相互不交. 令

$$\phi(x)=\frac{d(x, F)}{d(x, E)+d(x, F)}$$

这个 ϕ 就是我们所要寻找的函数. □

例 3.4.3　设 $E\subset\mathbf{R}^n$，且 $E=\bigcup_{k=1}^{m}E_k$，其中$\{E_k\}_{k=1}^{m}$是有限个互不相交的闭集. 假如 f 是 E 上的实值函数，且 f 沿每一个 E_k 连续，则 f 也沿 E 连续.

证明　事实上，假如 $x\in E$，$\{x_k\}\subset E$ 且 $x_k\to x$，不妨设 $x\in E_l$，$0\leqslant l\leqslant m$，由 $x_k\to x$ 可知，存在正整数 N 使得当 $k>N$ 时，$x_k\in E_l$（否则存在$\{x_k\}$的一个子列$\{x_{k_j}\}$，这个子列包含于 $\bigcup_{1\leqslant u\leqslant m,\ u\neq l}E_u$. 由于 $\bigcup_{1\leqslant u\leqslant m,\ u\neq l}E_u$ 是闭集，而 $x_{k_j}\to x$，所以 $x\in\bigcup_{1\leqslant u\leqslant m,\ u\neq l}E_u$，这与 $x\in E_l$矛盾）. 由于 f 沿 E_l连续，所以 $f(x_k)\to f(x)$. □

闭区间上的连续函数有很好的分析性质，如最大值与最小值的存在性、一致连续性、介值定理等，我们希望对 $\mathbf{R}^n$ 中紧集上的连续函数建立类似的结论（虽然我们不期望介值定理对于 $\mathbf{R}^n$ 中紧集上的连续函数仍成立），首先有如下定理.

定理 3.4.2　设 $E\subset\mathbf{R}^n$是紧集，f 是沿 E 连续的实值函数，则 f 在 E 上一致连续.

这个定理的证明留作习题.

定理 3.4.3　设 $E\subset\mathbf{R}^n$，f 是 E 上的连续函数，假如 E 是紧集，则$\{f(x):x\in E\}$是 $\mathbf{R}$ 中的紧集，从而 f 在 E 上有最大值和最小值.

证明　首先证明沿紧集连续的函数必有界. 事实上，假如 f 在有界闭集 E 上连续，对于任意的 $x\in E$，存在 $\delta_x>0$ 使得对于任意的 $y\in E\cap B(x,\delta_x)$，有

$$|f(y)-f(x)|<1$$

进而

$$|f(y)|<|f(x)|+1$$

注意到

$$E\subset\bigcup_{x\in E}B(x,\delta_x)$$

E 是紧集意味着存在有限个点 $x_1,\cdots,x_k\in E$ 使得 $E\subset\bigcup_{j=1}^{k}B(x_j,\delta_{x_j})$，所以

$$E=\bigcup_{j=1}^{k}(B(x_j,\delta_{x_j})\cap E)$$

于是即知

$$\sup_{y\in E}|f(y)|<\max_{1\leqslant j\leqslant k}|f(x_j)|+1$$

现在回到要证明的结论. 假如 f 是紧集 E 上的连续函数，要证明$\{f(x):x\in E\}$是闭集. 设y_0是$\{f(x):x\in E\}$的聚点，则存在$\{y_m\}\subset\{f(x):x\in E\}$使得 $d(y_m,y_0)\to 0$. 设 $y_m=f(x_m)$，$x_m\in E$. 注意到$\{x_m\}$是有界点列，它一定有收敛子列$\{x_{m_k}\}$，$x_{m_k}\to x_0\in E$（因 E 是闭集）. f 的连续性表明 $f(x_{m_k})\to f(x_0)$. 由极限的唯一性可知 $y_0=f(x_0)$，从而 $y_0\in\{f(x):x\in E\}$. 这就说明了$\{f(x):x\in E\}$是闭集.

注意到 $\mathbf{R}$ 中的紧集一定有最大值和最小值，从而沿紧集 E 连续的函数 f 在 E 上有最大值和最小值. □

下面引入集合上函数列的**一致收敛性**.

定义 3.4.3 设 $E\subset\mathbf{R}^n$，$\{f_k\}$是 E 上的实值函数列，f 是 E 上的实值函数. 假如对于任意的 $\varepsilon>0$，存在正整数 N，使得当 $k>N$ 时，对于任意的 $x\in E$，都有

$$|f_k(x)-f(x)|<\varepsilon$$

则称$\{f_k\}$在 E 上一致收敛于 f.

容易看出：假如 E 中只有有限个点，且$\{f_k\}$在 E 的每一个点处收敛于 f，则$\{f_k\}$在 E 上一致收敛于 f. 另一方面，函数列$\{f_k\}$在 E 上一致收敛于 f，并不意味着对于所有的 $x\in E$，$\{f_k(x)\}$收敛于 $f(x)$的速度相同，但如图 3-4-1 所示，$\{f_k(x)\}$收敛于 $f(x)$的速度，从整体上可以统一掌控.

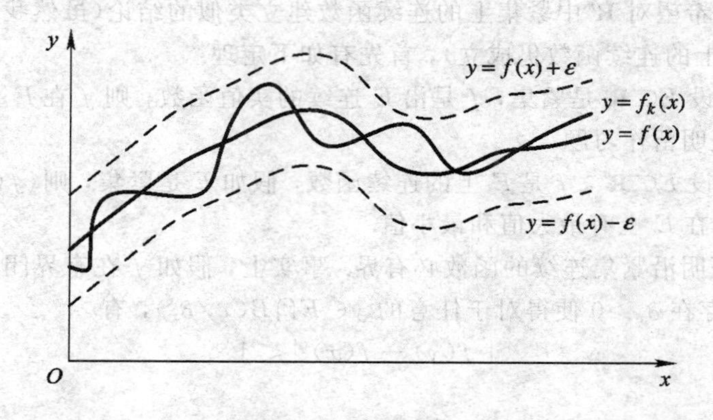

图 3-4-1 一致收敛

类似于区间上一致收敛的连续函数列的性质，有下面的结论(证明留作习题).

定理 3.4.4 设 $E\subset\mathbf{R}^n$，$\{f_k\}$是沿 E 连续的函数列，假如$\{f_k\}$在 E 上一致收敛于 f，则 f 也在 E 上连续.

本节的最后介绍连续函数的延拓定理，它是函数论中基本但又非常重要的结论.

定理 3.4.5 设 $E\subset\mathbf{R}^n$是闭集，f 是 E 上的连续函数，则存在 $\mathbf{R}^n$上的连续函数 g，使得对于任意的 $x\in E$，有 $g(x)=f(x)$，且

$$\sup_{x\in\mathbf{R}^n}|g(x)|\leqslant\sup_{x\in E}|f(x)|$$

证明 先考虑 f 是 E 上的有界函数这一简单情形. 记 $M=\sup\limits_{x\in E}|f(x)|$，以及

$$E_1=\{x\in\mathbf{R}^n: M/3\leqslant f(x)\leqslant M\}$$

$$E_2=\{x\in\mathbf{R}^n: -M/3<f(x)<M/3\}$$

$$E_3=\{x\in\mathbf{R}^n: -M\leqslant f(x)\leqslant -M/3\}$$

明显地，E_1和 E_3是相互不交的闭集，所以 $d(x, E_1)$、$d(x, E_3)$不同时为零. 令

$$g_1(x)=\frac{M}{3}\frac{d(x, E_3)-d(x, E_1)}{d(x, E_3)+d(x, E_1)}$$

由例 3.4.1 的结论可知 $d(x, E_1)$、$d(x, E_3)$都是 $\mathbf{R}^n$ 上的连续函数，因此 g_1 是 $\mathbf{R}^n$ 上的连续函数. 与此同时，还有

$$\sup_{x\in E}|f(x)-g_1(x)|\leqslant\frac{2}{3}M,\ \sup_{x\in\mathbf{R}^n}|g_1(x)|\leqslant\frac{M}{3}$$

再来考察 E 上的连续函数 $f-g_1$. 重复前面的过程(以 $f-g_1$、$2M/3$ 代替前面过程中的 f 和 M)，即可找到 $\mathbf{R}^n$ 上的连续函数 g_2，满足

$$\sup_{x\in E}|f(x)-g_1(x)-g_2(x)|\leqslant\left(\frac{2}{3}\right)^2M,\ \sup_{x\in\mathbf{R}^n}|g_2(x)|\leqslant\frac{2}{3}\ \frac{M}{3}$$

重复上面的过程，可以得到 $\mathbf{R}^n$ 上的一列连续函数$\{g_k\}$，它们满足

$$\sup_{x\in E}\left|f(x)-\sum_{j=1}^{k}g_j(x)\right|\leqslant\left(\frac{2}{3}\right)^kM,\ \sup_{x\in\mathbf{R}^n}|g_k(x)|\leqslant\left(\frac{2}{3}\right)^{k-1}\frac{M}{3}$$

容易看出：$\sum\limits_{k=1}^{\infty}g_k(x)$ 在 $\mathbf{R}^n$ 上一致收敛，记其一致收敛的和函数为 g. 明显地，g 就是我们要寻找的那个连续函数.

现在证明$\sup\limits_{x\in E}|f(x)|=\infty$时定理的结论也成立. 令 $\phi(x)=\arctan(f(x))$，则$|\phi(x)|\leqslant\pi/2$. 由已经证得的结论知，存在 $\mathbf{R}^n$ 上的连续函数 Φ，使得当 $x\in E$ 时 $\Phi(x)=\phi(x)$. 令 $g(x)=\tan\Phi(x)$，则 g 是 $\mathbf{R}^n$ 上的连续函数，且当 $x\in E$ 时 $g(x)=f(x)$. □

习　题

1. 证明定理 3.4.2.

2. 设 E_1、E_2 是 $\mathbf{R}^n$ 中的两个集合，举例说明：f 沿 E_1 连续且沿 E_2 连续，并不意味着 f 沿 $E_1\cup E_2$ 连续. 假如 $x\in E_1\cap E_2$ 且 f 分别沿 E_1、E_2 在 x 连续，则 f 沿 $E_1\cup E_2$ 在 x 连续.

3. 设 $E\subset\mathbf{R}^n$，f 是沿 E 连续的实值函数. 假如 $E_1\subset E$ 是闭集，则 $f(E_1)$是否是 $\mathbf{R}$ 中的闭集? 假如 $E_2\subset E$ 是有界集，则 $f(E_2)$是否是 $\mathbf{R}$ 中的有界集?

4. 设$\{E_j\}_{j\in\mathbf{Z}_+}$是一列互不相交的闭集，$E_0\subset\{x: |x|\leqslant 1\}$，$E_j\subset\{x: 2^{j-1}<|x|\leqslant 2^j\}$ $(j\in\mathbf{N})$，$E=\bigcup\limits_{j=0}^{\infty}E_j$. 假如对于任意 $j\in\mathbf{Z}_+$，函数 f 沿 E_j 连续，证明：E 是闭集且 f 沿 E 连续.

5. 设 $E\subset\mathbf{R}^n$，$\{f_k\}$是 E 上的实值函数列，证明：$\{f_k\}$在 E 上一致收敛于某个函数的充分必要条件是，任给 $\varepsilon>0$，存在正整数 N，使得对于任意的 k，$l>N$ 和任意的 $x\in E$，$|f_k(x)-f_l(x)|<\varepsilon$.

6. 设 $E\subset\mathbf{R}^n$，$\{f_k\}$是 E 上的实值函数列，f 是 E 上的实值函数，证明：$\{f_k\}$在 E 上一

致收敛于 f 的充分必要条件是，对于 $\{f_k\}$ 的任意一个子列 $\{f_{k_l}\}$ 都有一个子列 $\{f_{k_{l_j}}\}$，使得 $\{f_{k_{l_j}}\}$ 在 E 上一致收敛于 f.

7. 设 f 在 $\mathbf{R}$ 上处处可导，且对于任意的 $\alpha\in\mathbf{R}$，$\{x\in\mathbf{R},\ f'(x)=\alpha\}$ 是闭集，证明：f' 在 $\mathbf{R}$ 上处处连续.

8. 设 $E\subset\mathbf{R}^n$，f 是定义于 $\mathbf{R}^n$ 的实值函数，证明：f 在 E 上一致连续的充要条件是，对于任意收敛于零的点列 $\{x_k\}\subset\mathbf{R}^n$，有

$$\lim_{k\to\infty}\sup_{x\in E}|f(x+x_k)-f(x)|=0$$

9. 设 $E\subset\mathbf{R}^n$，证明：E 是紧集的充分必要条件是 E 中任意点列 $\{x_k\}$ 都有收敛于 E 中某点的子列.

第 4 章　Lebesgue 测度

在建立新的积分理论时，Lebesgue 遇到的第一个新问题就是需要定义实数集的长度，并且要研究什么样的实数集是“可求长的”. 其实，即使从另一个角度来看，研究区间的长度在一般实数集合上的推广也是一件非常自然的事情. 我们知道，基数是刻画集合所包含的元素数量的一个工具，但是无限实数集合的基数仅仅有两种情况(假如我们承认 Cantor 连续统假设)：基数 a 和基数 c，且任意区间都有基数 c. 这表明对于实数集合来说，单一地以基数这个工具来刻画集合所包含的元素的数量是非常粗糙的. 例如，区间的长度是刻画区间所包含的点的多少的一个有效工具，区间的长度越大，所包含的点越多，对于一般的实数集，我们期望将其中的点做“无缝拼接”，然后考察拼接后所形成的区间的长度. 也就是说，我们想引入一个新的度量，即测度，它是区间长度这个概念的推广，适应于大部分实数集，暂时把它们称为“可求长实数集”. 对于可求长实数集 E，如以 $m(E)$表示这个新的度量，则很自然地要求它满足以下基本性质(由于长度满足这些性质)：

(1) 非负性：$m(E)\geqslant 0$；

(2) 若 $E=(a, b)$，则 $m(E)=b-a$；

(3) 可数可加性：若 $E_1, \cdots, E_k, \cdots$是可数个相互不交的“可求长”实数集，则其并集也是“可求长”的且 $m(\bigcup\limits_{k=1}^{\infty} E_k)=\sum\limits_{k=1}^{\infty} m(E_k)$.

上面所述的“可求长”的实数集就是本章要介绍的可测集. 我们将在欧氏空间 $\mathbf{R}^n$ 中讨论有关问题. 虽然 $\mathbf{R}^n$ 中的集合未必都是可测集，但事实表明可测集是很广泛的一类集合. 正如我们将要看到的：在 $\mathbf{R}^n$ 中，可测集的全体具有基数 2^c(也就是说，可测集的全体和 $\mathbf{R}^n$ 的所有子集的全体等价)，它们虽然不一定是开集、闭集或者更一般的 Borel 集，但是可测集和这些“好的集合”非常接近.

从本章开始，许多求和运算中涉及的某些项可能等于∞，我们约定：对于任意的实数 a，$a+\infty=\infty$，同时$\infty+\infty=\infty$. 此外，对于单调增加的数列$\{a_k\}$，当 $k\to\infty$时，无论 a_k 收敛于一个确定的实数还是趋于∞，我们都记$\lim\limits_{k\to\infty} a_k$. 另外，还约定：$\inf\{\infty\}=\infty$.

4.1 Lebesgue 外测度

数学的本质目的之一是用好的东西去逼近差的东西，或者说，在许可的范围内用好的东西来代替差的东西. 例如：人们最初计算圆的面积，是用正多边形从圆内部做逼近；而计算由 $y=f(x)$ 的图像、直线 $x=a$ 和直线 $x=b$ 以及 $y=0$ 所围成的曲边梯形的面积，也是从曲边梯形的内部用小长方形做逼近，再对这些小长方形的面积的和求极限(就是定积分)来计算的. 很自然，我们希望利用这种内部逼近的想法将"长度"这个概念从区间推广到一般实数集合，即用线段从集合内部逼近这个集合，找出集合所包含的所有线段，然后计算这些线段的长度的和. 但这面临一个问题，某些集合(如 Cantor 集)不包含任何线段，因此我们不得不放弃这个想法，转而从集合的外面用线段来覆盖这个集合，再计算这些线段的长度的和. 当然，覆盖所盖住的点集比原来的点集要大，也就自然地要求我们取前述那些长度的和组成的数集的"下确界"，上述做法的本质其实是从外部向内逼近，类似于定积分中的 Darboux 上和，即 1.2 节中提到的外容量的思想.

还有一个需要注意的问题：在用开区间覆盖给定的实数集合时，是否要限制用有限个区间来做覆盖？由例 3.2.6 可知：如果用无限多个开区间来覆盖给定的实数集合，那么可以从这一族开区间中取出至多可数个来覆盖给定的集合. 因此，问题就归结为：是限制用有限个开区间来做覆盖还是允许用可数个开区间来做覆盖？Jordan 外测度采用有限多个开区间来做覆盖，但由 Jordan 外测度引出的测度存在着可数可加不成立、有理数集合 $\mathbf{Q}$ 不是可测集等诸多缺陷. Lebesgue 在他所建立的测度论中允许做覆盖的开区间的个数为可数个，这个看似简单的改变取得了巨大的成功.

定义 4.1.1 设 $E\subset\mathbf{R}^n$，称

$$\inf\left\{\sum_{l\geqslant 1}|Q_l|:\{Q_l\}_{l\geqslant 1}\text{ 是至多可数个开方体且 }E\subset\bigcup_{l\geqslant 1}Q_l\right\}\tag{4.1.1}$$

确定的广义实数为集合 E 的 n 维 **Lebesgue 外测度**或 n 维外测度，记为 $m_n^*(E)$，简记为 $m^*(E)$.

从定义可以看出，外测度其实就是"最经济地覆盖"集合 E 的开方体的体积的和.

例 4.1.1 设 $E\subset\mathbf{R}^n$ 是可数集，则 $m^*(E)=0$.

证明 记 $E=\{x_1, \cdots, x_k, \cdots\}$. 任给 $\varepsilon>0$，明显地，有

$$E\subset\bigcup_{k=1}^{\infty}Q(x_k, \varepsilon/2^k)$$

这里 $Q(x_k, \varepsilon/2^k)$ 表示以 x_k 为中心，边长为 $\varepsilon/2^k$ 的开方体. 所以

$$m^*(E)\leqslant\sum_{k=1}^{\infty}|Q(x_k, \varepsilon/2^k)|\leqslant\varepsilon^n$$

这意味着 $m^*(E)=0$. □

例 4.1.2 在 $\mathbf{R}^n$中，方体的外测度等于它的体积.

证明 设 $E\subset\mathbf{R}^n$是一个开方体，假如$\{I_k\}_{k\geqslant1}$是至多可数个开方体且 $E\subset\bigcup\limits_{k\geqslant1}I_k$，则

$$\sum_{k\geqslant1}|I_k|\geqslant|E|$$

所以

$$m^*(E)\geqslant|E|$$

另一方面，明显地有

$$m^*(E)\leqslant|E|$$

所以

$$m^*(E)=|E|$$

现在设 $E\subset\mathbf{R}^n$是一个闭方体. 任给 $\varepsilon>0$，做一个开方体 G 使得 $E\subset G$ 且 $|G|<|E|+\varepsilon$. 这意味着 $m^*(E)\leqslant|G|<|E|+\varepsilon$. 另一方面，假如$\{I_k\}_{k\geqslant1}$是至多可数个开方体且 $E\subset\bigcup\limits_{k\geqslant1}I_k$，则由定理 3.2.6 可知：可以取正整数 N 使得 $E\subset\bigcup\limits_{k=1}^{N}I_k$，此时有

$$|E|\leqslant\sum_{k=1}^{N}|I_k|\leqslant\sum_{k\geqslant1}|I_k|$$

由外测度的定义即知 $m^*(E)\geqslant|E|$. 结合上述过程就得到 $m^*(E)=|E|$.

当 E 是其他形式的方体时，利用前面的结论，容易证明 E 的外测度仍然等于 E 的体积. □

例 4.1.3 设 $\gamma>0$ 是一个常数，对于 $E\subset\mathbf{R}^n$，定义

$$m_\gamma^*(E)=\inf\Big\{\sum_{k\geqslant1}|I_k|:\{I_k\}_{k\geqslant1}\text{ 是至多可数个边长小于 }\gamma\text{ 的开方体，}E\subset\bigcup_{k\geqslant1}I_k\Big\}$$

证明：$m^*(E)=m_\gamma^*(E)$.

证明 明显地 $m^*(E)\leqslant m_\gamma^*(E)$，所以，只要证明 $m^*(E)\geqslant m_\gamma^*(E)$. 不妨设 $m^*(E)$有限. 对于任意的 $\varepsilon>0$，存在至多可数个开方体$\{I_k\}_{k\geqslant1}$，使得

$$E\subset\bigcup_{k\geqslant1}I_k$$

且

$$\sum_{k\geqslant1}|I_k|\leqslant m^*(E)+\varepsilon$$

取 $\gamma_1\in(0,\gamma)$，对于每个 k，通过把 I_k的各个边二等分的方法将其分成 2^n个相互不交且边长等于 I_k边长一半的方体；若这些方体的边长小于 γ_1，则分解停止，否则对第一步分解得到的每个小方体做同样的分解 …… 一直做下去，直到将 I_k分解成边长小于 γ_1 的方体$\{I_k^j\}_j$ 的并. 对于每一个 I_k^j，记 $\widetilde{I}_k^j$ 为与 I_k^j同中心、边长扩大到 λ 倍的开方体，其中 $\lambda\in(1,\gamma/\gamma_1)$，则

$$I_k \subset \bigcup_j \tilde{I}_k^j,\ |I_k| = \sum_j |I_k^j| = \lambda^{-n} \sum_j |\tilde{I}_k^j|$$

从而开方体族$\{\tilde{I}_k^j\}_{k,j}$是E的一个覆盖，且对于任意的k、j，$\tilde{I}_k^j$的边长都小于γ. 于是

$$m_\gamma^*(E) \leqslant \sum_{k,j} |\tilde{I}_k^j| = \lambda^n \sum_k |I_k| \leqslant \lambda^n (m^*(E)+\varepsilon)$$

令$\lambda \to 1$即得$m_\gamma^*(E) \leqslant m^*(E)+\varepsilon$，所以$m_\gamma^*(E) \leqslant m^*(E)$. □

定理 4.1.1 Lebesgue外测度具有如下性质：

(1) 非负性，即若$E \subset \mathbf{R}^n$，则$m^*(E) \geqslant 0$；

(2) 单调性，即若$E_1 \subset E_2 \subset \mathbf{R}^n$，则$m^*(E_1) \leqslant m^*(E_2)$；

(3) 次可加性，即若$\{E_k\}$是$\mathbf{R}^n$中的一个集合列，则

$$m^*\left(\bigcup_{k=1}^{\infty} E_k\right) \leqslant \sum_{k=1}^{\infty} m^*(E_k) \tag{4.1.2}$$

证明 性质(1)和性质(2)是明显的，下面仅证明性质(3).

令$E = \bigcup_{k=1}^{\infty} E_k$. 假如$\sum_{k=1}^{\infty} m^*(E_k) = \infty$，则式(4.1.2)成立. 假如$\sum_{k=1}^{\infty} m^*(E_k) < \infty$，则对于任意的正整数$k$，$m^*(E_k) < \infty$. 因此，对于任意的$\varepsilon > 0$，存在至多可数个开方体$\{I_k^j\}_{j \geqslant 1}$，使得

$$E_k \subset \bigcup_{j \geqslant 1} I_k^j,\ \sum_{j \geqslant 1} |I_k^j| < m^*(E_k) + \varepsilon/2^k$$

明显地，$\{I_k^j\}_{k \geqslant 1, j \geqslant 1}$是至多可数个覆盖$E$的开方体，且

$$\sum_{j \geqslant 1, k \geqslant 1} |I_k^j| \leqslant \sum_{k \geqslant 1} m^*(E_k) + \varepsilon$$

由外测度的定义即知

$$m^*(E) \leqslant \sum_{k \geqslant 1} m^*(E_k) + \varepsilon$$

这就给出了理想的结论. □

例 4.1.4 设$E \subset \mathbf{R}^n$，则

$$m^*(E) = \inf\{m^*(G)：G \supset E \text{ 且 } G \text{ 是开集}\}$$

证明 记

$$m^{**}(E) = \inf\{m^*(G)：G \supset E \text{ 且 } G \text{ 是开集}\}$$

由外测度的单调性可知$m^*(E) \leqslant m^{**}(E)$，故只要证明$m^{**}(E) \leqslant m^*(E)$. 为此，不妨假设$m^*(E) < \infty$. 对于任意的$\varepsilon > 0$，可以找到至多可数个开方体$\{I_k\}_{k \geqslant 1}$使得

$$E \subset \bigcup_{k \geqslant 1} I_k$$

且

$$\sum_{k \geqslant 1} |I_k| < m^*(E) + \varepsilon$$

令$G = \bigcup_{k \geqslant 1} I_k$，则$G$是开集并且$E \subset G$，同时，利用定理 4.1.1 的结论(3)可得

$$m^*(G) \leqslant \sum_{k \geqslant 1} m(I_k) = \sum_{k \geqslant 1} |I_k| < m^*(E) + \varepsilon$$

从而 $m^{**}(E) < m^*(E) + \varepsilon$. 这就给出了理想的结论. □

例 4.1.5　设 E_1, $E_2 \subset \mathbf{R}^n$ 且 $d(E_1, E_2) > 0$, 则

$$m^*(E_1 \cup E_2) = m^*(E_1) + m^*(E_2)$$

证明　由外测度的次可加性知，只要证明：

$$m^*(E_1) + m^*(E_2) \leqslant m^*(E_1 \cup E_2) \tag{4.1.3}$$

为此，不妨设 $m^*(E_1 \cup E_2) < \infty$. 对于任意的 $\varepsilon > 0$, 存在覆盖 $E_1 \cup E_2$ 的至多可数个开方体 $\{I_k\}_{k \geqslant 1}$，使得

$$\ell(I_k) < \frac{d(E_1, E_2)}{\sqrt{n}}$$

以及

$$\sum_{k \geqslant 1} |I_k| < m^*(E_1 \cup E_2) + \varepsilon$$

对于任意固定的 k，集合 $E_1 \cap I_k$ 和 $E_2 \cap I_k$ 必有一个是空集，否则

$$d(E_1, E_2) \leqslant \sqrt{n}\ell(I_k)$$

所以，可以将 $\{I_k\}_{k \geqslant 1}$ 分成三个相互不交的子族，即 $\{I_k^1\}_{k \geqslant 1}$、$\{I_k^2\}_{k \geqslant 1}$ 和 $\{I_k^3\}_{k \geqslant 1}$，其中 $\{I_k^1\}_{k \geqslant 1}$ 中的每一个和 E_1 相交，$\{I_k^2\}_{k \geqslant 1}$ 中的每一个和 E_2 相交，$\{I_k^3\}_{k \geqslant 1}$ 中的每一个和 E_1、E_2 都不相交，从而

$$E_1 \subset \bigcup_{k \geqslant 1} I_k^1, \; E_2 \subset \bigcup_{k \geqslant 1} I_k^2$$

这表明：

$$m^*(E_1) + m^*(E_2) \leqslant \sum_{k \geqslant 1} |I_k^1| + \sum_{k \geqslant 1} |I_k^2| \leqslant m^*(E_1 \cup E_2) + \varepsilon$$

因此不等式(4.1.3)成立. □

例 4.1.6　设 $E \subset \mathbf{R}$，如将其视为 $\mathbf{R}^2$ 中的点集，其二维 Lebesgue 外测度等于零.

证明　利用外测度的单调性和可数次可加性，只要证明 $m_2^*(\mathbf{R}) = 0$. 事实上，若 $k \in \mathbf{Z}$，对于任意的 $\varepsilon > 0$，可以用一个长为 2、宽为 $\varepsilon/2$ 的开长方形包含 $(k, k+1]$. 于是

$$m_2^*((k, k+1]) < \varepsilon$$

因此

$$m_2^*((k, k+1]) = 0$$

进而由外测度的次可加性知 $m_2^*(\mathbf{R}) = 0$. □

本节的最后给出外测度的另一个重要性质，有关的证明留作习题.

定理 4.1.2(外测度的平移不变性)　设 $E \subset \mathbf{R}^n$，$x_0 \in \mathbf{R}^n$，记 $E_{x_0} = \{x + x_0 : x \in E\}$，它称为 E 关于点 x_0 的平移，则 $m^*(E_{x_0}) = m^*(E)$.

习 题

1. 设 $E \subset \mathbf{R}^n$，令

$$m^{**}(E) = \inf\left\{ \sum_{k \geqslant 1} |I_k| : \{I_k\}_{k \geqslant 1} \text{ 是至多可数个开矩体且 } E \subset \bigcup_{k \geqslant 1} I_k \right\}$$

证明：$m^*(E) = m^{**}(E)$，并验证 $\mathbf{R}^n$ 中的矩体的外测度等于它的体积.

2. 设 $\{A_k\}$ 是 $\mathbf{R}^n$ 中的一列集合，级数 $\sum\limits_{k=1}^{\infty} m^*(A_k)$ 收敛，求 $m^*(\overline{\lim\limits_{k \to \infty}} A_k)$.

3. 设 $E \subset \mathbf{R}^n$ 且 $m^*(E) < \infty$，证明：存在一列单减的开集 $\{G_k\}$，$G_k \supset E$ 且 $m^*(\lim\limits_{k \to \infty} G_k) = m^*(E)$.

4. 设 $E \subset \mathbf{R}^n$，$\lambda \in \mathbf{R} \setminus \{0\}$，记 $\lambda E = \{\lambda x: x \in E\}$，证明：$m^*(\lambda E) = |\lambda|^n m^*(E)$.

5. 证明定理 4.1.2.

6. 设 $E \subset \mathbf{R}$ 且 $m^*(E) \in (0, \infty)$，证明：函数 $f(x) = m^*(E \cap \{y: |y| \leqslant |x|\})$ 在 $\mathbf{R}^n$ 上一致连续，进而证明对于任意的 $\alpha \in (0, m^*(E))$，存在 E 的一个子集 F 使得 $m^*(F) = \alpha$.

7. 设 $E \subset \mathbf{R}^n$ 且 $m^*(E) > 0$，证明：必有 $x_0 \in E$ 使得对于任意的 $\delta > 0$，$m^*(E \cap B(x_0, \delta)) > 0$.

8. 设 $E \subset \mathbf{R}^n$，$0 < \alpha < 1$，证明：存在方体 Q 使得 $m^*(Q \cap E) \geqslant \alpha |Q|$，进而证明对于任意的 $0 < \alpha < 1$ 和任意的正数 a，存在边长小于 a 的开方体 Q，使得 $m^*(Q \cap E) \geqslant \alpha |Q|$.

4.2 Lebesgue 可测集

$\mathbf{R}^n$ 中的外测度满足非负性、单调性以及方体的外测度等于它的体积，这表明它和我们要寻找的那个“将区间的长度、正方形的面积、方体的体积推广到一般集合上”的度量有许多相似的地方. 然而非常遗憾，虽然外测度适应于 $\mathbf{R}^n$ 中的所有集合，但并不是我们要引入的度量，因为它不满足可加性. 事实上，存在 $[0, 1]$ 的两个不相交的子集 A、B，使得 $m^*(A \cup B) < m^*(A) + m^*(B)$（见 4.3 节习题 1、2）. 因此，不能奢望即将引入的新度量适应于 $\mathbf{R}^n$ 中的所有集合，需要从 $\mathbf{R}^n$ 的全体子集中选出一些“还算可以”的集合，它们的外测度具有可加性，这就是本节要讨论的可测集.

如何定义可测集呢？下面先来探究可测集的必要条件. 假设已经定义了可测集类 $\mathscr{M}$，它是一个 σ-代数，且外测度在这类集合上具有可加性. 假如 $E \in \mathscr{M}$，则对于任意方体 Q，

$Q\cap E$ 和 $Q\cap E^c$ 都属于 $\mathscr{M}$，由于 $Q\cap E$ 和 $Q\cap E^c$ 相互不交，且 $Q=(Q\cap E)\cup(Q\cap E^c)$，由可加性即知

$$m^*(Q)=m^*(Q\cap E)+m^*(Q\cap E^c)$$

由外测度的次可加性知，上式等价于

$$m^*(Q)\geqslant m^*(Q\cap E)+m^*(Q\cap E^c) \tag{4.2.1}$$

这是 $E\in\mathscr{M}$ 的必要条件. 那么，式(4.2.1)中的方体 Q 能否换成 $\mathbf{R}^n$ 中的一般的集合呢？

引理 4.2.1　设 $E\subset\mathbf{R}^n$，不等式(4.2.1)对任意方体 Q 成立的充分必要条件是：对于任意的 $A\subset\mathbf{R}^n$，都有

$$m^*(A)\geqslant m^*(A\cap E)+m^*(A\cap E^c) \tag{4.2.2}$$

证明　只要证明必要性. 设 $A\subset\mathbf{R}^n$，不妨假定 $m^*(A)<\infty$（当 $m^*(A)=\infty$ 时，式(4.2.2)成立）. 对于任意的 $\varepsilon>0$，由外测度的定义可知：存在至多可数个开方体 $\{Q_k\}_{k\geqslant1}$，$A\subset\bigcup\limits_{k\geqslant1}Q_k$，且

$$\sum_{k\geqslant1}|Q_k|<m^*(A)+\varepsilon$$

注意到

$$A\cap E\subset\bigcup_{k\geqslant1}(Q_k\cap E),\ A\cap E^c\subset\bigcup_{k\geqslant1}(Q_k\cap E^c)$$

再次利用外测度的次可加性即得

$$\begin{aligned} m^*(A\cap E)+m^*(A\cap E^c) &\leqslant\sum_{k\geqslant1}\{m^*(Q_k\cap E)+m^*(Q_k\cap E^c)\} \\ &\leqslant m^*(A)+\varepsilon \end{aligned}$$

由 $\varepsilon>0$ 的任意性即知式(4.2.2)成立. □

式(4.2.2)是 Caratheodory 给出的，它的方便之处是仅仅涉及外测度，它和 Lebesgue 给出的可测集的定义是等价的(见 4.3 节). 更重要的是，如果利用它作为可测集的定义，可以简化测度理论中很多定理的证明. 这就是我们按照如下方式定义可测集的原因.

定义 4.2.1　设 $E\subset\mathbf{R}^n$，假如对于任意的 $A\subset\mathbf{R}^n$，不等式(4.2.2)都成立，则称 E 是 **Lebesgue 可测集**，简称 E 是可测集或者 E 可测. 此时，称 $m^*(E)$ 为 E 的 **Lebesgue 测度**或 E **的测度**，记为 $m(E)=m^*(E)$.

明显地，外测度等于零的集合是可测集. 此外，利用外测度的次可加性可知：对于任意的集合 A，$E\subset\mathbf{R}^n$，必有

$$m^*(A)\leqslant m^*(A\cap E)+m^*(A\cap E^c)$$

因此，不等式(4.2.2)对于任意的 $A\subset\mathbf{R}^n$ 成立的充分必要条件是等式

$$m^*(A)=m^*(A\cap E)+m^*(A\cap E^c)$$

成立.

由定义即可看出：$\mathbf{R}^n$ 中任何可数集都是可测集且其测度为零.

例 4.2.1　$\mathbf{R}^n$中任何矩体都是可测集且其测度等于它的体积.

证明　只要证明任意矩体是可测集即可. 设 Q 是一个矩体，由引理 4.2.1 知，只要证明对于任意方体 I，有

$$|I| \geqslant m^*(I \cap Q) + m^*(I \cap Q^c)$$

明显地，$Q \cap I$ 是矩体，$I \cap Q^c$是一些矩体 $I_1, \cdots, I_N$的并，而

$$I = (I \cap Q) \cup \bigcup_{j=1}^{N} I_j$$

由外测度的次可加性以及矩体的外测度等于其体积即知

$$m^*(I \cap Q) + m^*(I \cap Q^c) \leqslant m^*(I \cap Q) + \sum_{j=1}^{N} m^*(I_j) = |I \cap Q| + \sum_{j=1}^{N} |I_j| = |I|$$

因此 Q 是可测的. □

例 4.2.2　设 $A, B \subset \mathbf{R}^n$且 A 是可测集，则

$$m^*(A \cup B) + m^*(A \cap B) = m^*(A) + m^*(B)$$

证明　由 A 是可测集可知

$$\begin{aligned} m^*(A \cup B) &= m^*((A \cup B) \cap A) + m^*((A \cup B) \cap A^c) \\ &= m^*(A) + m^*(B \cap A^c) \end{aligned}$$

以及

$$m^*(B) = m^*(A \cap B) + m^*(B \cap A^c)$$

结合上述两个等式即得理想的结论. □

现在回过头来看例 4.1.5，可以给出它的一个简洁的证明. 由于 $d(E_1, E_2) > 0$，由例 3.2.4 可知：存在分别包含 E_1、E_2的相互不交的开集 G_1、G_2，使得 $E_1 \subset G_1$，$E_2 \subset G_2$. 由可测集的定义可知

$$m^*(E_1 \cup E_2) = m^*((E_1 \cup E_2) \cap G_1) + m^*((E_1 \cup E_2) \cap G_1^c)$$

注意到 $E_1 \subset G_1$，$E_2 \subset G_2$意味着

$$(E_1 \cup E_2) \cap G_1 = E_1$$

$$(E_1 \cup E_2) \cap G_1^c = E_2$$

即可得到理想的结论.

定理 4.2.1　设 $E \subset \mathbf{R}^n$是可测集，则对于任意的 $y \in \mathbf{R}^n$，E 关于 y 的平移 E_y也是可测集且 $m(E_y) = m(E)$.

证明　对于任意的 $A \subset \mathbf{R}^n$，由外测度的平移不变性和 E 的可测性知

$$m^*(A) = m^*(A_{-y}) \geqslant m^*(A_{-y} \cap E) + m^*(A_{-y} \cap E^c)$$

另一方面，对于任意的集合 $D, F \subset \mathbf{R}^n$以及点 $z \in \mathbf{R}^n$，容易验证：

$$(D \cap F)_z = D_z \cap F_z$$

$$(D^c)_y = (D_y)^c$$

从而

$$m^*(A_{-y}\cap E)=m^*((A_{-y}\cap E)_y)=m^*(A\cap E_y)$$

$$m^*(A_{-y}\cap E^c)=m^*((A_{-y}\cap E^c)_y)=m^*(A\cap (E_y)^c)$$

结合这些关系式即得

$$m^*(A)\geqslant m^*(A\cap E_y)+m^*(A\cap (E_y)^c)$$

这就证实了 E_y 是可测集. 至于 $m(E_y)=m(E)$，则是外测度的平移不变性的直接推论. □

现在来考察由定义 4.2.1 引进的测度是否满足本章开始时所要求的**可数可加性**. 首先，有如下定理.

定理 4.2.2 设 E_1、E_2 是 $\mathbf{R}^n$ 中的可测集，则

(1) $E_1^c=\mathbf{R}^n\setminus E_1$ 也是 $\mathbf{R}^n$ 中的可测集；

(2) $E_1\cap E_2$、$E_1\cup E_2$、$E_1\setminus E_2$ 也是 $\mathbf{R}^n$ 中的可测集.

证明 结论(1)是明显的. $\mathbf{R}^n$ 中两个可测集 E_1、E_2 的交集是可测集，可以由定义直接推出. 事实上，假如 $A\subset\mathbf{R}^n$，则由 E_1 的可测性可知

$$m^*(A)\geqslant m^*(A\cap E_1)+m^*(A\cap E_1^c) \tag{4.2.3}$$

而由 E_2 的可测性可知

$$m^*(A\cap E_1)\geqslant m^*(A\cap E_1\cap E_2)+m^*(A\cap E_1\cap E_2^c) \tag{4.2.4}$$

结合式(4.2.3)和式(4.2.4)即得

$$m^*(A)\geqslant m^*(A\cap E_1\cap E_2)+m^*(A\cap E_1\cap E_2^c)+m^*(A\cap E_1^c)$$

注意到 $(E_1\cap E_2)^c=E_1^c\cup(E_1\cap E_2^c)$，再由外测度的次可加性得

$$m^*(A\cap (E_1\cap E_2)^c)\leqslant m^*(A\cap E_1^c)+m^*(A\cap E_1\cap E_2^c)$$

综合上述估计即得

$$m^*(A)\geqslant m^*(A\cap E_1\cap E_2)+m^*(A\cap (E_1\cap E_2)^c)$$

这就证明了 $E_1\cap E_2$ 的可测性.

假如 E_1、E_2 都是 $\mathbf{R}^n$ 中的可测集，则 E_1 和 E_2^c 都是 $\mathbf{R}^n$ 中的可测集，于是 $E_1\setminus E_2=E_1\cap E_2^c$ 也是 $\mathbf{R}^n$ 中的可测集. 另一方面，$E_1\cup E_2=(E_1^c\cap E_2^c)^c$，所以 $E_1\cup E_2$ 也是可测集. □

定理 4.2.2 保证了有限个可测集的并集是可测集，我们自然要问：可数个可测集的并集可测吗？下面的定理不但回答了这个问题，而且表明 Lebesgue 测度满足本章开始时所要求的可数可加性.

定理 4.2.3(可数可加性) 设 $\{E_k\}$ 是 $\mathbf{R}^n$ 中的一列可测集，则 $E=\bigcup_{k=1}^{\infty}E_k$ 也是 $\mathbf{R}^n$ 中的可测集且

$$m(E)\leqslant\sum_{k=1}^{\infty}m(E_k) \tag{4.2.5}$$

进一步，假如 $\{E_k\}$ 这列可测集两两相互不交，则

$$m(E)=\sum_{k=1}^{\infty}m(E_k) \tag{4.2.6}$$

证明 首先断言：假如$\{E_k\}$是$\mathbf{R}^n$中的一列两两相互不交的可测集，则对于任意的正整数k和任意的$A\subset\mathbf{R}^n$，有

$$m^*(A)\geqslant\sum_{j=1}^{k}m^*(A\cap E_j)+m^*(A\cap E^c) \tag{4.2.7}$$

为证明这个事实，对k采用数学归纳法. 明显地，当$k=1$时，由E_1的可测性知结论成立. 现假设式(4.2.7)对正整数k成立，则对于任意的$A\subset\mathbf{R}^n$，以$A\cap E_{k+1}^c$代替式(4.2.7)中的A，得

$$\begin{aligned}m^*(A\cap E_{k+1}^c)&\geqslant\sum_{j=1}^{k}m^*(A\cap E_{k+1}^c\cap E_j)+m^*(A\cap E_{k+1}^c\cap E^c)\\&=\sum_{j=1}^{k}m^*(A\cap E_j)+m^*(A\cap E^c)\end{aligned} \tag{4.2.8}$$

这是由于对任意的$1\leqslant j\leqslant k$，$E_j\cap E_k=\varnothing$，从而$E_{k+1}^c\cap E_j=E_j$，以及$E_{k+1}^c\cap E^c=E^c$. 另一方面，由于E_{k+1}可测，因此

$$m^*(A)\geqslant m^*(A\cap E_{k+1})+m^*(A\cap E_{k+1}^c) \tag{4.2.9}$$

结合式(4.2.8)和式(4.2.9)即得

$$m^*(A)\geqslant\sum_{j=1}^{k+1}m^*(A\cap E_j)+m^*(A\cap E^c)$$

这样就完成了断言的证明.

现在证明定理4.2.3. 由断言可知：假如$\{E_j\}$是$\mathbf{R}^n$中的一列两两相互不交的可测集，则对于任意的$A\subset\mathbf{R}^n$，有

$$m^*(A)\geqslant\sum_{j=1}^{\infty}m^*(A\cap E_j)+m^*(A\cap E^c)\geqslant m^*(A\cap E)+m^*(A\cap E^c)$$

从而E也是可测的. 在式(4.2.7)中取$A=E$，即得

$$m^*(E)\geqslant\sum_{j=1}^{\infty}m(E_j)$$

再结合$m^*(E)\leqslant\sum\limits_{j=1}^{\infty}m(E_j)$即得式(4.2.6).

对$\mathbf{R}^n$中的可测集列$\{E_k\}$，如2.1节习题2所指出的，由

$$\widetilde{E}_1=E_1,\ \cdots,\ \widetilde{E}_k=E_k\setminus(\bigcup_{j=1}^{k-1}E_j),\ \cdots$$

定义的集合列是两两相互不交的可测集合列，因此$\bigcup\limits_{j=1}^{\infty}\widetilde{E}_j$是可测集. 由$\bigcup\limits_{j=1}^{\infty}E_j=\bigcup\limits_{j=1}^{\infty}\widetilde{E}_j$即知$\bigcup\limits_{j=1}^{\infty}E_j$是可测集. 至于式(4.2.5)，是非常明显的. □

有了可测集的运算性质后，下面来说明：可测集与有限个开方体的并组成的开集是差

不多的.

定理 4.2.4　设 $E\subset\mathbf{R}^n$ 是可测集且 $m(E)<\infty$，证明：对于任意的 $\varepsilon>0$，存在有限个开方体的并集 G 使得 $m(E\Delta G)<\varepsilon$.

证明　由于 $E\subset\mathbf{R}^n$ 可测且测度有限，利用可测集的定义和外测度的定义知，对于任意的 $\varepsilon>0$，可以找到至多可数个方体 $\{Q_k\}_{k\geqslant 1}$，使得

$$\bigcup_{k\geqslant 1} Q_k \supset E \quad 且 \quad \sum_{k\geqslant 1} m(Q_k) < m(E)+\frac{\varepsilon}{2}$$

假如 $\{Q_k\}_{k\geqslant 1}$ 是有限方体族，取 $G=\bigcup\limits_{k\geqslant 1} Q_k$ 即可. 假如 $\{Q_k\}_{k\geqslant 1}$ 是可数方体族，则必存在一个 N 使得

$$\sum_{k=N+1}^{\infty} m(Q_k) < \frac{\varepsilon}{2}$$

令 $G=\bigcup\limits_{k=1}^{N} Q_k$，则有

$$E\Delta G = (G\backslash E)\cup(E\backslash G)\subset\left(\bigcup_{k=1}^{\infty} Q_k\backslash E\right)\cup\bigcup_{k=N+1}^{\infty} Q_k$$

再结合可测集的运算性质即知 $m(E\Delta G)<\varepsilon$. □

由定理 4.2.2 和定理 4.2.3 可知，$\mathbf{R}^n$ 中的开集、闭集都是可测集. 进一步，如以 $\mathscr{M}_n$ 表示 $\mathbf{R}^n$ 中所有可测集的全体，定理 4.2.2 和定理 4.2.3 表明：$\mathscr{M}_n$ 是一个包含 $\mathbf{R}^n$ 中的方体的 σ-代数.

例 4.2.3　Cantor 集 C 是 $\mathbf{R}$ 中的可测集且其测度为零.

证明　设 $G=\bigcup\limits_{k=1}^{\infty} I_k$ 是 Cantor 集构造过程中从[0, 1]中挖掉的开区间的并集，这些开区间的长度的和，也就是 G 的测度为

$$m(G)=\sum_{k=1}^{\infty}\frac{2^{k-1}}{3^k}=1$$

所以由定理 4.2.3 可知：C 是可测集且 $m(C)=0$. □

我们知道，Cantor 集具有连续基数，这大致意味着“C 中的点是非常多的”，但其测度为零这个事实表明“其中的点很少”，这似乎是矛盾的. 其实，从测度的观点看，这是不难理解的. 例 4.1.6 表明：$\mathbf{R}$ 中的任何一个集合，如将其看成 $\mathbf{R}^2$ 中的集合，其二维 Lebesgue 测度等于零. 从面积上来看，$(0, \infty)$ 中的点很少，因此用二维 Lebesgue 测度并不能很好地刻画 $\mathbf{R}$ 中的点的内涵. 这大概就是所谓的“寸有所长，尺有所短”.

对于 $E\subset\mathbf{R}^n$，如以 $m_0(E)$（零维测度）表示 E 的基数，则 Cantor 集的零维测度等于无穷大，而一维测度为零. 既然在 $\mathbf{R}^n$ 中，“一个集合在某个维数空间中的测度为无穷大，而在高维空间中测度为零”是自然情形，也就不难理解 Cantor 集的测度等于零而它又是不可数集了.

其实零维测度和一维测度都不是衡量 Cantor 集中点多少的合适的工具. 数学家和工程技术学家对于这个问题的持续共同关注催生了分数维数这个更精细的数学概念.

定理 4.2.5 设 $\{E_k\}$ 是 $\mathbf{R}^n$ 的一列可测子集, 若集合列 $\{E_k\}$ 单增或者 $\{E_k\}$ 单减且 $\inf\limits_{k\geqslant 1} m(E_k)<\infty$, 则

$$m(\lim_{k\to\infty}E_k) = \lim_{k\to\infty}m(E_k) \tag{4.2.10}$$

证明 先考虑 $\{E_k\}$ 单增的情形, 此时

$$\lim_{k\to\infty}E_k = \bigcup_{k=1}^{\infty} E_k$$

假如 $\lim\limits_{k\to\infty}m(E_k)=\infty$, 则由 $m(\bigcup\limits_{k=1}^{\infty} E_k) \geqslant \sup\limits_{k\geqslant 1} m(E_k)$ 可知

$$m(\lim_{k\to\infty}E_k) = \infty$$

从而式(4.2.10)成立. 假如 $\lim\limits_{k\to\infty} m(E_k)<\infty$, 令

$$\widetilde{E}_1 = E_1,\ \widetilde{E}_k = E_k\backslash E_{k-1},\ k = 2, \cdots$$

则 $\bigcup\limits_{k=1}^{\infty} E_k = \bigcup\limits_{k=1}^{\infty} \widetilde{E}_k$ 且 $\{\widetilde{E}_k\}$ 两两相互不交. 注意到 $m(E_{k-1})<\infty$ 以及 $m(E_k\backslash E_{k-1})=m(E_k)-m(E_{k-1})$, 由测度的可数可加性可知

$$\begin{aligned} m(\bigcup_{k=1}^{\infty} E_k) &= m(E_1)+m(\bigcup_{k=2}^{\infty} (E_k\backslash E_{k-1})) \\ &= m(E_1)+\sum_{k=2}^{\infty}[m(E_k)-m(E_{k-1})] \\ &= \lim_{k\to\infty} m(E_k) \end{aligned}$$

现在考虑 $\{E_k\}$ 单减的情形. 不妨假定 $m(E_1)<\infty$. 注意到 $\{E_1\backslash E_k\}$ 是单增集合列, 由已经证得的结论, 有

$$m(\lim_{k\to\infty}(E_1\backslash E_k)) = \lim_{k\to\infty}m(E_1\backslash E_k) = m(E_1) - \lim_{k\to\infty} m(E_k) \tag{4.2.11}$$

由于

$$\lim_{k\to\infty}(E_1\backslash E_k) = \bigcup_{k=1}^{\infty} (E_1\backslash E_k) = E_1\backslash(\bigcap_{k=1}^{\infty} E_k) = E_1\backslash \lim_{k\to\infty}E_k$$

则有

$$m(E_1) - m(\lim_{k\to\infty}E_k) = m(\lim_{k\to\infty}E_1\backslash E_k) \tag{4.2.12}$$

结合式(4.2.11)和式(4.2.12)即得到理想的结论. □

例 4.2.4 设 $\{E_k\}$ 是 $\mathbf{R}^n$ 中的单增集合列, 则

$$m^*(\lim_{k\to\infty}E_k) = \lim_{k\to\infty}m^*(E_k)$$

证明 明显地, 有

$$m^*(\lim_{k\to\infty}E_k) \geqslant \lim_{k\to\infty}m^*(E_k)$$

因此只要证明

$$m^*(\underline{\lim_{k\to\infty}}E_k) \leqslant \underline{\lim_{k\to\infty}}m^*(E_k) \tag{4.2.13}$$

假如$\underline{\lim\limits_{k\to\infty}}m^*(E_k)=\infty$，则式(4.2.13)成立. 现假设$\underline{\lim\limits_{k\to\infty}}m^*(E_k)<\infty$，则对于任意的$k\in\mathbf{N}$，$m^*(E_k)<\infty$. 由例 4.1.4 可知，对于任意的$\varepsilon>0$，存在开集$G_k\supset E_k$使得$m^*(G_k\setminus E_k)<\varepsilon$. 令$P_k=\bigcap\limits_{l=k}^{\infty}G_l$，则$\{P_k\}$是单增的可测集合列，$E_k\subset P_k$且$m^*(P_k)<m^*(E_k)+\varepsilon$. 由定理 4.2.5 知

$$m^*(\underline{\lim_{k\to\infty}}E_k)=m^*(\bigcup_{k=1}^{\infty}E_k)\leqslant m(\bigcup_{k=1}^{\infty}P_k)=\lim_{k\to\infty}m^*(P_k)\leqslant\underline{\lim_{k\to\infty}}m^*(E_k)+\varepsilon$$

这就建立了式(4.2.13). □

利用 Cantor 集是可测集且测度等于零这一事实，可以证明：$\mathscr{M}_n$具有基数2^c(具体证明留作习题)，而$\mathbf{R}^n$的所有子集组成的集合也具有基数2^c，这表明$\mathbf{R}^n$中的可测集是相当多的. 但是，是否$\mathbf{R}^n$的所有子集都是可测集呢？为简单起见，下面的讨论仅限于$\mathbf{R}$.

对于任意一个$x\in[0, 1]$，令

$$E(x)=\{y\in[0, 1]: y-x\text{ 是有理数}\}$$

明显地，对于任意的$x_1, x_2\in[0, 1]$，要么$E(x_1)\cap E(x_2)=\varnothing$，要么$E(x_1)=E(x_2)$，且$E(x_1)=E(x_2)$的充分必要条件是$x_1-x_2$是有理数；又$x\in E(x)$以及$\bigcup\limits_{x\in[0, 1]}E(x)=[0, 1]$，则可以得到$[0, 1]$的一个真子集$F$，使得

(1) 对于任意的$x_1, x_2\in F$，$E(x_1)\cap E(x_2)=\varnothing$.

(2) $[0, 1]=\bigcup\limits_{x\in F}E(x)$.

设$\{r_k\}$是$[-1, 1]$中的全体有理数，并令

$$F_k=\{x+r_k: x\in F\}$$

则有

(3) 对于任意两个不相等的正整数k、j，$F_k\cap F_j=\varnothing$.

事实上，假如$F_k\cap F_j\neq\varnothing$，则存在$u$、$v\in F$以及有理数$x$、$y$使得$u+x=v+y$，从而$u-v=y-x$，这样就有$E(u)=E(v)$，矛盾.

(4) $[0, 1]\subset\bigcup\limits_{k=1}^{\infty}F_k\subset[-1, 2]$.

事实上，$\bigcup\limits_{k=1}^{\infty}F_k\subset[-1, 2]$是明显的. 为说明$[0, 1]\subset\bigcup\limits_{k=1}^{\infty}F_k$，只要注意到对于任意的$x\in[0, 1]$，必有$u\in F$使得$x\in E(u)$，因此$x-u$是有理数，进而知道存在某个$k$使得$x-u=r_k$，所以$x\in F_k$.

现在来证明F是不可测集. 假如F是可测的，则由定理 4.2.1 知，对于任意的正整数k，F_k也是可测集且$m(F_k)=m(F)$. 利用$\{F_k\}$的相互不交性和测度的可数可加性可知

$$m(\bigcup_{k=1}^{\infty} F_k) = \sum_{k=1}^{\infty} m(F_k)$$

$\bigcup\limits_{k=1}^{\infty} F_k$或者是零测度集，或者测度等于无穷大. 这与$[0, 1]\subset \bigcup\limits_{k=1}^{\infty} F_k \subset [-1, 2]$这一事实矛盾，因此 F 不是可测集.

习　题

1. 设 A_1，$A_2 \subset \mathbf{R}^n$，假如存在相互不交的可测集合 B_1、B_2 使得 $A_1 \subset B_1$，$A_2 \subset B_2$，证明：$m^*(A_1) + m^*(A_2) = m^*(A_1 \cup A_2)$.

2. 设$\{E_k\}$是区间$[0, 1]$中的可测集列，且 $m(E_k)=1$，证明：$m(\bigcap\limits_{k=1}^{\infty} E_k)=1$.

3. 利用例 4.1.4 可以发现，假如 $E\subset \mathbf{R}^n$，且 $m^*(E)<\infty$，则对于任意的正整数 k，可以找到开集 $G_k \supset E$，使得 $m(G_k)<m^*(E)+1/k$. 现令 $G=\bigcap\limits_{k=1}^{\infty} G_k$，则 $m(G)=m^*(E)$，而 $G\supset E$ 是可测集，G 和 E 相差一个零测度集，所以 E 也可测. 这里论证过程的问题出在哪里？

4. 设 f 是 $\mathbf{R}^n$ 上的连续函数，记 $G_f(\mathbf{R}^n)=\{(x, y): x\in \mathbf{R}^n, y=f(x)\}$，证明：$G_f(\mathbf{R}^n)$ 是 $\mathbf{R}^{n+1}$ 中的零测度集.

5. 设 Φ 是 $\mathbf{R}^n$ 到 $\mathbf{R}^n$ 的一一对应，且对于任意的 $A\subset \mathbf{R}^n$，都有 $m^*(\Phi(A))=m^*(A)$，证明：对于任意的 $E\in \mathscr{M}_n$，$\Phi(E)\in \mathscr{M}_n$.

6. 计算 $m(E)$，其中 $E=\{x\in[0, 1]: f(x)\geqslant 0\}$，其中 $f(x)=x\cos(\pi/x)$.

7. 设 $E\subset \mathbf{R}^n$，证明：$E\in \mathscr{M}_n$的充分必要条件是对于任意的 $r>0$，$E\cap B(0, r)\in \mathscr{M}_n$.

8. 设$\{E_k\}\subset \mathbf{R}^n$是一列可测集.

(1) 证明：$m(\varliminf\limits_{k\to\infty} E_k)\leqslant \varliminf\limits_{k\to\infty} m(E_k)$；

(2) 假如存在 k_0 使得 $m(\bigcup\limits_{k=k_0}^{\infty} E_k)<\infty$，证明：$m(\varlimsup\limits_{k\to\infty} E_k)\geqslant \varlimsup\limits_{k\to\infty} m(E_k)$；

(3) 假如 $m(\bigcup\limits_{k=1}^{\infty} E_k)<\infty$且$\lim\limits_{k\to\infty} E_k$存在，证明：$m(\lim\limits_{k\to\infty} E_k)=\lim\limits_{k\to\infty} m(E_k)$.

9. 设 $E\subset \mathbf{R}$ 是可测集且 $m(E)>0$，证明：E 有不可测子集.

10. 设 $E\subset \mathbf{R}$，$m(E)>0$，证明：存在 x，$y\in E$ 使得 $x-y$ 是有理数.

11. 设 f 是 $\mathbf{R}^n$ 上的函数，且对于 $\mathbf{R}^n$ 中任意的可测集 E，$f(E)$是 $\mathbf{R}$ 上的可测集. 证明：f 将 $\mathbf{R}^n$ 中的零测度集映射为 $\mathbf{R}$ 中的零测度集.

12. 设 $E\subset \mathbf{R}^n$，$0<m(E)<\infty$，证明：存在测度等于 $m(E)$ 的开集列$\{G_k\}$使得 $m(E\Delta G_k)\to 0$.

4.3　Lebesgue 可测集与 Borel 集

我们知道：$\mathbf{R}^n$ 中的可测集的全体 $\mathscr{M}_n$ 是一个包含所有方体的 σ-代数，而 $\mathscr{B}_n$ 是 $\mathbf{R}^n$ 中所有开方体生成的最小的 σ-代数. 显然，$\mathscr{B}_n \subset \mathscr{M}_n$，但若停留在这个认识上无疑是很肤浅的. 本节的目的是深入地研究可测集与 Borel 集的关系. 为此，我们从可测集与开集、闭集的关系开始.

由 Lebesgue 测度的定义和例 4.1.4 可知：可测集可能和一列包含集合 E 的单调下降的开集的极限差不多. 为了用严格的数学语言描述这个事实，下面给出可测集的一些特征刻画，这些特征刻画反映了可测集与开集(闭集)的关系.

定理 4.3.1　设 $E \subset \mathbf{R}^n$，则下列各条件是等价的.

(1) E 是可测集；

(2) 任给 $\varepsilon > 0$，存在包含 E 的开集 G 使得 $m^*(G \backslash E) < \varepsilon$；

(3) 对于任意的 $\varepsilon > 0$，存在包含于 E 的闭集 F 使得 $m^*(E \backslash F) < \varepsilon$.

证明　先证明条件(1)隐含条件(2). 若 E 可测且 $m(E) < \infty$，则由例 4.1.4 可知，对于任意的 $\varepsilon > 0$，存在开集 $G \supset E$ 使得 $m(G) < m(E) + \varepsilon$，因此 $m(G \backslash E) < \varepsilon$. 对于一般的可测集 E，取 $E_0 = E \cap \{x: |x| \leqslant 1\}$ 以及 $E_k = E \cap \{x: 2^{k-1} < |x| \leqslant 2^k\}(k \in \mathbf{N})$，则对于任意的整数 $k \geqslant 0$，E_k 是可测集，从而对于任意的 $\varepsilon > 0$，存在开集 $G_k \supset E_k$ 使得 $m(G_k \backslash E_k) < \varepsilon / 2^{k+1}$. 令 $G = \bigcup_{k=0}^{\infty} G_k$，这个 G 就是我们要找的开集.

再证明条件(2)隐含条件(1). 对于任意的正整数 k，由条件(2)可知：存在开集 $G_k \supset E$ 使得 $m^*(G_k \backslash E) < 1/k$. 令 $G = \bigcap_{k=1}^{\infty} G_k$，则 $m^*(G \backslash E) = 0$. 又由于 $E = G \backslash (G \backslash E)$，因此 E 是可测集.

为证明条件(1)隐含条件(3)，可利用条件(1)和条件(2)的等价性. 对于任意的 $\varepsilon > 0$，由于 E 可测，E^c 也是可测集，于是由条件(2)可知：存在开集 $G \supset E^c$ 使得 $m(G \backslash E^c) < \varepsilon$，于是 $m(E \backslash G^c) = m(G \backslash E^c) < \varepsilon$. 这个 $F = G^c$ 就是我们要找的闭集.

最后证明条件(3)隐含条件(1). 由条件(3)可知：对于任意的 $\varepsilon > 0$，存在包含于 E 的闭集 F 使得 $m^*(E \backslash F) < \varepsilon$，所以存在包含 E^c 的开集 G 使得 $m^*(G \backslash E^c) < \varepsilon$，再由条件(2)和条件(1)的等价性可知：$E^c$ 是可测集，从而 E 是可测集. □

推论 4.3.1　设 $E \subset \mathbf{R}^n$，记

$$m_*(E) = \sup\{m(F): F \subset E, F \text{ 是闭集}\} \tag{4.3.1}$$

(它称为集合 E 的内测度).

(1) 假如 E 是可测集且 $m(E)<\infty$，则 $m_*(E)=m(E)$；

(2) 假如 $m^*(E)=m_*(E)<\infty$，则 E 是可测集.

证明 先证明结论(1). 假如 E 可测，则由测度的单调性可知：$m(E)\geqslant m_*(E)$. 另一方面，由定理 4.3.1 可知：对于任意的 $\varepsilon>0$，存在闭集 $F\subset E$ 使得 $m(E)<m(F)+\varepsilon$，从而

$$m(E)\leqslant m_*(E)+\varepsilon$$

综合上述估计就得到 $m(E)=m_*(E)$.

再证明结论(2). 假如 $m^*(E)=m_*(E)<\infty$，则对于任意的 $\varepsilon>0$，存在闭集 $F\subset E$ 使得 $m(F)>m_*(E)-\varepsilon/2$，于是 $m^*(E)<m(F)+\varepsilon/2$，由例 4.1.4 还可以找到开集 $G\supset E$，使得 $m(G)<m^*(E)+\varepsilon/2$，所以 $m(G\backslash F)<\varepsilon$. 再利用定理 4.3.1 即知 E 是可测集. □

如果说集合的外测度类似于定积分中的 Darboux 上和，那么式(4.3.1)定义的内测度就类似于定积分中的 Darboux 下和. 推论 4.3.1 表明：对于外测度有限的集合来说，可测集的定义本质上和定积分的定义方式是一致的.

下面的结论是定理 4.3.1 的另一种形式，它更清楚地揭示了可测集与开集、闭集的关系.

定理 4.3.2 设 $E\subset\mathbf{R}^n$，则下面三个条件等价.

(1) E 是可测集；

(2) 存在一列包含 E 的单减开集列 $\{G_k\}$，使得 $\lim\limits_{k\to\infty}G_k=E\cup S$，其中 S 是一个零测度集合；

(3) 存在一列单增的包含于 E 的闭集列 $\{F_k\}$，使得 $E=T\cup(\lim\limits_{k\to\infty}F_k)$，其中 T 是一个零测度集合.

证明 这里只证明条件(1)和条件(2)等价. 条件(2)隐含条件(1)是明显的. 现假设条件(1)成立，则对于任意的正整数 k，可以找到包含 E 的开集 $\widetilde{G}_k$ 使得 $m(\widetilde{G}_k\backslash E)<1/k$. 令

$$G_1=\widetilde{G}_1,\ G_2=\widetilde{G}_2\cap\widetilde{G}_1,\ \cdots,\ G_k=\bigcap_{j=1}^{k}\widetilde{G}_j,\ \cdots$$

由于有限个开集之交仍是开集，所以 $\{G_k\}$ 就是我们要找的开集列. □

Borel 集的定义告诉我们：开集、闭集，开集列的极限、闭集列的极限都是 Borel 集. 再结合定理 4.3.2 即知，Borel 集和可测集仅仅相差一个零测度集合，由此可以看出：Borel 引进的测度[①]非常接近于 Lebesgue 测度.

现在来讨论 $\mathscr{M}_n$ 和 $\mathscr{B}_n$ 的包含关系. 由定理 4.3.2 可知：命题"$\mathbf{R}^n$ 中的零测度集合都是 Borel 集"和命题"$\mathscr{M}_n=\mathscr{B}_n$"是等价的. 这样，"$\mathscr{M}_n$ 和 $\mathscr{B}_n$ 是否相同"就转化为"$\mathbf{R}^n$ 中的零测度集合是否必为 Borel 集". 对此，我们有下面的结论.

定理 4.3.3 在 $\mathbf{R}^n$ 中，存在不是 Borel 集的零测度集合；换言之，$\mathscr{B}_n$ 是 $\mathscr{M}_n$ 的真子集.

---

① 见 1.2 节.

证明　为简单起见，仅证明定理 4.3.3 在 $\mathbf{R}$ 上成立. 下面以$\{I_k\}$表示 Cantor 集构造过程中从$[0, 1]$中挖去的那些开区间，$G=\bigcup_{k=1}^{\infty} I_k$，以 f 表示 3.3 节中定义的 Cantor 函数，它是$[0, 1]$上的单增连续函数，在每一个 I_k上恒等于一个常数，且 $f([0, 1])=[0, 1]$. 现在令

$$g(x) = f(x) + x,\ x \in [0, 1]$$

则 g 在$[0, 1]$上连续、严格单增. 注意到 $g(I_k)$是 I_k关于某个常数 a_k的平移，从而有 $m(g(G))=1$. 另一方面，由于 $g([0, 1])=[0, 2]$，利用 $g(C)$与 $g(G)$相互不交这一事实可得

$$m(g(C)) = 2 - m(g(G)) = 1$$

如 4.2 节习题 9 所述，可以构造 $g(C)$的一个不可测子集 E，明显地，$g^{-1}(E)\subset C$，当然是零测度集，但它不是 Borel 集，否则由定理 3.3.2 就推出 $E=g(g^{-1}(E))$是 Borel 集，这当然是不可能的. □

下面利用定理 4.3.1 来讨论高维空间中的可测集与低维空间中的可测集的关系.

定理 4.3.4　设 E_1、E_2分别是 $\mathbf{R}^n$、$\mathbf{R}^k$中的可测集，则它们的直积 $E_1\times E_2$是 $\mathbf{R}^{n+k}$中的可测集且 $m_{n+k}(E_1\times E_2)=m_n(E_1)\times m_k(E_2)$.

证明　从最简单的情形开始. 假如 E_1、E_2分别是 $\mathbf{R}^n$、$\mathbf{R}^k$中的方体，则 $E_1\times E_2$是 $\mathbf{R}^{n+k}$中的矩体且$|E_1\times E_2|=|E_1|\times|E_2|$，故有 $m_{n+k}(E_1\times E_2)=m_n(E_1)m_k(E_2)$.

假如 E_1、E_2分别是 $\mathbf{R}^n$、$\mathbf{R}^k$中的开集，由定理 3.2.4 可知 $E_1=\bigcup\limits_i Q_{1,i}$，$E_2=\bigcup\limits_j Q_{2,j}$，其中$\{Q_{1,i}\}$、$\{Q_{2,j}\}$分别是 $\mathbf{R}^n$、$\mathbf{R}^k$中至多可数个半开二进方体，则 $E_1\times E_2=\bigcup\limits_{i,j}(Q_{1,i}\times Q_{2,j})$，明显地$\{Q_{1,i}\times Q_{2,j}\}$是 $\mathbf{R}^n\times\mathbf{R}^k$中至多可数个相互不交的矩体，所以 $E_1\times E_2$可测且

$$\begin{aligned} m_{n+k}(E_1\times E_2) &= \sum_{i\geqslant 1,\ j\geqslant 1} |Q_{1,i}||Q_{2,j}| \\ &= \sum_{i\geqslant 1} |Q_{1,i}| \sum_{j\geqslant 1} |Q_{2,j}| \\ &= m_n(E_1)m_k(E_2) \end{aligned}$$

现假设 E_1、E_2都是有界可测集. 任给 $\varepsilon>0$，存在 $\mathbf{R}^n$中的开集 G_n和闭集 F_n，使得 $G_n\supset E_1\supset F_n$，且 $m_n(G_n\backslash F_n)<\varepsilon$；同样，存在 $\mathbf{R}^k$中的开集 G_k和闭集 F_k，使得 $G_k\supset E_2\supset F_k$，且 $m_k(G_k\backslash F_k)<\varepsilon$. 于是 $G_n\times G_k$、$F_n\times F_k$分别是 $\mathbf{R}^{n+k}$中的开集和闭集. 注意到

$$(G_n\times G_k)\backslash(F_n\times F_k) = ((G_n\backslash F_n)\times G_k)\cup(G_n\times(G_k\backslash F_k))$$

以及 $G_n\backslash F_n$、$G_k\backslash F_k$都是开集，由已经证明的结果，有

$$\begin{aligned} m_{n+k}((G_n\times G_k)\backslash(F_n\times F_k)) &\leqslant m_{n+k}((G_n\backslash F_n)\times G_k) + m_{n+k}(G_n\times(G_k\backslash F_k)) \\ &\leqslant m_n(G_n\backslash F_n)m_k(G_k) + m_k(G_k\backslash F_k)m_n(G_n) \\ &\leqslant \varepsilon(m_n(E_1) + m_k(E_2) + 2\varepsilon) \end{aligned}$$

再由定理 4.3.1 即知 $E_1\times E_2$ 是 $\mathbf{R}^n\times\mathbf{R}^k$ 中的可测集. 另一方面，直接计算容易得到

$$m_{n+k}(E_1\times E_2)\leqslant m_{n+k}(G_n\times G_k)=m_n(G_n)m_k(G_k)<(m_n(E_1)+\varepsilon)(m_k(E_2)+\varepsilon)$$

以及

$$m_n(E_1)m_k(E_2)-\varepsilon\leqslant m_n(G_n)m_k(G_k)-\varepsilon=m_{n+k}(G_n\times G_k)-\varepsilon\leqslant m_{n+k}(E_1\times E_2)$$

这意味着 $m_{n+k}(E_1\times E_2)=m_n(E_1)m_k(E_2)$.

最后考虑 E_1、E_2 分别是 $\mathbf{R}^n$、$\mathbf{R}^k$ 中可测集的情形. 令

$$E_1^{(1)}=E_1\cap\{x\in\mathbf{R}^n:|x|<1\}$$

$$E_1^{(j)}=E_1\cap\{x\in\mathbf{R}^n:j-1\leqslant|x|<j\},\ j\in\mathbf{N},\ j\geqslant 2$$

$$E_2^{(1)}=E_2\cap\{x\in\mathbf{R}^k:|x|<1\}$$

$$E_2^{(j)}=E_2\cap\{x\in\mathbf{R}^k:j-1\leqslant|x|<j\},\ j\in\mathbf{N},\ j\geqslant 2$$

则

$$E_1\times E_2=\bigcup_{j=1}^{\infty}\bigcup_{l=1}^{\infty}(E_1^{(j)}\times E_2^{(l)})$$

由已经证明的结果和测度的可数可加性得知 $E_1\times E_2$ 可测且

$$m_{n+k}(E_1\times E_2)=\sum_{j=1}^{\infty}\sum_{l=1}^{\infty}m_n(E_1^{(j)})m_k(E_2^{(l)})=m_n(E_1)m_k(E_2)$$ □

定理 4.3.5 设 $E\subset\mathbf{R}^n$ 是可测集，令 $E^{(-)}=\{(x,y):x-y\in E\}$，则 $E^{(-)}$ 是 $\mathbf{R}^n\times\mathbf{R}^n$ 中的可测集.

证明 首先断言：若 $E\subset\mathbf{R}^n$ 且 $m^*(E)<\infty$，则对于任意的 $s>0$，有

$$m_{2n}^*(E^{(-)}\cap[-s,s]^{2n})\leqslant(2s)^n m^*(E) \tag{4.3.2}$$

事实上，假如 $E=\prod_{k=1}^{n}(a_k,b_k]$ 是 $\mathbf{R}^n$ 中的半开矩体，令

$$\mathscr{E}_k^{(-)}=\{(x_k,y_k)\in\mathbf{R}\times\mathbf{R}:x_k-y_k\in(a_k,b_k]\}$$

则 $\mathscr{E}_k^{(-)}$ 是 $\mathbf{R}^2$ 中位于两条直线 $x-y=a_k$ 和 $x-y=b_k$ 之间的带形，从而 $\mathscr{E}_k^{(-)}\cap[-s,s]^2$ 是 $\mathbf{R}^2$ 中的可测集，其测度小于 $2s(b_k-a_k)$. 再利用定理 4.3.4 即知

$$E^{(-)}\cap[-s,s]^{2n}=\prod_{k=1}^{n}\mathscr{E}_k^{(-)}\cap[-s,s]^2$$

在 $\mathbf{R}^n\times\mathbf{R}^n$ 中可测且其测度小于 $(2s)^n m(E)$. 这证实了当 E 是半开矩体时，式(4.3.2)成立.

假如 E 是 $\mathbf{R}^n$ 中的开集，利用开集的分解定理可知：E 等于 $\mathbf{R}^n$ 中一列相互不交的半开方体 $\{I_j\}$ 的并，所以 $E^{(-)}=\bigcup_j I_j^{(-)}$，从而

$$m_{2n}^*(E^{(-)}\cap[-s,s]^{2n})=\sum_{j=1}^{\infty}m(I_j^{(-)}\cap[-s,s]^{2n})\leqslant(2s)^n\sum_{j=1}^{\infty}m^*(I_j)=(2s)^n m(E)$$

式(4.3.2)也成立.

对于一般的 $E\subset\mathbf{R}^n$，可以取一列包含 E 的开集列 $\{G_j\}$，$\lim\limits_{j\to\infty}m(G_j)=m^*(E)$. 因此，对

于任意正整数 j，有

$$m_{2n}^*(E^{(-)}\cap[-s,s]^{2n})\leqslant m^*(G_j^{(-)}\cap[-s,s]^{2n})\leqslant(2s)^n m(G_j)$$

再结合前面已经证明的事实就表明断言成立.

现在可以完成定理的证明了. 明显地，只要证明对于任意的 $s>0$，$E^{(-)}\cap[-s,s]^{2n}$ 在 $\mathbf{R}^n\times\mathbf{R}^n$ 中可测即可. 任给 $\varepsilon>0$，由定理 4.3.1 知，可以取开集 G 和闭集 F，使得 $F\subset E\subset G$，且 $m(G\backslash F)<\varepsilon/(2s)^{2n}$. 容易验证 $G^{(-)}$、$F^{(-)}$ 分别是 $\mathbf{R}^n\times\mathbf{R}^n$ 中的开集和闭集且

$$\begin{aligned}m((G^{(-)}\cap[-s,s]^{2n})\backslash(F^{(-)}\cap[-s,s]^{2n}))&\leqslant m((G\backslash F)^{(-)}\cap[-s,s]^{2n})\\&\leqslant(2s)^{2n}m(G\backslash F)\end{aligned}$$

这隐含着

$$\begin{aligned}&m((G^{(-)}\cap(-s-\varepsilon/2,s+\varepsilon/2)^{2n})\backslash(F^{(-)}\cap[-s,s]^{2n}))\\&\leqslant m((G^{(-)}\cap[-s,s]^{2n})\backslash(F^{(-)}\cap[-s,s]^{2n}))\\&\quad+m((G^{(-)}\cap(-s-\varepsilon/2,s+\varepsilon/2)^{2n})\backslash(G^{(-)}\cap[-s,s]^{2n}))\\&\leqslant\varepsilon^{2n}+\varepsilon\end{aligned}$$

再利用定理 4.3.1 以及 $G^{(-)}\cap(-s-\varepsilon/2,s+\varepsilon/2)^{2n}$ 是 $\mathbf{R}^n\times\mathbf{R}^n$ 中的开集、$F^{(-)}\cap[-s,s]^{2n}$ 是 $\mathbf{R}^n\times\mathbf{R}^n$ 中的闭集等事实，就得到 $E^{(-)}\cap[-s,s]^{2n}$ 的可测性. □

习　题

1. 设 $A, B\subset\mathbf{R}^n$ 且 $m^*(A)+m^*(B)<\infty$，假如 $A\cup B$ 可测且 $m(A\cup B)=m^*(A)+m^*(B)$，证明：A 和 B 都是可测集.

2. 利用前题的结论，构造相互不交的集合 A、B，使得 $m^*(A\cup B)<m^*(A)+m^*(B)$.

3. 设 $E\subset\mathbf{R}^n$ 是一个可测集且 $m(E)<\infty$，证明：对于任意的 $\varepsilon>0$，存在 E 的紧子集 F，使得 $m(E\backslash F)<\varepsilon$.

4. 设 $E\subset\mathbf{R}^n$ 是可测集，$\lambda\in\mathbf{R}$，$x_0\in\mathbf{R}^n$，证明：$F=\{\lambda x+x_0: x\in E\}$ 是可测集合且 $m(F)=|\lambda|^n m(E)$.

5. 设 $E\subset(0,\infty)$ 是可测集，$\lambda>0$，令

$$E^\lambda=\{x^\lambda: x\in E\}$$

证明：E^λ 是可测集.

第 5 章 Lebesgue 可测函数

第 1 章中曾提到，为在不涉及连续性的前提下引进函数在$[a, b]$上的新积分，必须要引进一个新的函数类：这个函数类中的任一函数 f，对于 $f([a, b])$的任意分割$\{y_i\}_{0\leqslant i\leqslant k}$，集合$\{x\in[a, b]: y_{i-1}\leqslant f(x)<y_i\}$是可测的. 如同我们将要看到的定理 5.1.1，只需要求对于任意的实数λ，集合$\{x\in[a, b]: f(x)>\lambda\}$是可测的. 满足这一要求的函数就是本章要介绍的可测函数. 我们希望把有关讨论从区间$[a, b]$上扩展到一般实数集 E，但必须保证常数函数是 E 上的可测函数，这就需要限制 E 是可测集.

在初等数学上，我们关注的是函数的初等性质——增减性、奇偶性、周期性，而在数学分析中，关注的则是函数的分析性质——连续性、可微性、可积性，但对分析性质不好的函数，如 Dirichlet 函数，数学分析中基本上没有给予什么关注. 其实某些在数学分析中被认为是性质不好的函数并不是“太差”，细心的读者可能已经注意到了：Dirichlet 函数与 $f(x)\equiv 0$ 只在一个零测度集上不同，而 $f(x)\equiv 0$ 是一个性质好的函数. 正如本章中关于可测函数的结论(Lusin 定理)所指出的，可测函数虽然不一定是连续函数，但它们和连续函数“很接近”，即在测度论的理论框架内做一个“小范围的处理”就可以将其改造成连续函数.

本章中涉及的函数，可以在其定义域内某些点处取∞或$-\infty$，我们把函数值可以取∞、$-\infty$的函数称为**广义实值函数**. 同时，约定：对于任意的实数 a，有

(1) $-\infty<a<\infty$且

$$a+(\infty)=(\infty)+a=\infty,\ a-(\infty)=(-\infty)+a=-\infty,\ a-(-\infty)=\infty$$

(2)

$$a\cdot(\pm\infty)=\begin{cases}0, & a=0\\ \pm\infty, & a>0\\ \mp\infty, & a<0\end{cases}$$

(3) $\dfrac{a}{\infty}=\dfrac{a}{-\infty}=0$，而$\dfrac{\pm\infty}{a}=\pm\infty\cdot\dfrac{1}{a}$，这里 $a\neq 0$.

此外，关于∞和$-\infty$之间的运算，有如下约定：

(1) $\infty+\infty=\infty$，$\infty-(-\infty)=\infty$；

(2) $\infty\cdot(\infty)=(-\infty)\cdot(-\infty)=\infty$，$-\infty\cdot(\infty)=\infty\cdot(-\infty)=-\infty$；

(3) $-\infty-\infty=-\infty$.

值得注意的是，$\infty-\infty$，$-\infty+\infty$以及$\frac{\infty}{\infty}$和$\frac{-\infty}{\infty}$等都没有意义.

5.1 Lebesgue 可测函数

下面按照本章开始时所述的方式定义 $\mathbf{R}^n$ 中可测集上的可测函数.

定义 5.1.1 设 $E\subset\mathbf{R}^n$ 是可测集，f 是 E 上的广义实值函数. 假如对于任意的 $\alpha\in\mathbf{R}$，

$$E(f>\alpha)=\{x\in E: f(x)>\alpha\}$$

都是可测集，则称 f 是 E 上的 **Lebesgue 可测函数**，简称 f 是 E 上的可测函数或 f 在 E 上可测.

例 5.1.1 设 $E\subset\mathbf{R}^n$ 是可测集，E_0 是 E 的可测子集，则 E_0 的特征函数 χ_{E_0} 是 E 上的可测函数.

只要注意到对于任意的 $\alpha\in\mathbf{R}$，有

$$E(\chi_{E_0}>\alpha)=\begin{cases}\varnothing, & \alpha\geqslant 1,\\ E_0 & 0\leqslant\alpha<1\\ E, & \alpha<0\end{cases}$$

就可以立即得到例 5.1.1 的结论. 进一步，容易看出：若 $E\subset\mathbf{R}^n$ 是可测集，$E_0\subset E$，则 χ_{E_0} 在 E 上可测的充分必要条件是 E_0 是可测集. 特别地，由例 5.1.1 可知：Dirichlet 函数是 $[0, 1]$ 上的可测函数.

例 5.1.2 定义于零测度集合上的任意广义实值函数都可测.

注意到零测度集合的任意子集仍是零测度集，当然也是可测集，因此定义于零测度集合上的任意函数都是可测的.

例 5.1.3 设 $E\subset\mathbf{R}^n$ 是可测集，f、g 是 E 上的广义实值函数. 假如

$$E(f\neq g)=\{x\in E: f(x)\neq g(x)\}$$

是零测度集，容易证明：f 在 E 上可测的充分必要条件是 g 在 E 上可测.

在可测集的一个零测度子集上改变函数的值，不影响函数在这个可测集上的可测性，因此，在考虑函数的可测性时，可以不考虑该函数在某个特定的零测度子集上的具体定义.

关于可测函数的特征刻画，有下面的结论.

定理 5.1.1 设 $E\subset\mathbf{R}^n$ 是可测集，f 是 E 上的广义实值函数，则下面的条件是等价的.

(1) f 是 E 上的可测函数；

(2) 对于任意的 $c\in\mathbf{R}$，$E(f\geqslant c)$是可测集；

(3) 对于任意的 $c\in\mathbf{R}$，$E(f<c)$是可测集；

(4) 对于任意的 $c\in\mathbf{R}$，$E(f\leqslant c)$是可测集；

(5) 对于任意的$-\infty<c_1<c_2<\infty$，$E(c_1\leqslant f<c_2)$是可测集.

证明 因为

$$E(f\geqslant c)=\bigcap_{k=1}^{\infty}E(f>c-1/k),\ E(f\leqslant c)=\bigcap_{k=1}^{\infty}E(f<c+1/k)$$

$$E(c_1\leqslant f<c_2)=E(f\geqslant c_1)\cap E(f<c_2),\ E(f\geqslant c_1)=\bigcup_{k=1}^{\infty}E(c_1\leqslant f<k)$$

所以定理 5.1.1 可以由可测集的运算性质直接推出. □

例 5.1.4 设 $E\subset\mathbf{R}^n$ 是可测集，f 是沿 E 连续的实值函数，则 f 是 E 上的可测函数.

证明 若 $E\subset\mathbf{R}^n$ 是闭集，f 沿 E 连续，利用 f 的连续性和闭集的定义，容易验证：对于任意的 $\lambda\in\mathbf{R}$，$E(f\geqslant\lambda)$也是闭集.

现在假设 $E\subset\mathbf{R}^n$ 是可测集，f 是沿 E 连续的实值函数. 由可测集与 Borel 集的关系可知：$E=F\cup E_0$，其中 $F=\bigcup_{k=1}^{\infty}F_k$，$\{F_k\}$是一列闭集而 E_0 是一个零测度集合. 这样，对于任意的 $\alpha\in\mathbf{R}$，有

$$E(f\geqslant\alpha)=\Big(\bigcup_{k=1}^{\infty}F_k(f\geqslant\alpha)\Big)\cup E_0(f\geqslant\alpha)$$

由于 f 沿 E 连续，因此它沿 F_k 连续. 前面已经证明 $F_k(f\geqslant\alpha)$是可测集，而集合 $E_0(f\geqslant\alpha)$明显可测，从而 $E(f\geqslant\alpha)$可测. 这就完成了结论的证明. □

利用定理 5.1.1，容易验证下述推论(留作习题).

推论 5.1.1 设 E 是可测集，f、g 是 E 上的可测函数，则

(1) $E(f=\infty)$、$E(f=-\infty)$、$E(f=c)(c\in\mathbf{R})$都是可测集；

(2) $E(f>g)$是可测集.

我们知道：若 $E\subset\mathbf{R}^n$ 是可测集，f 是 E 上的可测函数，则对于任意的 $c\in\mathbf{R}$，$E(f=c)$可测. 但这个结论的逆不成立. 例如下面的例题.

例 5.1.5 设 D 是 $E=[1,2]$的不可测子集，令

$$g(x)=\begin{cases}1, & x\in D\\ -1, & x\in E\backslash D\end{cases}$$

以及 $f(x)=xg(x)$. 明显地，对于 $\alpha\in(0,1)$，有

$$E(f>\alpha)=D(f>\alpha)=D$$

因此 f 在 E 上不可测，但是对于任意的实数 c，$E(f=c)$是可测集.

例 5.1.6 设 $E\subset\mathbf{R}^n$ 是可测集，f 是定义于 E 的广义实值函数. 假如对于任意有理数

r，集合 $E(f>r)$ 是可测集，则 f 是 E 上的可测函数.

证明　对于任意的 $c\in\mathbf{R}$，可以取有理数列 $\{r_k\}$，使得 $r_k\uparrow c$（单增收敛于 c），则

$$E(f\geqslant c)=\bigcap_{k=1}^{\infty}E(f>r_k)$$

从而 $E(f\geqslant c)$ 是可测集. □

现在考虑可测函数的运算性质. 对于可测集 E 上的可测函数 f、g，其和函数 $f+g$ 在 E 上不一定有意义. 事实上，如令

$$E_\infty(f,g)=\{x\in E:f(x),g(x)\text{ 中一个为 }\infty\text{，另一个为 }-\infty\}\tag{5.1.1}$$

对于 $x\in E_\infty(f,g)$，$f(x)+g(x)$ 就无法定义. 假如 $m(E_\infty(f,g))>0$，则不能在 E 上合理地定义 $f+g$，但有下面的结论.

定理 5.1.2　设 $E\subset\mathbf{R}^n$，f、g 是 E 上的可测函数.

(1) 对于任意的 $\lambda\in\mathbf{R}$，λf 在 E 上可测；

(2) 假如由式(5.1.1)定义的 $E_\infty(f,g)$ 是零测度集，则 $f+g$ 也在 E 上可测；

(3) fg 也在 E 上可测，进一步，假如 g 在 E 上恒不等于零，则 f/g 也在 E 上可测.

证明　先证明结论(1). 对于 $\lambda\in\mathbf{R}$，有

$$E(\lambda f>\alpha)=\begin{cases}E(f>\alpha/\lambda), & \lambda>0\\ E(f<\alpha/\lambda), & \lambda<0\end{cases}$$

所以 $\lambda\neq 0$ 时 λf 是 E 上的可测函数，而当 $\lambda=0$ 时结论是明显的.

再考虑结论(2). 令 $E^*=E\setminus E_\infty(f,g)$. 只要证明：对于任意的 $\alpha\in\mathbf{R}$，$E^*(f+g>\alpha)$ 是可测集. 注意到

$$E^*(f+g>\alpha)=E^*(|f|<\infty,f+g>\alpha)\cup E^*(|f|=\infty,f+g>\alpha)$$

而

$$E^*(|f|<\infty,f+g>\alpha)=E^*(g>\alpha-f)$$

以及

$$E^*(|f|=\infty,f+g>\alpha)=E^*(f=\infty)$$

由于 $\alpha-f$ 明显是 E^* 上的可测函数，所以利用推论 5.1.1 即知 $E^*(f+g>\alpha)$ 的可测性.

最后证明结论(3). 首先验证当 f 在 E 上可测时，f^2 也在 E 上可测. 事实上，对于任意的 $\alpha\in\mathbf{R}$，有

$$E(f^2>\alpha)=\begin{cases}E, & \alpha<0\\ E(f>\sqrt{\alpha})\cup E(f<-\sqrt{\alpha}), & \alpha\geqslant 0\end{cases}$$

因此 f^2 在 E 上可测. 注意到

$$fg=\frac{(f+g)^2-(f-g)^2}{4}$$

（此时特别约定：当 $\max\{f(x),g(x)\}=\infty$ 且 $\min\{f(x),g(x)\}=-\infty$ 时，$f(x)+g(x)=$

0，而当 $f(x)=g(x)=\infty$ 或者 $f(x)=g(x)=-\infty$ 时，$f(x)-g(x)=0$），因此 fg 是 E 上的可测函数. 另一方面，假如 g 在 E 上可测且恒不等于零，则对于任意的 $\alpha\in\mathbf{R}$，有

$$E(1/g>\alpha)=\begin{cases}E(g<\alpha^{-1})\cup E(g>0), & \alpha<0\\ E(0<g<1/\alpha), & \alpha>0\\ E(g>0), & \alpha=0\end{cases}$$

因此 $1/g$ 也是 E 上的可测函数，从而 f/g 在 E 上可测. □

定理 5.1.3 设 $E\subset\mathbf{R}^n$ 是可测集，$\{f_k\}$ 是 E 上的可测函数列，则

$$\sup_{k\geqslant 1}f_k(x),\ \inf_{k\geqslant 1}f_k(x),\ \overline{\lim_{k\to\infty}}f_k(x),\ \underline{\lim_{k\to\infty}}f_k(x)$$

都是 E 上的可测函数.

定理 5.1.3 可由可测函数的定义直接推出，这里从略.

注意到 $|f(x)|=\max\{f(x),-f(x)\}$，定理 5.1.3 表明：若 f 是可测集合 E 上的可测函数，则 $|f|$ 也在 E 上可测. 反过来，对可测集 E 上的函数 f，假如 $|f|$ 在 E 上可测，未必能得出 f 在 E 上可测. 例 5.1.5 中给出的函数 g 说明了这个事实.

现在再来看例 5.1.1，它给出了构造可测函数最简洁的方法. 利用定理 5.1.2 又可以看出：若 $E_1,\cdots,E_N$ 是可测集 E 的 N 个可测子集，则

$$f(x)=\sum_{k=1}^{N}c_k\chi_{E_k}(x) \tag{5.1.2}$$

也是 E 上的可测函数. 进一步，假如 $E_1,\cdots,E_N$ 两两相互不交，则由式(5.1.2)定义的函数 f 非常类似于数学分析中的阶梯函数.

定义 5.1.2 设 $E\subset\mathbf{R}^n$ 是可测集，N 是正整数，$c_1,\cdots,c_N$ 是 N 个实数，f 是定义于 E 上的实值函数，假如 f 可以表示为

$$f(x)=\sum_{k=1}^{N}c_k\chi_{E_k}(x)$$

其中 $E_k(k=1,\cdots,N)$ 是 E 的可测子集且两两互不相交，$\bigcup\limits_{k=1}^{N}E_k=E$，则称 f 是 E 上的简单函数.

利用简单函数可以建立可测函数的逼近定理.

定理 5.1.4 设 $E\subset\mathbf{R}^n$ 是可测集，f 是 E 上的可测函数，则存在 E 上的简单函数列 $\{f_k\}$，

(1) 对于任意的 $x\in E$，有

$$\lim_{k\to\infty}f_k(x)=f(x) \tag{5.1.3}$$

(2) 当 f 非负时，对于任意的 $x\in E$，$\{f_k(x)\}$ 单增收敛于 $f(x)$；

(3) 当 f 有界时，$\{f_k\}$ 在 E 上一致收敛于 f.

证明 对于固定的正整数 k，令

$$E_+^k = E(f \geqslant k),\ E_-^k = E(f < -k)$$

对于满足$-k2^k+1 \leqslant j \leqslant k2^k$的整数$j$，令

$$E_{k,j} = E\left(\frac{j-1}{2^k} \leqslant f < \frac{j}{2^k}\right)$$

考虑函数

$$f_k(x) = \begin{cases} k, & 若\ f(x) \geqslant k \\ \dfrac{j-1}{2^k}, & 若\ x \in E_{k,j},\ j = -k2^k+1, \cdots, k2^k \\ -k, & 若\ f(x) < -k \end{cases}$$

也就是说

$$f_k(x) = k\chi_{E_+^k}(x) + \sum_{j=-k2^k+1}^{k2^k} \frac{j-1}{2^k}\chi_{E_{k,j}}(x) - k\chi_{E_-^k}(x)$$

如图 5-1-1 所示，它明显是简单函数. 下面证明$\{f_k\}$就是我们所要的函数列.

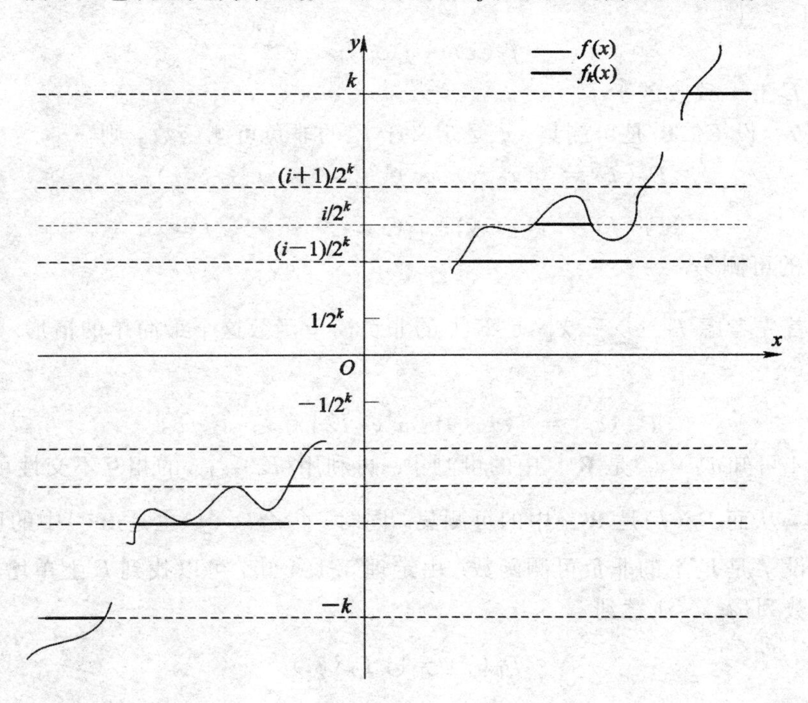

图 5-1-1 $\{f_k\}$的图像

先证明$\{f_k\}$满足结论(1). 对于固定的$x \in E$，考虑如下三种情形.

情形 Ⅰ $f(x)$有限. 此时一定存在N使得当$k>N$时，$-k \leqslant f(x) < k$. 取正整数j_k，$-k2^k+1 \leqslant j_k \leqslant k2^k$，使得$(j_k-1)/2^k \leqslant f(x) < j_k/2^k$，于是有$f_k(x) = (j_k-1)/2^k$，所以

$|f_k(x)-f(x)|<2^{-k}$，进而式(5.1.3)成立.

情形Ⅱ $f(x)=\infty$. 对于任意的自然数 k，$f_k(x)=k$，式(5.1.3)成立.

情形Ⅲ $f(x)=-\infty$. 对于任意的自然数 k，$f_k(x)=-k$，式(5.1.3)明显成立.

现在转向结论(2). 假如 f 是非负可测函数，对于任意的 $x\in E$，$f(x)=\infty$时，$\{f_k(x)\}$明显是单增的. 若 $x\in E$ 使得 $f(x)<\infty$，则存在非负整数 k_0，$k_0\leqslant f(x)<k_0+1$，由 f_k的定义可知 $f_1(x)\leqslant\cdots\leqslant f_{k_0-1}(x)\leqslant f_{k_0}(x)=k_0$；对于任意的 $k>k_0$，可以取正整数 j，使得

$$1\leqslant j\leqslant k2^k \quad 且 \quad \frac{j-1}{2^k}\leqslant f(x)<\frac{j}{2^k}$$

于是 $f_k(x)=\dfrac{j-1}{2^k}$. 另一方面，注意到此时$\dfrac{2j-2}{2^{k+1}}\leqslant f(x)<\dfrac{2j}{2^{k+1}}$，即知 $f_{k+1}(x)=\dfrac{2j-2}{2^{k+1}}$或 $f_{k+1}(x)=\dfrac{2j-1}{2^{k+1}}$，从而 $f_{k+1}(x)\geqslant f_k(x)$. 这就证实了$\{f_k(x)\}$是单增的.

最后验证结论(3). 假如 f 有界，设$|f(x)|\leqslant M$，则对于任意正整数 $k>M$，以及任意的 $x\in E$，有

$$|f_k(x)-f(x)|<2^{-k}$$

从而$\{f_k\}$在 E 上一致收敛于 f. □

例 5.1.7 设 $E\subset\mathbf{R}^n$是可测集，f 是定义于 E 的非负可测函数，则

$$\Gamma_E(f)=\{(x,y):x\in E,0\leqslant y<f(x)\} \tag{5.1.4}$$

$$\widetilde{\Gamma}_E(f)=\{(x,y):x\in E,0\leqslant y\leqslant f(x)\} \tag{5.1.5}$$

都是 $\mathbf{R}^{n+1}$中的可测集.

证明 首先考虑 $f=\sum\limits_{j=1}^{k}c_j\chi_{E_j}$ 是 E 上的非负简单函数这个最简单的情形. 对于任意的$1\leqslant j\leqslant k$，令

$$\Gamma_{E_j}(c_j)=\{(x,y):x\in E_j,0\leqslant y<c_j\}$$

由定理 4.3.4 可知 $\Gamma_{E_j}(c_j)$是 $\mathbf{R}^{n+1}$中的可测集. 再利用$\{E_j\}_{1\leqslant j\leqslant k}$的相互不交性可知：$\Gamma_E(f)=\bigcup\limits_{j=1}^{k}\Gamma_{E_j}(c_j)$，从而 $\Gamma_E(f)$是 $\mathbf{R}^{n+1}$中的可测集. 同时，集合$\widetilde{\Gamma}_E(f)$也是 $\mathbf{R}^{n+1}$中的可测集.

现在假设 f 是 E 上的非负可测函数. 由定理 5.1.4 知，可以找到 E 上单增收敛于 f 的非负简单函数列$\{\phi_k\}$. 注意到

$$\Gamma_E(f)=\bigcup_{k=1}^{\infty}\widetilde{\Gamma}_E(\phi_k)$$

因此 $\Gamma_E(f)$是 $\mathbf{R}^{n+1}$中的可测集. 至于$\widetilde{\Gamma}_E(f)$的可测性，只要注意到$\widetilde{\Gamma}_E(f)$与 $\Gamma_E(f)$仅相差一个零测度集(见本节习题 10)即可. □

习 题

1. 设 $E\subset\mathbf{R}^n$ 是可测集，$\{f_k\}$ 是 E 上的可测函数列，f 是 E 上的可测函数. 假如 $\{f_k\}$ 在 E 上单增收敛于 f，证明：对于任意的 $\alpha\in\mathbf{R}$，函数列 $\{\lambda_{f_k}(\alpha)\}$ 单增收敛于 $\lambda_f(\alpha)$，其中 $\lambda_{f_k}(\alpha)=m(E(f_k>\alpha))$，$\lambda_f(\alpha)=m(E(f>\alpha))$.

2. 设 $E\subset\mathbf{R}^n$ 是可测集，$\{f_\lambda\}_{\lambda\in\Lambda}$ 是 E 上的一族可测函数.

(1) 举例说明：$\sup\limits_{\lambda\in\Lambda}f_\lambda$ 未必在 E 上可测；

(2) 假如对于任意的 $\lambda\in\Lambda$，f_λ 沿 E 连续，证明：$\sup\limits_{\lambda\in\Lambda}f_\lambda(x)$ 是集合 E 上的可测函数.

3. 设 f 是 $\mathbf{R}^n$ 上的可测函数，$E\subset\mathbf{R}$ 是可测集，举例说明：

(1) $f^{-1}(E)$ 不一定是 $\mathbf{R}^n$ 中的可测集；

(2) $f(E)=\{f(x):x\in E\}$ 不一定是 $\mathbf{R}$ 中的可测集.

4. 设 $f(x_1, x_2)$ 是 $[a, b]$ 上的连续函数，g、h 都是区间 $[c, d]$ 上的可测函数且其值域包含于 $[a, b]$，证明：$f(g(x), h(x))$ 是 $[c, d]$ 上的可测函数.

5. 设 E_1、E_2 分别是 $\mathbf{R}^n$、$\mathbf{R}^k$ 中的可测集，$f(x)$ 是 E_1 上的可测函数，证明：$g(x, y)=f(x)$ 作为 $E_1\times E_2$ 上的函数是可测的.

6. 设 E 是 $\mathbf{R}^n$ 中的可测集，f 是 E 上的可测函数，令 $h(x, y)=f(x-y)$，证明：$h(x, y)$ 是 $E^{(-)}$ 上的可测函数，其中 $E^{(-)}=\{(x, y)\in\mathbf{R}^n\times\mathbf{R}^n: x-y\in E\}$.

7. 设 $E_1\subset\mathbf{R}^n$，$E_2\subset\mathbf{R}^m$，假如 E_1、E_2 都是可测集而 f、g 分别是 E_1、E_2 上的可测函数，证明：$f(x)g(y)$ 作为 (x, y) 的函数在 $E_1\times E_2$ 上可测.

8. 设 $E\subset\mathbf{R}^n$，f 是 E 上的广义实值函数，证明：f 在 E 上可测的充分必要条件是，对于 $\mathbf{R}$ 中的任意开集 G，$f^{-1}(G)=\{x\in E: f(x)\in G\}$ 是 $\mathbf{R}^n$ 中的可测集.

9. 设 $E\subset\mathbf{R}^n$，f 是 E 上的实值(处处有限)可测函数，g 是 $\mathbf{R}$ 上的实值函数.

(1) 假如 f 是 E 上的简单函数，证明：$g\circ f$ 也是 E 上的简单函数；

(2) 假如 g 在 R 上连续，证明：$g\circ f$ 是 E 上的可测函数.

10. 设 $E\subset\mathbf{R}^n$ 是可测集，f 是 E 上的实值可测函数，证明：$\{(x, f(x)): x\in E\}$ 是 $\mathbf{R}^{n+1}$ 中的零测度集.

5.2 可测函数列的收敛性

在研究可测函数列的收敛性之前，首先引入一个概念——**几乎处处**.

定义 5.2.1 设 $E\subset\mathbf{R}^n$ 是可测集，P 是某个性质，假如

$$E_{\mathrm{not}P}=\{x\in E\text{：性质 }P\text{ 在 }x\text{ 不成立}\}$$

是零测度集合，则称性质 P 在 E 上几乎处处成立.

例如：

(1) f、g 是 E 上的两个广义实值函数，假如集合 $E(f\neq g)$ 的测度等于零，则称 f 和 g 在 E 上**几乎处处相等**，简记为 $f(x)=g(x)$，a. e. $x\in E$；

(2) f 是 E 上的广义实值函数，假如集合 $E(|f(x)|=\infty)$ 的测度等于零，则称 f 在 E 上**几乎处处有限**，简记为 $|f(x)|<\infty$，a. e. $x\in E$；

(3) $\{f_k\}$ 是 E 上的广义实值函数列，f 是 E 上的广义实值函数，假如集合 $E(\{f_k\}$ 不收敛于 $f)$ 的测度等于零，则称 $\{f_k\}$ 在 E 上**几乎处处收敛**于 f，简记为 $f_k\to f$，a. e. $x\in E$.

例 5.2.1 设 $E\subset\mathbf{R}^n$ 是可测集，f 是 E 上几乎处处有限的可测函数且对某个正整数 k_0，$m(E(|f|>k_0))<\infty$，则对于任意的 $\varepsilon>0$，存在 E 的可测子集 E_ε，使得 $m(E\backslash E_\varepsilon)<\varepsilon$，且 f 在 E_ε 上有界.

证明 对于正整数 k，记 $E_k=E(|f|>k)$，则 E_k 是 E 的可测子集，$E_1\supset\cdots\supset E_k\supset E_{k+1}\cdots$ 且 $E(|f|=\infty)=\lim\limits_{k\to\infty}E_k$. 由 $m(E(|f|=\infty))=0$，$m(E(|f|>k_0))<\infty$ 以及定理 4.2.5 可知：$\lim\limits_{k\to\infty}m(E_k)=0$. 因此，对于任意的 $\varepsilon>0$，存在 k_ε，使得 $m(E_{k_\varepsilon})<\varepsilon$. 令 $E_\varepsilon=E\backslash E_{k_\varepsilon}$，则 f 在 E_ε 上有界且 $m(E\backslash E_\varepsilon)<\varepsilon$. □

值得指出的是：在例 5.2.1 中若去掉假设"对某个正整数 k_0，$m(E(|f|>k_0))<\infty$"，结论将不成立. 事实上，对 $\mathbf{R}$ 上的函数 $f(x)=x$，它在 $\mathbf{R}$ 上处处有限、可测，但不能找到 $\mathbf{R}$ 的可测子集 E_ε，使得 $m(\mathbf{R}\backslash E_\varepsilon)<\varepsilon$ 且 f 在 E_ε 上有界(只要注意到满足 $m(\mathbf{R}\backslash E_\varepsilon)\leqslant\infty$ 的 E_ε 一定是无界集).

例 5.2.2 设 f 是 (a,b) 上的连续函数，假如 f 在 (a,b) 上几乎处处等于零，则 f 在该区间上恒等于零.

证明 设 $E_0\subset(a,b)$，$m(E_0)=0$，f 在 $(a,b)\backslash E_0$ 上恒等于零，则对于任意的 $x\in(a,b)$ 以及任意正整数 j，$(x-1/j,x+1/j)\cap(a,b)$ 中必有 $(a,b)\backslash E_0$ 中的点(否则 $m(E_0)>0$). 因此，可以找到 $(a,b)\backslash E_0$ 中的点列 $\{x_j\}$ 使得 $x_j\to x$. 利用 f 的连续性即知 $f(x)=\lim\limits_{j\to\infty}f(x_j)=0$. □

例 5.2.3 设 Q 是 $\mathbf{R}^n$ 中的方体，f 是 Q 上的几乎处处有限的可测函数，则存在实数 $\alpha_Q(f)$，使得

$$m(Q(f>\alpha_Q(f)))\leqslant m(Q)/2,\ m(E(f<\alpha_Q(f)))\leqslant m(Q)/2 \tag{5.2.1}$$

(这个 $\alpha_Q(f)$ 称为 f 在 Q 上的**中数**.)

证明 首先断言：假如 E 是 $\mathbf{R}^n$ 中的可测集且 $m(E)<\infty$，f 是 E 上几乎处处有限的可测函数，则

$$\lambda_f^{\mathrm{l}}(\alpha) = m(E(f \geqslant \alpha)) \tag{5.2.2}$$

关于 α 是左连续的，而

$$\lambda_f^{\mathrm{r}}(\alpha) = m(E(f \leqslant \alpha)) \tag{5.2.3}$$

关于 α 是右连续的. 事实上，对于任意的 $\alpha_0 \in \mathbf{R}$ 以及 $\{\alpha_k\} \subset (-\infty, \alpha_0)$，若 $\alpha_k \to \alpha_0$，则由定理 4.2.5 知

$$|m(E(f \geqslant \alpha_k)) - m(E(f \geqslant \alpha_0))| \leqslant m(E(\alpha_k \leqslant f < \alpha_0)) \to 0, \ k \to \infty$$

这就证实了 λ_f^{l} 的左连续性. 类似地，可以证明 λ_f^{r} 的右连续性.

由于 f 在 Q 上几乎处处有限，因此

$$\lim_{\alpha \to -\infty} m(Q(f \geqslant \alpha)) = m(Q), \ \lim_{\alpha \to \infty} m(Q(f \geqslant \alpha)) = 0$$

令

$$Q^{\mathrm{l}} = \{\alpha \in \mathbf{R}: m(Q(f \geqslant \alpha)) \geqslant m(Q)/2\}$$
$$Q^{\mathrm{r}} = \{\alpha \in \mathbf{R}: m(Q(f \leqslant \alpha)) \geqslant m(Q)/2\}$$

则 Q^{l} 有上界，而 Q^{r} 有下界. 事实上，假如 Q^{l} 无上界，则对于任意的正整数 k，都有

$$m(Q(f \geqslant k)) \geqslant m(Q)/2$$

这和 f 几乎处处有限矛盾. 同理，可证明 Q^{r} 有下界. 如记

$$\gamma_Q = \sup Q^{\mathrm{l}}, \ \beta_Q = \inf Q^{\mathrm{r}}$$

则

$$Q^{\mathrm{l}} = (-\infty, \gamma_Q], \ Q^{\mathrm{r}} = [\beta_Q, \infty)$$

事实上，假如 $\alpha_0 < \gamma_Q$，则存在 $\alpha \in Q^{\mathrm{l}}$ 使得 $\alpha > \alpha_0$，但是

$$m(Q(f \geqslant \alpha_0)) \geqslant m(Q(f \geqslant \alpha)) \geqslant m(Q)/2$$

所以 $\alpha_0 \in Q^{\mathrm{l}}$. 另一方面，对于任意的正整数 k，存在 $\alpha > \gamma_Q - 1/k$，并且 $m(Q(f \geqslant \alpha)) \geqslant m(Q)/2$，于是可得

$$m(Q(f \geqslant \gamma_Q - 1/k)) \geqslant m(Q)/2$$

再利用前面的断言即得

$$m(Q(f \geqslant \gamma_Q)) \geqslant m(Q)/2$$

所以 $\gamma_Q \in Q^{\mathrm{l}}$. 这就证实了 $Q^{\mathrm{l}} = (-\infty, \gamma_Q]$. 同理，可以验证 $Q^{\mathrm{r}} = [\beta_Q, \infty)$.

现在回到结论的证明，只要证明 Q^{l} 和 Q^{r} 相交即可(此时取 $\alpha_Q \in Q^{\mathrm{l}} \cap Q^{\mathrm{r}}$). 假如 Q^{l} 和 Q^{r} 不相交，则存在 α_0，满足

$$m(Q(f \geqslant \alpha_0)) < m(Q)/2, \ m(Q(f \leqslant \alpha_0)) < m(Q)/2$$

这显然是不可能的，故 Q^{l} 和 Q^{r} 相交. □

例 5.2.4 设 Q 是 $\mathbf{R}^n$ 中的方体，f 是 Q 上几乎处处有限的可测函数，$s \in (0, 1)$，定义

$$m_{0,s;Q}(f) = \inf\{\lambda > 0: m(\{x \in Q: |f(x)| > \lambda\}) \leqslant s|Q|\} \tag{5.2.4}$$

则 $m_{0,s;Q}(f) < \infty$ 且对于任意的 $c \in \mathbf{R}$，有

$$m_{0,s;Q}(f-c) \leqslant m_{0,s;Q}(f) + |c| \tag{5.2.5}$$

证明 若 $m_{0,s;Q}(f)=\infty$，则对于任意的正整数 k，$m(Q(|f|>k))>s|Q|$，从而 $m(Q(|f|=\infty))>0$，这和 f 几乎处处有限矛盾. 另一方面，对于任意的 $c\in\mathbf{R}$ 和任意的 $\varepsilon>0$，必存在 $\lambda_0\in(0,m_{0,s;Q}(|f-c|+\varepsilon))$，使得

$$m_{0,s;Q}(|f-c|>\lambda_0)\leqslant s|Q|$$

进而

$$m_{0,s;Q}(|f|>\lambda_0+|c|)\leqslant s|Q|$$

这隐含着

$$m_{0,s;Q}(f)\leqslant \lambda_0+|c|\leqslant m_{0,s;Q}(|f-c|)+\varepsilon+|c|$$

从而式(5.2.5)成立. □

对于可测集上的可测函数列，有三种收敛性：一致收敛、处处收敛和几乎处处收敛. 从测度的角度看，几乎处处收敛和处处收敛之间没有本质区别(差一个零测度集合)，所以我们不必纠结于这二者之间的关系. 另一方面，一致收敛强于几乎处处收敛，但我们感兴趣的是：二者之间的差别到底有多大？可能令初学者惊异的是：它们之间的差别并不如想象中的那样大.

定理 5.2.1(Egorov) 设 $E\subset\mathbf{R}^n$ 是可测集，$m(E)<\infty$，f 是 E 上的几乎处处有限的可测函数，$\{f_k\}$ 是 E 上的几乎处处有限的可测函数列，则下面两个条件等价.

(1) $\{f_k\}$ 在 E 上几乎处处收敛于 f；

(2) 对于任意的 $\varepsilon>0$，存在 E 的可测子集 E_ε，使得 $m(E\backslash E_\varepsilon)<\varepsilon$，并且 $\{f_k\}$ 在 E_ε 上一致收敛于 f.

证明 先证明条件(2)隐含条件(1). 对于任意的正整数 l，存在 $E_l\subset E$，$m(E\backslash E_l)<1/l$，$\{f_k\}$ 在 E_l 上一致收敛于 f (从而在 E_l 上处处收敛于 f)，令 $E^*=\bigcup_{l=1}^{\infty}E_l$，则有

$$m(E\backslash E^*)=m\left(\bigcap_{l=1}^{\infty}(E\backslash E_l)\right)<m(E\backslash E_l)<1/l$$

因此 $m(E\backslash E^*)=0$. 明显地，$\{f_k\}$ 在 E^* 上处处收敛于 f，从而在 E 上几乎处处收敛于 f.

再证明条件(1)隐含条件(2). 不妨假设对于任意的正整数 k，f_k 和 f 在 E 上处处有限，且 $\{f_k\}$ 处处收敛于 f，否则去掉可数个零测度集的并. 对于任意的正整数 k、l，令

$$E_k(l)=\bigcap_{j=k}^{\infty}E(|f_j-f|<1/l)$$

注意到对于每个固定的 l，$\bigcup_{k=1}^{\infty}E_k(l)=E$ 且 $\{E_k(l)\}$ 是单调增加的可测集合列，所以

$$\lim_{k\to\infty}m(E_k(l))=m(E)$$

因此，对于任意的 $\varepsilon>0$，存在 N_l，使得

$$m(E\backslash E_{N_l}(l))<\frac{\varepsilon}{2^{l+1}}$$

令 $E_\varepsilon=\bigcap_{l=1}^{\infty}E_{N_l}(l)$，容易验证：$\{f_k\}$在 E_ε上一致收敛于 f，而

$$m(E\backslash E_\varepsilon)\leqslant m(\bigcup_{l=1}^{\infty}(E\backslash E_{N_l}(l)))<\varepsilon$$

这就完成了定理 5.2.1 的证明. □

需要指出：Egorov 定理中 $m(E)<\infty$这个条件是本质性的. 下面来看例 5.2.5.

例 5.2.5　考虑 $E=[0,\infty)$上的函数列$\{f_k\}$，其中 $f_k(x)=\chi_{[0,k]}(x)$. 对于任意的正整数 k，f_k是处处有限的可测函数，$\{f_k\}$在$[0,\infty)$上处处收敛于 1. 但对于任意的 $\varepsilon>0$ 以及满足

$$m(E\backslash E_\varepsilon)<\varepsilon$$

的可测集合 E_ε，$\{f_k\}$在 E_ε上不一致收敛于 1. 事实上，由于 $m(E_\varepsilon)=\infty$，对于任意的正整数 N，总可以取 $k>N$ 和 $x_0\in E_\varepsilon$，使得 $x_0>k$，$f(x_0)=0$ 以及$|f_k(x_0)-1|=1$.

前面讨论了函数列的一致收敛和处处收敛两种收敛性，但是仅仅有这两种收敛性还不足以描述函数列的收敛性. 下面来看例 5.2.6.

例 5.2.6　对于任意的 $n\geqslant 1$，将$[0,1]$区间 n 等分，即

$$[0,1/n],\cdots,[k/n,(k+1)/n],\cdots,[(n-1)/n,1]$$

对于固定的 n、k，以$\chi_{n,k}$表示相应小区间的特征函数. 令

$$f_1(x)=\chi_{1,1}(x),\ f_2(x)=\chi_{2,1}(x),\ f_3(x)=\chi_{2,2}(x)$$

$$f_4(x)=\chi_{3,1}(x),\ f_5(x)=\chi_{3,2}(x),\ f_6(x)=\chi_{3,3}(x)$$

$$\cdots$$

将以如上方式给出的函数列记为$\{f_k\}$，则对于任意的 $x\in[0,1]$，$\{f_k(x)\}$中都有无限个零和无限个 1，所以不能用点态收敛性来刻画这个函数列在$[0,1]$上的收敛性.

仔细分析例 5.2.6 中所涉及的函数列，可以发现它还是具备一种收敛性：虽然对于每一个 $x\in[0,1]$，$\{f_k(x)\}$中有无限个 0 和无限个 1，但是在所谓的“频率”的意义下 0 出现的非常多；换言之，对于任意的 $\delta\in(0,1)$，有

$$m(\{x\in[0,1]:|f_k(x)|\geqslant\delta\})\to 0$$

于是可引入下面的收敛性.

定义 5.2.2　设 $E\subset\mathbf{R}^n$是可测集，$\{f_k\}$是 E 上的几乎处处有限的可测函数列，f 是 E 上的几乎处处有限的可测函数，假如对于任意的 $\sigma>0$，都有

$$\lim_{k\to\infty}m(E(|f_k-f|\geqslant\sigma))=0$$

则称$\{f_k\}$在 E 上**依测度收敛**于 f.

由定义即可验证：假如$\{f_k\}$在 E 上一致收敛于 f，则$\{f_k\}$在 E 上依测度收敛于 f. 另一方面，对于给定的 $\varepsilon>0$，集合 $E_k=\{x\in E:|f_k(x)-f(x)|\geqslant\varepsilon\}$其实就是函数 f_k的图像$\{(x,y)\in\mathbf{R}^{n+1}:x\in E,y=f(x)\}$位于“带型”区域$\{(x,y):x\in E,f(x)-\varepsilon<y<f(x)+\varepsilon\}$

之外的部分在 x 域上的投影. 集合 E 上的可测函数列 $\{f_k\}$ 依测度收敛于 f，意味着当 $k\to\infty$ 时，不管这些投影位于 x 域的具体位置，投影的测度 $m(E_k)$ 趋于零，如图 5-2-1 所示.

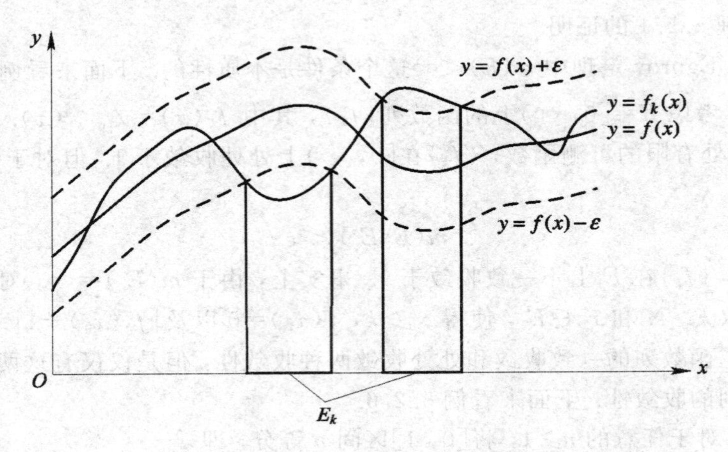

图 5-2-1 依测度收敛

如果用数列极限的定义来表述，$\{f_k\}$ 在可测集 $E\subset\mathbf{R}^n$ 上依测度收敛于 f 意味着：对于任意的 $\sigma>0$，$\varepsilon>0$，存在正整数 $N=N_{\sigma,\varepsilon}$，使得当 $k>N$ 时，有

$$m(E(|f_k-f|\geqslant\sigma))<\varepsilon$$

在几乎处处相等的意义下，依测度收敛的可测函数列的极限是唯一的. 也就是说，假如 $\{f_k\}$ 依测度收敛于 f，同时也依测度收敛于 g，则 $f(x)=g(x)$ 在 E 上几乎处处成立. 事实上，假如 $\{f_k\}$ 在 E 上依测度收敛于 f，同时依测度收敛于 g，则对于任意的 $\sigma>0$ 和任意的正整数 k，有

$$m(E(|f-g|\geqslant\sigma))\leqslant m(E(|f_k-f|\geqslant\sigma/2))+m(E(|f_k-g|\geqslant\sigma/2))$$

在上式中令 $k\to\infty$ 即得 $m(E(|f-g|\geqslant\sigma))=0$，从而 f 和 g 在 E 上几乎处处相等.

类似于数列收敛的有关结论，容易证明如下引理(留作习题).

引理 5.2.1 设 $E\subset\mathbf{R}^n$ 是可测集，$\{f_k\}$ 是 E 上的几乎处处有限的可测函数列，f 是 E 上几乎处处有限的可测函数，则 $\{f_k\}$ 依测度收敛于 f 的充分必要条件是：对于 $\{f_k\}$ 的任意子列 $\{f_{k_j}\}$，都存在依测度收敛于 f 的子列 $\{f_{k_{j_l}}\}$.

例 5.2.7 设 $E\subset\mathbf{R}^n$ 是可测集，f 是 E 上几乎处处有限的可测函数且对于某个正整数 k_0，有 $m(E(|f|>k_0))<\infty$，则存在 E 上的简单函数列 $\{f_k\}$，它依测度收敛于 f.

证明 由于 f 在 E 上几乎处处有限且对于某个正整数 k_0，有 $m(E(|f|>k_0))<\infty$，如例 5.2.1 所示，因此对于任意的正整数 k，存在 N，使得 $m(E(|f|>N))<2^{-k}$. 现在令 $E_{k,j}=E\left(\dfrac{j-1}{2^k}<f\leqslant\dfrac{j}{2^k}\right)(j=-N2^k+1,\cdots,N2^k)$，以及

$$f_k(x) = \sum_{j=-N2^k+1}^{N2^k} \frac{j-1}{2^k} \chi_{E_{k,j}}(x)$$

于是对于任意的 $x \in E(|f|<N)$，有 $|f_k(x)-f(x)|<2^{-k}$，因此

$$m(E(|f-f_k|>2^{-k}))<2^{-k}$$

这意味着 $\{f_k\}$ 在 E 上依测度收敛于 f. □

定理 5.2.2　设 $E \subset \mathbf{R}^n$ 是可测集，$\{f_k\}$、$\{g_k\}$ 是 E 上的可测函数列.

(1) 假如 $\{f_k\}$ 在 E 上依测度收敛于 f，则 $\{|f_k|\}$ 在 E 上依测度收敛于 $|f|$；

(2) 假如 $\{f_k\}$、$\{g_k\}$ 在 E 上分别依测度收敛于 f、g，则对于任意的实数 a、b，$\{af_k+bg_k\}$ 在 E 上依测度收敛于 $af+bg$.

证明　利用关系式

$$E(||f_k|-|f||\geqslant\sigma) \subset E(|f_k-f|\geqslant\sigma)$$

$$E(|af_k-af|\geqslant\sigma) \subset E(|f_k-f|\geqslant\sigma/|a|)$$

以及

$$E(|f_k+g_k-f-g|\geqslant\sigma) \subset E(|f_k-f|\geqslant\sigma/2) \cup E(|g_k-g|\geqslant\sigma/2)$$

即可得到定理 5.2.2 的有关结论. □

古典分析中有诸多 Cauchy 收敛准则，这些收敛准则为研究相关的收敛性提供了非常方便的工具. 一个自然的问题是：是否存在依测度收敛的 Cauchy 收敛准则？为研究这个问题，先给出依测度 Cauchy 列的定义.

定义 5.2.3　设 $E \subset \mathbf{R}^n$ 是可测集，$\{f_k\}$ 是 E 上的可测函数列，假如任给 $\varepsilon, \sigma>0$，存在正整数 N，使得当 $k>N$ 时，对于任意的正整数 p，有

$$m(E(|f_k-f_{k+p}|\geqslant\sigma))<\varepsilon$$

则称 $\{f_k\}$ 是 E 上**依测度 Cauchy 列**.

下面的引理在可测函数列收敛性研究中有重要应用.

引理 5.2.2　设 $E \subset \mathbf{R}^n$ 是可测集，$\{f_k\}$ 是 E 上的可测函数列，假如 $\{f_k\}$ 是 E 上依测度 Cauchy 列，则存在一个子列 $\{f_{k_j}\}$，这个子列几乎处处、同时也依测度收敛于某个函数 f.

证明　由于 $\{f_k\}$ 是 E 上依测度 Cauchy 列，因此，存在 N_1，使得当 $k\geqslant N_1$ 时，对于任意的 p，有

$$m(E(|f_k-f_{k+p}|\geqslant 2^{-1}))<2^{-2}$$

同样，存在 N_2（不妨设 $N_2>N_1$），使得当 $k\geqslant N_2$ 时，对于任意的 p，有

$$m(E(|f_k-f_{k+p}|\geqslant 2^{-2}))<2^{-3}$$

依此类推，可以找到自然数列的某个子列 $\{N_j\}$，使得当 $k\geqslant N_j$ 时，有

$$m(E(|f_k-f_{k+p}|\geqslant 2^{-j}))<2^{-j-1} \tag{5.2.6}$$

下面来看 $\{f_{N_j}\}$ 的性质. 估计式(5.2.6)表明

$$m(E(|f_{N_j}-f_{N_{j+1}}|\geqslant 2^{-j}))<2^{-j-1} \tag{5.2.7}$$

现在令

$$E_0=\bigcap_{j=1}^{\infty}\bigcup_{l=j}^{\infty}E(|f_{N_{l+1}}-f_{N_l}|\geqslant 2^{-l})$$

容易看出：对于任意的正整数 j，有

$$m(E_0)\leqslant m(\bigcup_{l=j}^{\infty}E(|f_{N_{l+1}}-f_{N_l}|\geqslant 2^{-l}))$$

$$\leqslant\sum_{l=j}^{\infty}m(E(|f_{N_{l+1}}-f_{N_l}|\geqslant 2^{-l}))\leqslant 2^{-j}$$

所以 $m(E_0)=0$. 同时也不难验证：对于任意的 $x\in E\setminus E_0$，$\{f_{N_l}(x)\}$是一个 Cauchy 实数列. 所以必存在一个定义于 $E\setminus E_0$的函数 $\tilde{f}$，使得对于任意的 $x\in E\setminus E_0$，$\{f_{N_j}(x)\}$收敛于 $\tilde{f}(x)$. 由于可测函数列的极限是可测函数，所以 $\tilde{f}$ 是 $E\setminus E_0$上的可测函数. 令

$$f(x)=\begin{cases}\tilde{f}(x), & x\in E\setminus E_0\\ 0, & x\in E_0\end{cases}$$

则$\{f_{N_j}\}$在 E 上几乎处处收敛于可测函数 f.

为证明前面选出的子列$\{f_{N_j}\}$在 E 上依测度收敛于 f，首先断言：对于任意的 $\delta>0$，假如 J 是满足 $2^{-J+2}<\delta$ 的正整数，则当 $j>J$ 时，有

$$F(|f_{N_j}-f|\geqslant\delta)\subset\bigcup_{l=j}^{\infty}F(|f_{N_{l+1}}-f_{N_l}|\geqslant 2^{-l}) \tag{5.2.8}$$

其中 $F=E\setminus E_0$. 为验证这个事实，首先注意到

$$F(|f_{N_j}-f|\geqslant\delta)\subset F(|f_{N_j}-f|>2^{-J+2})$$

所以只要证明当 $j>J$ 时，有

$$F(|f_{N_j}-f|\geqslant 2^{-J+2})\subset\bigcup_{l=j}^{\infty}F(|f_{N_{l+1}}-f_{N_l}|\geqslant 2^{-l}) \tag{5.2.9}$$

即可.

下面来证明式(5.2.9). 对于任意固定的 $j>J$ 和 $x\in F$，由于$\lim\limits_{l\to\infty}f_{N_l}(x)=f(x)$，所以存在 $l_0\geqslant j$，使得

$$|f_{N_{l_0}}(x)-f(x)|<2^{-j}$$

假如对于任意的 $l\geqslant j$，$x\notin F(|f_{N_{l+1}}-f_{N_l}|\geqslant 2^{-l})$，则

$$|f_{N_j}(x)-f(x)|\leqslant\sum_{l=j}^{l_0-1}|f_{N_l}(x)-f_{N_{l+1}}(x)|+|f_{N_{l_0}}(x)-f(x)|$$

$$\leqslant\sum_{l=j}^{\infty}2^{-l}+2^{-j}<2^{-j+2}$$

从而 $x\notin F(|f_{N_j}-f|\geqslant 2^{-J+2})$. 这就证实了式(5.2.9).

现在证明子列$\{f_{N_j}\}$在 E 上依测度收敛于 f. 为此只要证明$\{f_{N_j}\}$在 F 上依测度收敛于

f. 对于 $\delta>0$，取 J 使得 $\delta<2^{-J+2}$，则由式(5.2.7)和式(5.2.8)可知当 $j>J$ 时，有

$$m(F(|f_{N_j}-f|\geqslant\delta))\leqslant m(\bigcup_{l=j}^{\infty}F(|f_{N_{l+1}}-f_{N_l}|\geqslant 2^{-l}))<2^{-j}$$

所以

$$\lim_{j\to\infty}m(F(|f_{N_j}-f|\geqslant\delta))=0$$

这就完成了引理 5.2.2 的证明. □

下面给出依测度收敛的 Cauchy 准则.

定理 5.2.3　设 $E\subset\mathbf{R}^n$ 是可测集，$\{f_k\}$是 E 上的可测函数列，则下面两个条件是等价的.

(1) $\{f_k\}$在 E 上依测度收敛于某个函数 f；

(2) $\{f_k\}$是 E 上依测度 Cauchy 列.

证明　条件(1)隐含条件(2)是明显的事实. 现假设$\{f_k\}$是依测度 Cauchy 列，引理 5.2.2 表明$\{f_k\}$存在子列$\{f_{k_j}\}$依测度收敛于某个可测函数 f. 对于 $\sigma>0$ 和 $\varepsilon>0$，由于$\{f_{k_j}\}$依测度收敛于 f，因此存在 N_1，使得当 $j>N_1$时，有

$$m(E(|f_{k_j}-f|\geqslant\sigma/2))<\varepsilon/2$$

另一方面，$\{f_k\}$是依测度 Cauchy 列，所以存在正整数 N_2，使得当 $j>N_2$时，有

$$m(E(|f_j-f_{k_j}|\geqslant\sigma/2))<\varepsilon/2$$

因此，当 $j>\max\{N_1, N_2\}$时，有

$$m(E(|f_j-f|\geqslant\sigma))\leqslant m(E(|f_{n_j}-f|\geqslant\sigma/2))+m(E(|f_j-f_{k_j}|\geqslant\sigma/2))<\varepsilon$$

所以$\{f_j\}$依测度收敛于 f. □

我们希望搞清楚几乎处处收敛和依测度收敛之间的关系. 例 5.2.6 表明：依测度收敛并不意味着几乎处处收敛；可测函数列的几乎处处收敛性并不意味着该函数列的依测度收敛性. 例如$(1, \infty)$上的函数列$\{f_k\}$，其中 $f_k(x)=\chi_{(k,\infty)}(x)$，这个函数列在$(1, \infty)$上处处收敛于零，却不依测度收敛于零. 这似乎表明几乎处处收敛和依测度收敛没有什么关系. 但是，由于函数列的一致收敛性隐含着依测度收敛性，而在测度有限的集合上，几乎处处收敛和一致收敛之间仅相差一个“小测度集”，容易想象到在测度有限集合上，几乎处处收敛隐含着依测度收敛，再联系引理 5.2.2，就有如下结论.

定理 5.2.4(Riesz 定理)　设 $E\subset\mathbf{R}^n$ 是可测集，$\{f_k\}$是 E 上的几乎处处有限的可测函数列，f 是 E 上的几乎处处有限的可测函数.

(1) 假如 $m(E)<\infty$，且$\{f_k\}$在 E 上几乎处处收敛于 f，则$\{f_k\}$在 E 上依测度收敛于 f；

(2) 若$\{f_k\}$在 E 上依测度收敛于 f，则存在$\{f_k\}$的一个子列$\{f_{k_j}\}$，这个子列在 E 上几乎处处收敛于 f.

证明　结论(2)由引理 5.2.2 直接给出，这里仅考虑结论(1). 假如 $m(E)<\infty$ 且$\{f_k\}$

在 E 上几乎处处收敛于 f，则对于任意的 $\varepsilon>0$，由 Egorov 定理知，存在 E 的可测子集 E_ε 使得 $m(E\setminus E_\varepsilon)<\varepsilon$ 且 $\{f_k\}$ 在 E_ε 上一致收敛于 f，所以对于任意的 $\delta>0$，存在 N，使得当 $k>N$ 时，有 $E_\varepsilon\subset E(|f_k-f|\leqslant\delta)$，即

$$m(E(|f_k-f|>\delta))\leqslant m(E\setminus E_\varepsilon)<\varepsilon$$

这意味着 $\{f_k\}$ 在 E 上依测度收敛于 f. □

推论 5.2.1 设 $E\subset\mathbf{R}^n$ 是可测集且 $m(E)<\infty$，$\{f_k\}$ 是 E 上几乎处处有限的可测函数列，f 是 E 上几乎处处有限的可测函数，假如 $\{f_k\}$ 的任意子列 $\{f_{k_j}\}$ 都存在子列 $\{f_{k_{j_l}}\}$ 在 E 上几乎处处收敛于 f，则 $\{f_k\}$ 在 E 上依测度收敛于 f.

证明 由 Riesz 定理的结论(1)可知：$\{f_k\}$ 的任意子列 $\{f_{k_j}\}$，都有在 E 上依测度收敛于 f 的子列 $\{f_{k_{j_l}}\}$，再结合引理 5.2.1 即可得出理想的结果. □

例 5.2.8 设 $E\subset\mathbf{R}^n$ 是可测集且 $m(E)<\infty$，$\{f_k\}$ 是 E 上几乎处处有限的可测函数列且依测度收敛于 f，g 是 $\mathbf{R}$ 上的连续函数，则 $g\circ f_k$ 依测度收敛于 $g\circ f$.

证明 对于 $\{g\circ f_k\}$ 的任意一个子列 $\{g\circ f_{k_j}\}$，由 Riesz 定理知，可取 $\{f_{k_{j_l}}\}$，使得 $\{f_{k_{j_l}}\}$ 在 E 上几乎处处收敛于 f，g 的连续性保证了 $\{g\circ f_{k_{j_l}}\}$ 在 E 上几乎处处收敛于 $g\circ f$，由推论 5.2.1 可知 $\{g\circ f_k\}$ 在 E 上依测度收敛于 $g\circ f$. □

习 题

1. 设 $E\subset\mathbf{R}^n$ 是可测集且 $m(E)>0$，f 是 E 上的可测函数，假如 f 在 E 上几乎处处大于零，证明：存在 E 的子集 E_1，使得 $m(E_1)>0$ 且 $f\geqslant c$ 在 E_1 上恒成立，其中 $c>0$ 是某个常数.

2. 设 E 是可测集且 $m(E)>0$，$\{f_k\}$ 是可测函数列且 $\{f_k\}$ 在 E 上几乎处处收敛于 f，假如 f 在 E 上几乎处处有限，证明：存在 $F\subset E$，$m(F)>0$，且 $\{f_k\}$ 在 F 上一致有界.

3. 设 Q 是 $\mathbf{R}^n$ 中的方体，f 是 Q 上几乎处处有限的可测函数，$s\in(0,1)$. 证明：

(1) 对于 Q 上的两个可测函数 f_1、f_2 以及 s_1、$s_2\in(0,1)$ 且 $s=s_1+s_2$，有

$$m_{0,s;Q}(f_1+f_2)\leqslant m_{0,s_1;Q}(f_1)+m_{0,s_2;Q}(f_2)$$

其中 $m_{0,s;Q}(f)$ 的定义见式(5.2.4).

(2) 存在 $\alpha_Q\in\mathbf{R}$，使得

$$m_{0,s;Q}(f-\alpha_Q)=\inf_{c\in\mathbf{R}}m_{0,s;Q}(f-c)$$

(3) 满足结论(2)的 α_Q 是 f 在 Q 上的中数.

4. 设 f 是 $\mathbf{R}$ 上的几乎处处有限的可测函数，证明下列两个条件是等价的.

(1) f 在 $\mathbf{R}$ 上几乎处处等于一个常数；

(2) 对于任意的 λ，集合 $\{x\in\mathbf{R}: f(x)>\lambda\}$ 和 $\{x\in\mathbf{R}: f(x)<\lambda\}$ 中至少有一个是零测度集.

5. 设 $E_k(k=1, 2, \cdots)$ 是 $\mathbf{R}^n$ 中的可测集. 证明：

(1) $\{\chi_{E_k}\}$ 在 $\mathbf{R}^n$ 上几乎处处收敛于零的充分必要条件是 $m(\overline{\lim\limits_{k\to\infty}}E_k)=0$；

(2) $\{\chi_{E_k}\}$ 在 $\mathbf{R}^n$ 上依测度收敛于零的充分必要条件是 $m(E_k)\to 0$.

6. 设 $E\subset\mathbf{R}^n$ 是可测集，$\{E_k\}$ 是 E 的可测子集列，证明：χ_{E_k} 在 E 上依测度收敛的充分必要条件是：对于任意的 $\varepsilon>0$，存在 N，使得当 $k>N$ 时，对于任意的正整数 p，有 $m(E_k\Delta E_{k+p})<\varepsilon$.

7. 设 $E\subset\mathbf{R}^n$ 是可测集，$m(E)<\infty$，$\{f_k\}$ 是 E 上几乎处处有限的可测函数列，假如 $\{f_k\}$ 在 E 上几乎处处收敛于 f，证明：存在 E 的可测子集列 $\{E_j\}$，使得 $\{f_k\}$ 在每一个 E_j 上一致收敛于 f，且 $m(E\setminus\bigcup\limits_{j=1}^{\infty}E_j)=0$.

8. 设 $E\subset\mathbf{R}^n$ 是可测集，$m(E)<\infty$，$\{f_k\}$ 是 E 上几乎处处有限的可测函数列，假如 f 是 E 上几乎处处有限的可测函数，且 $\{f_k\}$ 在 E 上几乎处处收敛于 f，证明：对于任意的 $\delta>0$，存在 E 的可测子集 E_δ，使得 $m(E_\delta)<\delta$，$f(x)$ 在 $E\setminus E_\delta$ 上有界且函数列 $\{f_k\}$ 在 $E\setminus E_\delta$ 上一致有界.

9. 设 $\{E_k\}$ 是 $\mathbf{R}^n$ 中的一列可数集，$\sum\limits_{k=1}^{\infty}m(E_k)<\infty$，$\{f_j\}$ 是 $E=\bigcup\limits_{k=1}^{\infty}E_k$ 上的可测函数且在每个 E_k 上 $\{f_j\}$ 都依测度收敛于 f，证明：$\{f_j\}$ 在 E 上依测度收敛于 f.

10. 设 $E\subset\mathbf{R}^n$ 是可测集，$\{f_k\}$、$\{g_k\}$ 是 E 上几乎处处有限的两个可测函数列，假如它们在 E 上分别依测度收敛于零，证明：$\{f_kg_k\}$ 依测度收敛于零. 假如 $\{f_k\}$、$\{g_k\}$ 在 E 上分别依测度收敛于 f、g，请问 $\{f_kg_k\}$ 依测度收敛于 fg 吗?

11. 设 $E\subset\mathbf{R}^n$ 是可测集，$\{f_k\}$ 是 E 上几乎处处有限的可测函数列且依测度收敛于 f，请问

$$\lim_{k\to\infty}m(E(|f_k-f|>0))=0$$

是否成立?

12. 设 $E\subset\mathbf{R}^n$ 是可测集，$m(E)<\infty$，$\{f_k\}$ 是 E 上实值可测函数列，证明：$\{f_k\}$ 在 E 上几乎处处收敛于零的充分必要条件是：对于任意的 $\varepsilon>0$，有

$$\lim_{k\to\infty}m(\{x\in E: \sup_{p\geqslant k}|f_p(x)|>\varepsilon\})=0$$

13. 设 $E\subset\mathbf{R}^n$ 是可测集，$\{g_k\}$ 是 E 上几乎处处有限的可测函数列，g 是 E 上几乎处处有限的可测函数.

(1) 假如 f 是 $\mathbf{R}$ 上的连续函数，$\{g_k\}$ 在 E 上依测度收敛于 g 且存在常数 M 使得对于任意的 k 和 $x\in E$，有 $|g_k(x)|\leqslant M$，证明：$\{f(g_k)\}$ 在 E 上依测度收敛于 $f(g)$；

(2) 假如 f 是 $\mathbf{R}$ 上的连续函数，$\{g_k\}$ 在 E 上依测度收敛于 g，能否得出 $\{f(g_k)\}$ 在 E 上依测度收敛于 $f(g)$？如能，请证明，如不能，请说明理由.

14. 设 $E\subset\mathbf{R}^n$ 是可测集，$\{f_{k,l}\}_{k,l\geqslant1}$ 是 E 上几乎处处有限的可测函数族，假如对于任意的正整数 k，$\{f_{k,l}\}_{l\geqslant1}$ 依测度收敛于 f_k，而函数列 $\{f_k\}$ 依测度收敛于 f，证明：$\{f_{k,l}\}_{k,l}$ 中有子列依测度收敛于 f.

5.3　Lebesgue 可测函数和连续函数的关系

由例 5.1.4 可知：可测集上的连续函数一定是可测函数，但可测函数未必是连续函数，$[0,1]$ 上的 Dirichlet 函数就是一个明显的例子. 这表明：与连续性相比，函数的可测性是一种比较差的性质. 我们希望知道函数的可测性到底比连续性差多少，这就有必要揭示可测函数和连续函数之间的关系.

首先从最简单的可测函数开始. 容易看出：Dirichlet 函数虽然在 $[0,1]$ 上处处不连续，但它沿集合 $\mathbf{Q}_0=\{[0,1]$ 中的无理数$\}$ 连续，而集合 $\mathbf{Q}_0$ 与 $[0,1]$ 仅仅相差一个零测度集合. 再来考虑相互不交的闭集 E_1，…，E_N 以及常数 c_1，…，c_N. 由例 3.4.3 可知，简单函数 $f(x)=\sum\limits_{k=1}^{N}c_k\chi_{E_k}(x)$ 是 $E=\bigcup\limits_{k=1}^{n}E_k$ 上的连续函数. 而对于相互不交的可测集 E_1，…，E_N 以及常数 c_1，…，c_N，虽然 $f(x)=\sum\limits_{k=1}^{N}c_k\chi_{E_k}(x)$ 不一定是 $\bigcup\limits_{k=1}^{N}E_k$ 上的连续函数，但它明显是 E_k $(k=1,\cdots,N)$ 上的连续函数. 进一步，有如下引理.

引理 5.3.1　设 $E\subset\mathbf{R}^n$ 是可测集，f 是 E 上的简单函数，则对于任意的 $\varepsilon>0$，存在 E 的可测子集 $E_\varepsilon\subset E$，使得 $m(E\setminus E_\varepsilon)<\varepsilon$，且 f 沿 E_ε 连续.

证明　设 $f=\sum\limits_{k=1}^{N}c_k\chi_{E_k}(x)$，其中 $E_k(k=1,\cdots,N)$ 是 E 的可测子集且两两互不相交，$c_k(k=1,\cdots,N)$ 是常数. 对于任意的 $\varepsilon>0$，对 E_k 应用定理 4.3.1，可以找到一个闭集 F_k，使得 $m(E_k\setminus F_k)<\varepsilon/N$. 令 $E_\varepsilon=\bigcup\limits_{k=1}^{N}F_k$，则 E_ε 是 E 的可测子集且 $m(E\setminus E_\varepsilon)<\varepsilon$. 由例 3.4.3 可知，$f$ 沿 E_ε 连续. □

由于可测函数可以用简单函数来逼近，我们自然想把引理 5.3.1 的结论推广到可测函数. 容易看出，当 E 的测度有限时，这样的推广是非常自然的. 事实上，若 f 是 E 上几乎处处有限的可测函数而 $\{f_k\}$ 是 E 上收敛于 f 的简单函数列，利用 Egorov 定理可以看出，存在 E 的某个子集 E_ε^0，$\{f_k\}$ 在 E_ε^0 上一致收敛于 f 且 $E\setminus E_\varepsilon^0$ 是一个小测度集合. 另一方面，由引理 5.3.1 知，对于任意的正整数 k，存在 E 的一个可测子集 E_ε^k，f_k 沿 E_ε^k 连续且 $E\setminus E_\varepsilon^k$

是小测度集合. 再联系定理 3.4.4 我们能想象得到：f 是 $E_\varepsilon=E_\varepsilon^0\cap(\bigcap\limits_{k=1}^{\infty}E_\varepsilon^k)$上的连续函数，且 $E\backslash E_\varepsilon$仍是一个小测度集. 把上述思想细化、完善，即得如下结论.

定理 5.3.1(Lusin 定理) 设 $E\subset\mathbf{R}^n$，f 是 E 上几乎处处有限的可测函数，则对于任意的 $\varepsilon>0$，存在 E 的闭子集 E_ε，使得 $m(E\backslash E_\varepsilon)<\varepsilon$，且 f 沿 E_ε连续.

证明 不妨假设 f 在 E 上处处有限，否则去掉一个零测度集合. 首先考虑 $m(E)<\infty$ 的情形. 设$\{f_k\}$是 E 上收敛于 f 的简单函数列，任给 $\varepsilon>0$，由 Egorov 定理知，存在 E 的一个闭子集 E_ε^0，使得 $m(E\backslash E_\varepsilon^0)<\varepsilon/2$ 且$\{f_k\}$在 E_ε^0上一致收敛于 f. 另一方面，对于任意的正整数 k，存在 E 的闭子集 E_ε^k，使得 $m(E\backslash E_\varepsilon^k)<\varepsilon/2^{k+1}$，且 f_k在 E_ε^k上连续. 令 $E_\varepsilon=E_\varepsilon^0\cap(\bigcap\limits_{k=1}^{\infty}E_\varepsilon^k)$，则 E_ε是闭集且 $m(E\backslash E_\varepsilon)<\varepsilon$；与此同时，在 E_ε上，f 是一致收敛的连续函数列的极限函数，当然是沿 E_ε连续的.

现在考虑 $m(E)=\infty$的情形. 令

$$E_0=E\cap\{x:|x|\leqslant 1\},\ E_k=E\cap\{x:2^k<|x|\leqslant 2^{k+1}\},\ k\in\mathbf{N}$$

则 $E_0,E_1,\cdots,E_N,\cdots$都是测度有限的可测集. 由前面的结论知，对于任意的 $k\in\mathbf{Z}_+$，可以找到 E_k的闭子集 $E_{k,\varepsilon}$使得 $m(E_k\backslash E_{k,\varepsilon})<\varepsilon/2^{k+1}$且 f 沿 $E_{k,\varepsilon}$连续. 令 $E_\varepsilon=\bigcup\limits_{k=0}^{\infty}E_{k,\varepsilon}$，则 $m(E\backslash E_\varepsilon)<\varepsilon$，而且由 3.4 节习题 4 可知 E_ε是 E 的闭子集且 f 沿 E_ε连续. □

利用 Lusin 定理，可以得到下面的结论.

推论 5.3.1 设 $E\subset\mathbf{R}^n$是可测集，f 是 E 上几乎处处有限的可测函数，则对于任意的 $\varepsilon>0$，存在 $\mathbf{R}^n$上的连续函数 g，使得

$$\sup_{x\in\mathbf{R}^n}|g(x)|\leqslant\sup_{x\in E}|f(x)|,\ m(E(f\neq g))<\varepsilon \tag{5.3.1}$$

进一步，假如存在 $R>0$ 使得 $E\subset B(0,R)$，则这个连续函数 g 还满足 $\mathrm{supp}g\subset\overline{B(0,R)}$[①].

证明 对于给定的 $\varepsilon>0$，由 Lusin 定理可知：存在 E 的闭子集 E_ε，使得 $m(E\backslash E_\varepsilon)<\varepsilon/2$ 且 f 沿 E_ε连续. 结合定理 3.4.5 即知：存在 $\mathbf{R}^n$上的连续函数 g，使得 g 在 E_ε上等于 f，且$\sup\limits_{x\in\mathbf{R}^n}|g(x)|\leqslant\sup\limits_{x\in E_\varepsilon}|f(x)|$. 明显地，$m(E(f\neq g))<\varepsilon$. 假如存在 $R>0$ 使得 $E\subset B(0,R)$，则利用例 3.4.2，可以取 $\mathbf{R}^n$上的非负连续函数 ϕ，满足 $0\leqslant\phi\leqslant 1$，

$$\phi(x)=\begin{cases}1, & x\in E_\varepsilon\\ 0, & |x|>R\end{cases}$$

则 $h(x)=g(x)\phi(x)$是 $\mathbf{R}^n$上满足式(5.3.1)的连续函数且 $\mathrm{supp}h\subset\overline{B(0,R)}$. □

---

① 设 f 是定义于 $\mathbf{R}^n$ 的函数，称集合$\{x\in\mathbf{R}^n:f(x)\neq 0\}$在 $\mathbf{R}^n$中的闭包为 f 的支集，记为 $\mathrm{supp}f$，即

$$\mathrm{supp}f=\overline{\{x\in\mathbf{R}^n:f(x)\neq 0\}}$$

假如 $\mathrm{supp}f$ 是 $\mathbf{R}^n$ 中的紧集，则称 f 有紧支集.

推论 5.3.2 设 $E\subset\mathbf{R}^n$ 是可测集，f 是 E 上几乎处处有限的可测函数，则存在 $\mathbf{R}^n$ 上的连续函数列 $\{f_k\}$，使得 $\{f_k\}$ 在 E 上几乎处处收敛于 f，同时也依测度收敛于 f. 进一步，有

(1) $\sup\limits_{k\geq 1,\ x\in\mathbf{R}^n}|f_k(x)|\leqslant\sup\limits_{x\in E}|f(x)|$；

(2) 假如 $E\subset B(0,R)$，则 $\operatorname{supp}f_k\subset\overline{B(0,R)}$.

证明 对于任意的正整数 k，由推论 5.3.1 知，存在 $\mathbf{R}^n$ 上的连续函数 f_k，使得

$$\sup_{x\in\mathbf{R}^n}|f_k(x)|\leqslant\sup_{x\in E}|f(x)|,\ m(E(f_k\neq f))\leqslant 1/k$$

这表明：$\{f_k\}$ 在 E 上依测度收敛于 f. 由 Riesz 定理可知：存在 $\{f_k\}$ 的一个子列 $\{f_{k_j}\}$，这个子列在 E 上几乎处处收敛于 f. 这个子列就是我们所要寻找的. □

英国数学家 Littlewood 将可测集和可测函数的基本性质概括为如下三个基本原则：可测集与有限个开方体的并是差不多的；函数列的几乎处处收敛与一致收敛是差不多的；可测函数与连续函数是差不多的. 应正确理解这三个原则，例如：第一个原则应该按定理 4.2.4 来理解，而第二、第三个原则分别是 Egorov 定理和 Lusin 定理. 对比定理 4.3.2 和推论 5.3.2、定理 3.4.1 和 5.1 节习题 8，容易看出：可测函数与连续函数的差别非常类似于可测集与开集之间的差别.

必须指出：Lusin 定理不能改进为“假如 $E\subset\mathbf{R}^n$，f 是 E 上的可测函数，则存在 E 的零测度子集 E_0，使得 f 沿 $E\setminus E_0$ 连续”. 下面来看例 5.3.1.

例 5.3.1 考虑函数

$$f(x)=\begin{cases}1, & x\in[0,1/2]\\ 0, & (1/2,1]\end{cases}$$

它当然是[0, 1]上的有界可测函数. 假如存在[0, 1]上的连续函数 g，使得 f 和 g 在[0, 1]上几乎处处相等，则由 g 的连续性以及连续函数的中值定理知，存在 $x_0\in(0,1)$ 使得 $g(x_0)=1/2$. 再由 g 的连续性，可以找到[0, 1]的一个正测度子集 $(x_0-\delta, x_0+\delta)$，在这个集合中 $1/4<g(x)<3/4$，f 和 g 在这个集合上几乎处处相等，所以存在 $y\in(0,1)$ 使得 $1/4<f(y)<3/4$，这当然是不可能的.

习 题

1. 设 $E\subset\mathbf{R}^n$ 是可测集，f 是定义于 E 的广义实值函数，假如对于任意的 $\varepsilon>0$，存在 E 的可测子集 E_ε，使得 $m(E\setminus E_\varepsilon)<\varepsilon$，且 f 沿 E_ε 连续，证明：f 是 E 上几乎处处有限的可测函数(本题表明：Lusin 定理的逆定理也成立.)

2. 对例 5.3.1 中的函数 f，构造 $\mathbf{R}^n$ 上的连续函数列 $\{f_k\}$，使得 $\{f_k\}$ 在[0, 1]上几乎处处收敛于 f.

3. 设 f 是 $[a, b]$ 上的实值可测函数，证明：存在多项式列 $\{P_k\}$，使得 $\lim\limits_{k\to\infty} P_k(x) = f(x)$ 在 $[a, b]$ 上几乎处处成立.

4. 设 $E \subset \mathbf{R}^n$ 是可测集，$m(E) < \infty$，f 是 E 上几乎处处有限的可测函数，证明：对于任意的 $\varepsilon > 0$，存在 $\mathbf{R}^n$ 上有界且有紧支集的连续函数 g，使得

$$\sup_{x\in\mathbf{R}^n} |g(x)| \leqslant \sup_{x\in E} |f(x)|, \quad m(E(f \neq g)) < \varepsilon$$

5. 设 f 是 $(0, 1)$ 上的实值可测函数，证明：存在实数列 $\{a_k\}$，使得

$$\lim_{k\to\infty} f(x + a_k) = f(x)$$

在 $(0, 1)$ 上几乎处处成立.

第 6 章 Lebesgue 积分

如同 1.2 节指出的那样，有了 Lebesgue 测度理论，相应的积分理论的建立就是水到渠成之事了. 我们可以像第 1 章所说的那样定义非负可积函数的 Lebesgue 积分，这个定义方式与 Riemann 积分的定义方式非常类似，也比较直观，但事实证明这个定义方式会导致有关结果的建立比较繁琐. 本章将采用另一种方式来定义 Lebesgue 积分. 基于可测集上的常数函数的积分应该是这个常数与集合的测度的乘积，因此式(1.2.3)中的求和式 $\sum_{i=1}^{k} y_i m(E(y_{i-1} \leqslant f < y_i))$ 也就是简单函数 $\phi(x) = \sum_{i=1}^{k} y_i \chi_{E(y_{i-1} \leqslant f < y_i)}(x)$ 的积分. 另一方面，由于可以用单增的简单函数列来逼近非负可测函数(定理 5.1.4)，很自然地猜测非负可测函数的积分应该就是逼近这个非负可测函数的简单函数列的积分的极限. 又由于积分必须满足线性，而可测集 E 上的可测函数 f 可以表示成两个非负可测函数的差，即 $f(x) = f_+(x) - f_-(x)$，其中

$$f_+(x) = \max\{f(x), 0\}, \quad f_-(x) = \max\{0, -f(x)\}$$

因此可以将 f 在 E 上的积分定义为 f_+、f_- 在 E 上的积分的差. 这样的定义方式与 1.2 节中所提出的定义等价(见 6.1 节习题 1)，不但简洁、自然，而且会使有关理论的建立更加方便.

6.1 非负可测函数的 Lebesgue 积分

下面按照本章开始时所说的路线图来定义非负可测函数的 Lebesgue 积分. 首先从可测集合上的简单函数的积分出发.

定义 6.1.1 设 $E \subset \mathbf{R}^n$ 是可测集，$\varphi(x) = \sum_{j=1}^{k} c_j \chi_{E_j}(x)$ 是 E 上的非负简单函数(这意味着 c_j $(1 \leqslant j \leqslant k)$ 是非负的)，则称 $\sum_{j=1}^{k} c_j m(E_j)$ 为 φ 在 E 上的 Lebesgue 积分，记为

$$\int_E \varphi(x)\mathrm{d}x = \sum_{j=1}^{k} c_j m(E_j) \tag{6.1.1}$$

假如$\int_E \varphi(x)\mathrm{d}x < \infty$，则称$\varphi$在$E$上 Lebesgue 可积，简称$\varphi$在$E$上可积.

由定义 6.1.1 以及定理 4.3.4 即可看出：$\mathbf{R}^n$中的可测集E上非负简单函数ϕ的 Lebesgue 积分，其实就是由式(5.1.4)所定义的集合$\Gamma_E(\phi)$在$\mathbf{R}^{n+1}$中的测度.

在讨论 Lebesgue 积分的性质之前，有一个问题必须解决：上面的定义是合理的吗？也就是说：假如E上的非负简单函数f有两种不同的表示方式

$$f(x) = \sum_{k=1}^{u} a_k \chi_{E_k}(x) = \sum_{j=1}^{l} b_j \chi_{F_j}(x)$$

按照定义式(6.1.1)，我们有两个量

$$\sum_{k=1}^{u} a_k m(E_k) \quad 和 \quad \sum_{j=1}^{l} b_j m(F_j)$$

这两个量相等吗？如果不等，前面的定义就没有意义. 对此，有下面的引理 6.1.1.

引理 6.1.1　设$E \subset \mathbf{R}^n$是可测集，f和g是E上的非负简单函数，假如f和g在E上几乎处处相等，则它们的 Lebesgue 积分相等.

证明　设E是可测集，f和g是E上的非负简单函数，其表达式为

$$f(x) = \sum_{k=1}^{u} a_k \chi_{E_{k,f}}(x),\ g(x) = \sum_{j=1}^{l} c_j \chi_{E_{j,g}}(x)$$

由f和g在E上几乎处处相等可知：对于任意的k和j，假如$E_{k,f} \cap E_{j,g}$不是零测度集，则一定有$a_k = c_j$，从而$a_k m(E_{k,f} \cap E_{j,g}) = c_j m(E_{k,f} \cap E_{j,g})$，于是

$$\begin{aligned}
\int_E f(x)\mathrm{d}x &= \sum_{k=1}^{u} a_k m(E_{k,f}) = \sum_{k=1}^{u} a_k m\left(\bigcup_{j=1}^{l} (E_{k,f} \cap E_{j,g})\right) \\
&= \sum_{j=1}^{l} \sum_{k=1}^{u} a_k m(E_{k,f} \cap E_{j,g}) = \sum_{j=1}^{l} c_j \sum_{k=1}^{u} m(E_{k,f} \cap E_{j,g}) \\
&= \sum_{j=1}^{l} c_j m(E_{j,g}) \\
&= \int_E g(x)\mathrm{d}x
\end{aligned}$$

这就完成了引理 6.1.1 的证明. □

关于非负简单函数的积分，有下面的结论.

定理 6.1.1　(1) 设$E_j(1 \leqslant j \leqslant l)$是$\mathbf{R}^n$中的可测集且两两互不相交，$f$是$\bigcup_{j=1}^{l} E_j$上的非负简单函数，则

$$\int_{\bigcup_{j=1}^{l} E_j} f(x)\mathrm{d}x = \sum_{j=1}^{l} \int_{E_j} f(x)\mathrm{d}x$$

(2) 设 $E\subset\mathbf{R}^n$ 是可测集，f_1、f_2 是 E 上的非负简单函数，则对于任意的非负常数 c_1、c_2，有

$$\int_E\Big(\sum_{j=1}^{2}c_jf_j(x)\Big)\mathrm{d}x=\sum_{j=1}^{2}c_j\int_E f_j(x)\mathrm{d}x$$

证明 结论(1)是非常明显的，下面仅证明结论(2)．设 f_1、f_2 都是 E 上的简单函数，即

$$f_1(x)=\sum_{j=1}^{u}b_j\chi_{E_{j,1}}(x),\ f_2(x)=\sum_{k=1}^{l}a_k\chi_{E_{k,2}}(x)$$

则

$$c_1f_1(x)+c_2f_2(x)=\sum_{j=1}^{u}\sum_{k=1}^{l}(c_1b_j+c_2a_k)\chi_{E_{j,1}\cap E_{k,2}}(x)$$

利用非负简单函数的 Lebesgue 积分的定义就可以直接得到理想的结论． □

为引入非负可测函数的 Lebesgue 积分，我们需要做一些准备工作，这些工作同时揭示了非负简单函数的 Lebesgue 积分某些深刻的性质．

引理 6.1.2 设 $E\subset\mathbf{R}^n$是可测集，$\{f_k\}$是 E 上的非负简单函数列，g 是 E 上的非负简单函数，假如对于几乎处处的 $x\in E$，$\{f_k(x)\}$是单增数列，同时 $g(x)\leqslant\lim\limits_{k\to\infty}f_k(x)$在 E 上几乎处处成立，则

$$\int_E g(x)\mathrm{d}x\leqslant\lim_{k\to\infty}\int_E f_k(y)\mathrm{d}y \tag{6.1.2}$$

证明 不妨假设对于任意的 $x\in E$，$\{f_k(x)\}$单调增加．

先从最特殊的情形开始．假如 $m(E)<\infty$且$\{f_k\}$在 E 上单增、一致收敛于 g，则对于任意的 $\varepsilon>0$，存在正整数 N，使得当 $k>N$ 时，对于任意的 $x\in E$，$|g(x)-f_k(x)|<\varepsilon/m(E)$．因此

$$\int_E g(x)\mathrm{d}x=\int_E(g(x)-f_k(x))\mathrm{d}x+\int_E f_k(x)\mathrm{d}x\leqslant\varepsilon+\int_E f_k(x)\mathrm{d}x$$

这立即给出式(6.1.2)．

再假设 $m(E)<\infty$且$\{f_k\}$在 E 上几乎处处收敛于 g．不妨假设 $A=\max\limits_{y\in E}g(y)>0$(否则结论自然成立)．任给 $\varepsilon>0$，由 Egorov 定理知，存在 E 的子集 $E_1\subset E$，使得 $m(E\backslash E_1)<A^{-1}\varepsilon$，且$\{f_k\}$在 E_1上一致收敛于 g．于是由前面的结论可知

$$\begin{aligned}\int_E g(x)\mathrm{d}x&=\int_{E_1}g(x)\mathrm{d}x+\int_{E\backslash E_1}g(x)\mathrm{d}x\\&\leqslant\lim_{k\to\infty}\int_{E_1}f_k(x)\mathrm{d}x+m(E\backslash E_1)\max_{x\in E}g(x)\\&\leqslant\lim_{k\to\infty}\int_E f_k(x)\mathrm{d}x+\varepsilon\end{aligned}$$

令 $\varepsilon \to 0$ 即知此时式(6.1.2)成立.

接着证明 $m(E)=\infty$ 且 $\{f_k\}$ 在 E 上几乎处处收敛于 g 时式(6.1.2)也成立. 对于任意的正整数 N，令 $E_N = E \cap \{x: |x| \leqslant N\}$. 由前面已经建立的结论可知：对于正整数 N，有

$$\int_{E_N} g(x)\mathrm{d}x \leqslant \lim_{k\to\infty}\int_{E_N} f_k(y)\mathrm{d}y \leqslant \lim_{k\to\infty}\int_E f_k(y)\mathrm{d}y$$

利用非负简单函数 Lebesgue 积分的定义可以验证：

$$\lim_{N\to\infty}\int_{E_N} g(x)\mathrm{d}x = \int_E g(x)\mathrm{d}x$$

因此式(6.1.2)成立.

现在可以完成引理 6.1.2 的证明了. 在引理的假设条件下，令

$$h_k(x) = \min\{g(x),\ f_k(x)\}$$

容易验证：$\{h_k\}$ 在 E 上几乎处处收敛于 g，且对于任意的 $x \in E$，$\{h_k(x)\}$ 是单增数列，于是有

$$\int_E g(x)\mathrm{d}x \leqslant \lim_{k\to\infty}\int_E h_k(x)\mathrm{d}x \leqslant \lim_{k\to\infty}\int_E f_k(x)\mathrm{d}x$$ □

定理 6.1.2　设 $E \subset \mathbf{R}^n$ 是可测集，$\{f_k\}$、$\{g_j\}$ 是 E 上的非负简单函数列，假如对于几乎处处的 $x \in E$，$\{f_k(x)\}$ 和 $\{g_j(x)\}$ 都单增收敛于某个相同的可测函数，则

$$\lim_{k\to\infty}\int_E f_k(x)\mathrm{d}x = \lim_{j\to\infty}\int_E g_j(x)\mathrm{d}x$$

证明　明显地，$\left\{\int_E f_k(x)\mathrm{d}x\right\}$、$\left\{\int_E g_j(x)\mathrm{d}x\right\}$ 都是单增数列，所以

$$\lim_{k\to\infty}\int_E f_k(x)\mathrm{d}x \quad 和 \quad \lim_{j\to\infty}\int_E g_j(x)\mathrm{d}x$$

都存在. 对于任意固定的正整数 k 和几乎处处的 $x \in E$，$f_k(x) \leqslant \lim_{j\to\infty} g_j(x)$. 因此由引理 6.1.2 可知

$$\int_E f_k(x)\mathrm{d}x \leqslant \lim_{j\to\infty}\int_E g_j(x)\mathrm{d}x$$

这意味着

$$\lim_{k\to\infty}\int_E f_k(x)\mathrm{d}x \leqslant \lim_{j\to\infty}\int_E g_j(x)\mathrm{d}x$$

同理，可证明

$$\lim_{j\to\infty}\int_E g_j(x)\mathrm{d}x \leqslant \lim_{k\to\infty}\int_E f_k(x)\mathrm{d}x$$

故定理 6.1.2 得证. □

有了定理 6.1.2，现在可以定义可测集上非负可测函数的 Lebesgue 积分了.

定义 6.1.2(非负可测函数的积分)　设 $E \subset \mathbf{R}^n$ 是可测集，f 是 E 上的非负可测函数，$\{\phi_k\}$ 是 E 上的非负简单函数列且单增收敛于 f，则称

$$\int_E f(x)\mathrm{d}x = \lim_{k\to\infty}\int_E \phi_k(x)\mathrm{d}x \tag{6.1.3}$$

为 f 在 E 上的 Lebesgue 积分. 假如 $\int_E f(x)\mathrm{d}x < \infty$，则称 f 在 E 上 Lebesgue 可积，简称 f 在 E 上可积，记为 $f\in L(E)$.

定理 5.1.4 表明：对于可测集 E 上的非负可测函数 f，一定存在 E 上单增收敛于 f 的简单函数列$\{\phi_k\}$. 另一方面，定理 6.1.2 保证了以式(6.1.3)的方式定义非负可测函数的积分是合理的. 需要说明的是：对于任意的非负可测函数，其 Lebesgue 积分总是存在的，无论其可积(积分值有限)或不可积(积分值为正无穷).

关于非负函数的 Lebesgue 积分，有下面的结论.

定理 6.1.3 设 $E\subset\mathbf{R}^n$ 是可测集，f_1、f_2 是定义于 E 的非负可测函数.

(1) 假如 A、B 是 E 的两个不相交的可测子集，则

$$\int_{A\cup B} f(x)\mathrm{d}x = \int_A f(x)\mathrm{d}x + \int_B f(x)\mathrm{d}x$$

(2) 假如 c_1、c_2 是两个非负数，则

$$\int_E (c_1 f_1(x) + c_2 f_2(x))\mathrm{d}x = c_1\int_E f_1(x)\mathrm{d}x + c_2\int_E f_2(x)\mathrm{d}x$$

利用非负可测函数的 Lebesgue 积分的定义即可证明定理 6.1.3，详细过程从略.

本节的最后来说明 Lebesgue 积分的几何意义. 我们知道：若 f 是$[a, b]$上非负的 Riemann 可积函数，则从几何意义来讲，$\int_a^b f(x)\mathrm{d}x$ 表示直线 $x=a$，$x=b$，$y=0$ 以及曲线 $y=f(x)$所围的曲边梯形

$$\{(x, y)\in\mathbf{R}^2: a\leqslant x\leqslant b, 0\leqslant y\leqslant f(x)\}$$

的面积. 自然可以想象：若 f 在 $\mathbf{R}^n$ 中的可测集 E 上非负可测，则 $\int_E f(x)\mathrm{d}x$ 应该是集合

$$\{(x, y)\in\mathbf{R}^{n+1}: x\in E, 0\leqslant y\leqslant f(x)\}$$

在 $\mathbf{R}^{n+1}$ 中的测度. 为证实这一点，令 $\Gamma_E(f)$是由式(5.1.4)定义的集合，则由 5.1 节习题 10 可知

$$m_{n+1}(\Gamma_E(f)) = m_{n+1}(\{(x, y)\in\mathbf{R}^{n+1}: x\in E, 0\leqslant y\leqslant f(x)\})$$

定理 6.1.4 设 $E\subset\mathbf{R}^n$ 是可测集，f 是 E 上的非负可测函数，则

$$\int_E f(x)\mathrm{d}x = m_{n+1}(\Gamma_E(f))$$

证明 设$\{\phi_k\}$是 E 上单增收敛于 f 的非负简单函数列. 对于正整数 k，如同定义 6.1.1 之后的说明，有

$$\int_E \phi_k(x)\mathrm{d}x = m_{n+1}(\Gamma_E(\phi_k))$$

另一方面，由于$\{\Gamma_E(\phi_k)\}$是单增集合列且其极限为$\Gamma_E(f)$，则由定理 4.2.5 即知

$$m_{n+1}(\Gamma_E(f))=\lim_{k\to\infty}m_{n+1}(\Gamma_E(\phi_k))=\lim_{k\to\infty}\int_E\phi_k(x)\mathrm{d}x=\int_E f(x)\mathrm{d}x \qquad \square$$

习　题

1. 设$E\subset\mathbf{R}^n$且$m(E)<\infty$，f是E上的非负可测函数且$f(x)\leqslant M$，则下面两个条件等价.

(1) f在E上可积；

(2) 存在常数A，使得

$$\lim_{\delta\to0}\sup_{T:\,T=\{y_l\}_{0\leqslant l\leqslant k}\text{是}[0,M]\text{的分割且}r(T)<\delta}\left|\sum_{l=1}^{k}y_l m(E(y_{l-1}\leqslant f(x)<y_l))-A\right|=0$$

2. 设$E\subset\mathbf{R}^n$是可测集，f是E上的非负可测函数，证明：$\int_E f(x)\mathrm{d}x=0$的充分必要条件是f在E上几乎处处等于零.

3. 设$E\subset\mathbf{R}^n$是可测集，f是E上的非负可测函数，假如$m(E)<\infty$，$f\in L(E)$，证明：对于$p\in(0,1)$，$f^p\in L(E)$.

4. 设$E_1,\cdots,E_k$是$[0,1]$的k个可测子集，假如$[0,1]$中的任意一点至少属于这k个集合中的m个，证明：这些集合中至少有一个集合的测度不小于m/k.

5. 设$E\subset\mathbf{R}^n$是可测集，f是E上的非负可测函数，$p\in(0,\infty)$，证明：对于任意的$\lambda>0$，有

$$m(E(f>\lambda))\leqslant\lambda^{-p}\int_E f(x)^p\mathrm{d}x$$

(这个不等式称为 Chebyshev 不等式.)

6. 设Q是$\mathbf{R}^n$中的方体，f是Q上几乎处处有限的可测函数，$s\in(0,1)$，证明：对于任意的$p\in(0,1)$，有

$$m_{0,s;Q}(f)\leqslant\left(\frac{1}{s|Q|}\int_Q|f(x)|^p\mathrm{d}x\right)^{\frac{1}{p}}$$

其中$m_{0,s;Q}(f)$的定义见式(5.2.4).

7. 设$E\subset\mathbf{R}^n$是可测集，f是E上的非负可测函数，证明：

$$\int_E f(x)\mathrm{d}x=\sup\left\{\int_E\phi(x)\mathrm{d}x:\ 0\leqslant\phi\leqslant f,\ \phi\text{是}E\text{上的简单函数}\right\}$$

8. 设$E\subset\mathbf{R}^n$是可测集，$0<m(E)<\infty$，$f\in L(E)$且在E上恒取正值，证明：对于任意的$0<q\leqslant m(E)$，有

$$\inf_{A\subset E,\ m(A)\geqslant q}\int_A f(x)\mathrm{d}x > 0$$

6.2 可测函数的 Lebesgue 积分

有了非负可测函数的 Lebesgue 积分，我们可以定义一般可测函数的 Lebesgue 积分了. 设 $E\subset\mathbf{R}^n$ 是可测集，f 是 E 上的可测函数，令

$$f_+(x) = \max\{f(x),\ 0\},\ f_-(x) \doteq \max\{0,\ -f(x)\}$$

明显地，f_+、f_- 都是 E 上的非负可测函数. 注意到 $f=f_+-f_-$ 在 E 上恒成立，于是自然地引出如下定义.

定义 6.2.1 设 $E\subset\mathbf{R}^n$ 是可测集，f 是 E 上的可测函数，假如 $\int_E f_+(x)\mathrm{d}x$ 和 $\int_E f_-(x)\mathrm{d}x$ 这两个积分中至少有一个有限，则称

$$\int_E f(x)\mathrm{d}x = \int_E f_+(x)\mathrm{d}x - \int_E f_-(x)\mathrm{d}x$$

为 f 在 E 上的 Lebesgue 积分. 当 $\int_E f(x)\mathrm{d}x$ 有限时，称 f 在 E 上 Lebesgue 可积，简称 f 在 E 上可积，记为 $f\in L(E)$.

利用 Lebesgue 积分的定义，不难发现：f 在 E 上可积的充分必要条件是 $\int_E f_+(x)\mathrm{d}x$ 和 $\int_E f_-(x)\mathrm{d}x$ 都有限. 由于 $|f|=f_++f_-$ 以及 $\int_E |f(x)|\mathrm{d}x = \int_E f_+(x)\mathrm{d}x+\int_E f_-(x)\mathrm{d}x$，因此，对于可测集 E 上的可测函数 f，$f\in L(E)$ 的充分必要条件是 $|f|\in L(E)$（注意：Riemann积分没有这个性质)，这也暗示 Lebesgue 积分要比 Riemann 积分灵活得多.

下面介绍 Lebesgue 积分的基本性质.

定理 6.2.1 设 $E\subset\mathbf{R}^n$ 是可测集.

(1) 假如 $f\in L(E)$，则 f 在 E 上几乎处处有限；

(2) 假如 f 和 g 在 E 上几乎处处相等，则它们在 E 上的积分值相等；

(3) 假如 $f,\ g\in L(E)$，则对于任意的实数 α、β，有 $\alpha f+\beta g\in L(E)$.

证明 结论(2)是明显的，结论(3)可由定义 6.2.1 和定理 6.1.3 的结论(2)直接推出. 为证明结论(1)，设 $E_k=\{x:\ |f(x)|>k\}$，则 $\{E_k\}$ 是单减集合列且

$$\lim_{k\to\infty}E_k = \bigcap_{k=1}^{\infty}E_k = \{x:\ |f(x)|=\infty\}$$

对于任意的正整数 k，有

$$\int_E |f(x)|\,\mathrm{d}x \geqslant \int_{E_k} |f(x)|\,\mathrm{d}x \geqslant k\int_{E_k} \mathrm{d}x = km(E_k)$$

所以$\lim\limits_{k\to\infty} m(E_k)=0$. 另一方面，由定理 4.2.5 可知

$$m(\lim_{k\to\infty} E_k) = \lim_{k\to\infty} m(E_k)$$

结合上述即得 $m(E(|f|=\infty))=0$. □

我们知道，函数 f 在某个区间上 Riemann 可积的一个必要条件是 f 在这个区间上有界. 函数的 Lebesgue 可积性虽然不一定能保证有界，但由定理 6.2.1 的结论(1)的证明过程可知，假如 $f\in L(E)$，则 f 在 E 的某个"小测度"子集合外有界.

例 6.2.1(积分的变量变换)　设 $E\subset\mathbf{R}^n$ 是可测集，对于 $a\in\mathbf{R}\setminus\{0\}$，$b\in\mathbf{R}^n$，记 $E_{a,b}=\{ax+b: x\in E\}$. 假如 $f\in L(E_{a,b})$，则

$$\int_E f(ax+b)\,\mathrm{d}x = \frac{1}{|a|^n}\int_{E_{a,b}} f(x)\,\mathrm{d}x$$

证明　假如 f 是 $E_{a,b}$上的非负简单函数，也就是说，存在正常数 c_1，…，c_l和 $E_{a,b}$的相互不交的可测子集 E_1，…，E_l，$\bigcup\limits_{k=1}^{l} E_k=E_{a,b}$，使得

$$f(x) = \sum_{k=1}^{l} c_k \chi_{E_k}(x)$$

由非负简单函数的 Lebesgue 积分的定义，有

$$\int_{E_{a,b}} f(x)\,\mathrm{d}x = \sum_{k=1}^{l} c_k m(E_k)$$

令

$$f(ax+b) = \sum_{k=1}^{l} c_k \chi_{E_k}(ax+b)$$

注意到

$$\chi_{E_k}(ax+b) = \chi_{E^*_{k;a,b}}(x)$$

其中

$$E^*_{k;a,b} = \{(y-b)/a: y\in E_k\}$$

明显地，$\{E^*_{k;a,b}\}_{k=1}^{l}$是两两互相不交的集合族且$\bigcup\limits_{k=1}^{l} E^*_{k;a,b}=E$. 再次利用非负简单函数的 Lebesgue 积分的定义以及 4.1 节习题 4 可知

$$\int_E f(ax+b)\,\mathrm{d}x = \sum_{k=1}^{l} c_k m(E^*_{k;a,b}) = \frac{1}{|a|^n}\sum_{k=1}^{l} c_k m(E_k)$$

所以

$$\int_E f(ax+b)\,\mathrm{d}x = \frac{1}{|a|^n}\int_{E_{a,b}} f(x)\,\mathrm{d}x$$

现在考虑 f 是 $E_{a,b}$ 上非负可测函数的情形．此时，存在 $E_{a,b}$ 上单增收敛于 f 的非负简单函数列 $\{g_k\}$，再利用非负可测函数的 Lebesgue 积分的定义即得

$$\int_{E_{a,b}} f(x)\mathrm{d}x = \lim_{k\to\infty}\int_{E_{a,b}} g_k(x)\mathrm{d}x = |a|^n \lim_{k\to\infty}\int_E g_k(ax+b)\mathrm{d}x$$

$$= |a|^n\int_E f(ax+b)\mathrm{d}x$$

最后一个等式是由于 $\{g_k(ax+b)\}$ 是 E 上单增收敛于 $f(ax+b)$ 的简单函数列．

最后考虑 f 是 $E_{a,b}$ 上的可积函数的情形．由已经证明的结果可知

$$\int_E f_+(ax+b)\mathrm{d}x = \frac{1}{|a|^n}\int_{E_{a,b}} f_+(x)\mathrm{d}x$$

$$\int_E f_-(ax+b)\mathrm{d}x = \frac{1}{|a|^n}\int_{E_{a,b}} f_-(x)\mathrm{d}x$$

从而

$$\int_E f(ax+b)\mathrm{d}x = \frac{1}{|a|^n}\int_{E_{a,b}} f(x)\mathrm{d}x$$ □

按照 Riemann 积分的定义，不难发现：假如 f 在 $[a,b]$ 上 Riemann 可积，则

$$(\mathrm{R})\lim_{\ell(\Delta)\to 0}\int_\Delta f(x)\mathrm{d}x = 0$$

这里 Δ 是 $[a,b]$ 的闭子区间，(R)表示 Riemann 积分．粗略地，对 Riemann 可积函数来说，当积分区域适当小时，可以保证相应区间上的积分的绝对值足够小，下面介绍的结论显示：Lebesgue 积分有着更好的性质．

定理 6.2.2（积分的绝对连续性） 设 $E\subset\mathbf{R}^n$ 是可测集，$f\in L(E)$，则对于任意的 $\varepsilon>0$，存在 $\delta>0$，使得当 $F\subset E$ 且 $m(F)<\delta$ 时，有

$$\left|\int_F f(x)\mathrm{d}x\right| < \varepsilon$$

证明 不妨设 f 是非负的，否则考虑 $|f|$．利用非负可测函数的 Lebesgue 积分的定义，可以取 E 上非负单增的简单函数列 $\{\phi_k\}$，它在 E 上处处收敛于 f，从而

$$\int_E f(x)\mathrm{d}x = \lim_{k\to\infty}\int_E \phi_k(x)\mathrm{d}x$$

对于任意的 $\varepsilon>0$，取正整数 N，使得

$$\int_E f(x)\mathrm{d}x - \int_E \phi_N(x)\mathrm{d}x < \varepsilon/2$$

现在设 ϕ_N 在 E 上的最大值为 M，并取 $\delta=\varepsilon/(2M)$．容易看出：若 F 是 E 的可测子集且 $m(F)<\delta$，则

$$\int_F f(x)\mathrm{d}x = \int_F (f(x)-\phi_N(x))\mathrm{d}x + \int_F \phi_N(x)\mathrm{d}x < \varepsilon$$ □

下面举例说明积分的绝对连续性定理的意义.

例 6.2.2 设 $f\in L(a, b)$，假如对于任意的 $x\in(a, b)$，都有

$$\int_a^x f(t)\mathrm{d}t = 0$$

则 f 在 (a, b) 上几乎处处等于零.

证明 假设条件表明：对于任意区间 $(c, d)\subset(a, b)$，都有

$$\int_c^d f(x)\mathrm{d}x = 0$$

再利用 $\mathbf{R}$ 中开集的分解定理，可以看出：对于任意包含于 (a, b) 的开集 G，$\int_G f(x)\mathrm{d}x = 0$. 我们断言：对于 (a, b) 的任意可测子集 E，都有 $\int_E f(x)\mathrm{d}x = 0$. 事实上，对于任意的 $\varepsilon>0$，由于 f 在 $[a, b]$ 上可积，由积分的绝对连续性知，存在 $\delta>0$，使得对于 (a, b) 的任意可测子集 A，当 $m(A)<\delta$ 时有 $\left|\int_A f(x)\mathrm{d}x\right| < \varepsilon$. 若 $E\subset(a, b)$ 是可测集，则存在开集 $G\subset(a, b)$，使得 $m(G\backslash E)<\delta$，于是

$$\left|\int_E f(x)\mathrm{d}x\right| = \left|\int_G f(x)\mathrm{d}x - \int_{G\backslash E} f(x)\mathrm{d}x\right| = \left|\int_{G\backslash E} f(x)\mathrm{d}x\right| < \varepsilon$$

从而 $\int_E f(x)\mathrm{d}x = 0$.

现在可以完成结论的证明了. 设

$$A_+ = \{x \in (a, b): f(x) > 0\},\ A_- = \{x \in (a, b): f(x) < 0\}$$

它们都是 (a, b) 的可测子集. 因此

$$\int_{A_+} f(x)\mathrm{d}x = \int_{A_-} f(x)\mathrm{d}x = 0$$

再结合 6.1 节习题 2 的结论即知 $m(A_+) = m(A_-) = 0$，从而 f 在 (a, b) 上几乎处处等于零. □

我们知道，Riemann 可积函数可以用性质好的函数(连续函数、阶梯函数、多项式)来逼近，有关的逼近定理深刻地揭示了 Riemann 可积函数的分析性质. 本节的最后来证明这些逼近性质对 Lebesgue 可积函数也成立. 有关结论其实是可积函数的绝对连续性的推论.

引理 6.2.1 设 $E\subset\mathbf{R}^n$ 是可测集，$f\in L(E)$，则对于任意的 $\varepsilon>0$，存在 E 上的有界可测函数 g，使得

$$\int_E |f(x) - g(x)| \mathrm{d}x < \varepsilon$$

证明 对于正整数 N，令 $E_N = \{x\in E: |f(x)|>N\}$. 定理 6.2.1 结论(1)的证明过程告诉我们 $\lim\limits_{N\to\infty} m(E_N) = 0$，再结合积分的绝对连续性定理即知：对于任意的 $\varepsilon>0$，存在 $N\in\mathbf{N}$，使得

$$\int_{E_N} |f(x)| \mathrm{d}x < \varepsilon$$

令 $g(x)=f(x)\chi_{E\setminus E_N}(x)$，容易看出这个 g 就是我们要找的有界可积函数. □

定理 6.2.3 设 $E\subset\mathbf{R}^n$ 是可测集，$f\in L(E)$，则对于任意的 $\varepsilon>0$，存在 $\mathbf{R}^n$ 上的有界连续函数 g，使得

$$\sup_{x\in\mathbf{R}^n} |g(x)| \leqslant \sup_{x\in E} |f(x)|, \quad \int_E |f(x)-g(x)| \mathrm{d}x < \varepsilon$$

证明 由引理 6.2.1，不妨假设 $N=\sup\limits_{x\in E}|f(x)|<\infty$. 由 Lusin 定理知，存在 $\mathbf{R}^n$ 上的连续函数 g，使得 $\sup\limits_{x\in\mathbf{R}^n}|g(x)|\leqslant N$ 且 $m(E(f\neq g))<\varepsilon/(2N)$，于是有

$$\int_E |f(x)-g(x)| \mathrm{d}x \leqslant \int_{E(f\neq g)} |f(x)-g(x)| \mathrm{d}x < \varepsilon$$

□

定理 6.2.3 的推论如下：

推论 6.2.1 设 $E\subset\mathbf{R}^n$ 是可测集，$f\in L(E)$，则存在 $\mathbf{R}^n$ 上有界的连续函数列 $\{g_k\}$，使得

$$\lim_{k\to\infty}\int_E |f(x)-g_k(x)| \mathrm{d}x = 0, \sup_{k\in\mathbf{N}} \sup_{x\in\mathbf{R}^n} |g_k(x)| \leqslant \sup_{x\in E} |f(x)|$$

且

$$\lim_{k\to\infty} g_k(x) = f(x)$$

在 E 上几乎处处成立.

证明 对于任意的正整数 k，由定理 6.2.3 知，存在 $\mathbf{R}^n$ 上的有界连续函数 f_k，使得

$$\sup_{k\in\mathbf{N}} \sup_{x\in\mathbf{R}^n} |f_k(x)| \leqslant \sup_{x\in E} |f(x)|$$

且

$$\int_E |f(x)-f_k(x)| \mathrm{d}x < 1/k$$

明显地，对于任意的 $\sigma>0$，有

$$\sigma m(E(|f_k-f|>\sigma)) < 1/k$$

所以 $\{f_k\}$ 在 E 上依测度收敛于 f. 由 Riesz 定理，可以找到 $\{f_k\}$ 的子列 $\{f_{k_j}\}$，该子列在 E 上几乎处处收敛于 f. 令 $g_j=f_{k_j}$，则 $\{g_j\}$ 就是我们要找的连续函数列. □

习 题

1. 设 $E\subset\mathbf{R}^n$ 可测且 $m(E)<\infty$，$\{f_k\}$ 是 E 上的可测函数列，证明：$\{f_k\}$ 依测度收敛于

零的充分必要条件是

$$\lim_{k\to\infty}\int_E \frac{|f_k(x)|}{1+|f_k(x)|}\mathrm{d}x = 0$$

（提示：$g(t)=t/(1+t)$是$[0, \infty)$上的单增函数，从而对于任意的$\sigma>0$，有$E(|f_k|\geqslant\sigma)\subset E(|f_k|/(1+|f_k|)\geqslant\sigma/(1+\sigma))$.）

2. 设$E\subset\mathbf{R}^n$是可测集，$f\in L(E)$，证明：f在E上几乎处处等于零的充分必要条件是：对于E的任意可测子集A，有$\int_A f(x)\mathrm{d}x = 0$.

3. 设$E\subset\mathbf{R}^n$是可测集，$f\in L(E)$，证明：$\lim\limits_{k\to\infty}km(E(|f|>k))=0$.

4. 设$E\subset\mathbf{R}$是可测集，$f\in L(E)$，证明：

(1) $F(x)=\int_{(-\infty,\,x)\cap E} f(t)\mathrm{d}t$是关于$x$的一致连续函数；

(2) 假如$c=\int_E f(x)\mathrm{d}x>0$，则有$E$的可测子集$E_1$，使得$\int_{E_1} f(x)\mathrm{d}x = c/2$.

5. 设$E\subset\mathbf{R}^n$，$m(E)<\infty$，f是E上的非负可测函数，假如f在E上的积分具有绝对连续性，证明：f在E上可积.

6. 设$E\subset\mathbf{R}^n$是可测集，$m(E)<\infty$，$\{f_\lambda\}_{\lambda\in\Lambda}$是$E$上一族可积函数列. 假如对于任意的$\varepsilon>0$，存在$\delta>0$，使得对于任意的$\lambda\in\Lambda$以及$E$的任意可测子集$E_\delta$，只要$m(E_\delta)<\delta$，就有

$$\int_{E_\delta} |f_\lambda(x)|\,\mathrm{d}x<\varepsilon$$

则称$\{f_\lambda\}_{\lambda\in\Lambda}$在$E$上**等度绝对连续**. 证明下面三个条件是等价的.

(1) $\{f_\lambda\}_{\lambda\in\Lambda}$在$E$上等度绝对连续；

(2) 任给$\varepsilon>0$，存在正整数k，使得

$$\sup_{\lambda\in\Lambda}\int_{E(|f_\lambda|>k)} |f_\lambda(x)|\,\mathrm{d}x<\varepsilon$$

(3) 存在正数M以及$[0, \infty)$上的单增函数ϕ，当$t\to\infty$时，$\phi(t)\to\infty$，使得

$$\sup_{\lambda\in\Lambda}\int_E |f_\lambda(x)|\,\phi(|f(x)|)\mathrm{d}x<\infty$$

（明显地，$\{f_\lambda\}_{\lambda\in\Lambda}$在$E$上等度绝对连续隐含着$\sup\limits_{\lambda\in\Lambda}\int_E |f_\lambda(x)|\,\mathrm{d}x<\infty$.）

7. 设$E\subset\mathbf{R}^n$是可测集，$\{f_k\}$是E上的可积函数列，f是E上的可测函数，假如

$$\lim_{k\to\infty}\int_E |f_k(x)-f(x)|\,\mathrm{d}x = 0$$

证明：$\{f_k\}$在E上依测度收敛于f，且$\{f_k\}$在E上等度绝对连续.

8. 设f在$[a, b]$上可积，证明：

(1) 对于任意的$\varepsilon>0$，存在多项式P，使得$\int_a^b |f(x)-P(x)|\,\mathrm{d}x<\varepsilon$；

(2) $\lim\limits_{k\to\infty}\int_a^b f(x)\cos kx\,\mathrm{d}x = 0$，$\lim\limits_{k\to\infty}\int_a^b f(x)\sin kx\,\mathrm{d}x = 0$；

(3) $\lim\limits_{k\to\infty}\int_a^b f(x)\mid\cos kx\mid\mathrm{d}x = \dfrac{2}{\pi}\int_a^b f(x)\mathrm{d}x$.

6.3 Lebesgue 积分的极限定理

极限与有限和可以交换顺序，但与无限和则未必可以交换顺序，而极限与无限求和的换序条件是分析理论中关注的重要问题之一. 和 Riemann 积分类似，Lebesgue 积分实质上也是无限求和. 因此，Lebesgue 积分与极限的换序问题也不是无条件的. 和 Riemann 积分相比，Lebesgue 积分的定义相当灵活，因此可以想象：Lebesgue 积分和极限的换序条件可能不会像 Riemann 积分和极限的换序条件那样苛刻. 本节的主要结论将证实这一点.

从非负可测函数的 Lebesgue 积分的定义可以得出下面的结论.

定理 6.3.1(Levi 单调收敛定理)　设 $E\subset\mathbf{R}^n$ 是可测集，$\{f_k\}$ 是可测集 E 上的非负可测函数列. 若对于任意的 $x\in E$，$\{f_k(x)\}$ 是单增数列且

$$\lim_{k\to\infty}f_k(x) = f(x)$$

在 E 上几乎处处成立，则

$$\int_E f(x)\mathrm{d}x = \lim_{k\to\infty}\int_E f_k(x)\mathrm{d}x \tag{6.3.1}$$

证明　对于固定的正整数 k，设 $\{\phi_j^{(k)}\}$ 是单增收敛于 f_k 的非负简单函数列. 对于每一个正整数 j，令

$$\psi_j(x) = \max_{1\leqslant l\leqslant j}\phi_j^{(l)}(x)$$

如图 6-3-1 所示，容易看出 ψ_j 是非负简单函数且对于任意的 $x\in E$，有

$$0\leqslant\psi_1(x)\leqslant\cdots\leqslant\psi_j(x)\leqslant\cdots$$

$$\phi_j^{(k)}(x)\leqslant\psi_j(x)\leqslant f_j(x),\ 1\leqslant k\leqslant j \tag{6.3.2}$$

从而，当 $1\leqslant k\leqslant j$ 时，有

$$\int_E\phi_j^{(k)}(x)\mathrm{d}x\leqslant\int_E\psi_j(x)\mathrm{d}x\leqslant\int_E f_j(x)\mathrm{d}x \tag{6.3.3}$$

在式(6.3.2)和式(6.3.3)中，固定 k 并令 $j\to\infty$，可知对 $x\in E$，有

$$f_k(x)\leqslant\lim_{j\to\infty}\psi_j(x)\leqslant f(x) \tag{6.3.4}$$

以及

$$\int_E f_k(x)\mathrm{d}x\leqslant\lim_{j\to\infty}\int_E\psi_j(x)\mathrm{d}x\leqslant\lim_{j\to\infty}\int_E f_j(x)\mathrm{d}x \tag{6.3.5}$$

在式(6.3.4)和式(6.3.5)中令 $k\to\infty$，即得：对于几乎处处的 $x\in E$，有

$$\lim_{j\to\infty}\psi_j(x) = f(x) \tag{6.3.6}$$

$$\lim_{k\to\infty}\int_E f_k(x)\mathrm{d}x = \lim_{j\to\infty}\int_E \psi_j(x)\mathrm{d}x \tag{6.3.7}$$

式(6.3.6)以及$\{\psi_j\}$的单增性表明：

$$\int_E f(x)\mathrm{d}x = \lim_{j\to\infty}\int_E \psi_j(x)\mathrm{d}x$$

再结合式(6.3.7)即可得出理想的结论. □

$$\begin{array}{cccccccc}
f_1(x) & f_2(x) & f_3(x) & \cdots & f_j(x) & \cdots & & \\
\vdots & \vdots & \vdots & & \vdots & & & \\
\phi_j^{(1)}(x) & \phi_j^{(2)}(x) & \phi_j^{(3)}(x) & \cdots & \phi_j^{(j)}(x) & \cdots & \psi_j(x) \\
\vdots & \vdots & \vdots & \ddots & \vdots & & \vdots \\
\phi_3^{(1)}(x) & \phi_3^{(2)}(x) & \phi_3^{(3)}(x) & \cdots & & \cdots & \psi_3(x) \\
\phi_2^{(1)}(x) & \phi_2^{(2)}(x) & & \cdots & & \cdots & \psi_2(x) \\
\phi_1^{(1)}(x) & & & \cdots & & \cdots & \psi_1(x)
\end{array}$$

图 6-3-1　ψ_j 的构造

例 6.3.1　设 $f\in L(\mathbf{R}^n)$，$R>0$，函数 M_Rf 定义如下：

$$M_Rf(x) = \sup_{0<r<R}\frac{1}{|B(x,r)|}\int_{B(x,r)}|f(y)|\,\mathrm{d}y$$

令 $Mf(x)=\sup\limits_{R>0}M_Rf(x)$（它称为 f 的 **Hardy-Littlewood 极大函数**），则 M_Rf 和 Mf 是 $\mathbf{R}^n$ 上的可测函数. 假如存在常数 C，使得对于任意的 $\lambda>0$，有

$$m(\{x\in\mathbf{R}^n: M_Rf(x)>\lambda\})\leqslant C\int_{\mathbf{R}^n}|f(y)|\,\mathrm{d}y \tag{6.3.8}$$

则

$$m(\{x\in\mathbf{R}^n: Mf(x)>\lambda\})\leqslant C\int_{\mathbf{R}^n}|f(y)|\,\mathrm{d}y \tag{6.3.9}$$

也成立.

证明　利用积分的绝对连续性，容易证明：当 $f\in L^1(\mathbf{R}^n)$时，对于任意固定的 $r>0$，函数

$$g_r(x) = \frac{1}{|B(x,r)|}\int_{B(x,r)}|f(y)|\,\mathrm{d}y$$

是 $\mathbf{R}^n$上的连续函数. 再结合 5.1 节习题 2 即知 M_Rf 是 $\mathbf{R}^n$上的可测函数. 另一方面，如取正数列$\{R_k\}$，$R_k\to\infty$，明显地 $Mf(x)=\sup\limits_{k\geqslant 1}M_{R_k}f(x)$. 因此，由定理 5.1.3 知，$Mf$ 也是 $\mathbf{R}^n$上的可测函数.

现在证明不等式(6.3.8)成立时估计式(6.3.9)也成立. 事实上，注意到

$$\{x \in \mathbf{R}^n : Mf(x) > \lambda\} = \lim_{k\to\infty}\{x \in \mathbf{R}^n : M_{R_k}f(x) > \lambda\}$$

由 2.1 节习题 4 和 Levi 单调收敛定理可知

$$\begin{aligned} m(\{x \in \mathbf{R}^n : Mf(x) > \lambda\}) &= \int_{\mathbf{R}^n} \chi_{\{x\in\mathbf{R}^n : Mf(x)>\lambda\}}(x)\mathrm{d}x \\ &= \lim_{k\to\infty}\int_{\mathbf{R}^n} \chi_{\{x\in\mathbf{R}^n : M_{R_k}f(x)>\lambda\}}(x)\mathrm{d}x \\ &= \lim_{k\to\infty} m(\{x \in \mathbf{R}^n : M_{R_k}f(x) > \lambda\}) \end{aligned}$$

从而得到理想的结论. □

Levi 单调收敛定理的推论如下：

推论 6.3.1（逐项积分定理） 设 $E\subset\mathbf{R}^n$ 是可测集，$\{f_k\}$ 是 E 上的非负可测函数列，则

$$\int_E \sum_{k=1}^{\infty} f_k(x)\mathrm{d}x = \sum_{k=1}^{\infty}\int_E f_k(x)\mathrm{d}x$$

证明 令 $u_k(x) = \sum_{j=1}^{k} f_j(x)$，则 $\{u_k\}$ 是 E 上非负单增的可测函数列. 由 Levi 单调收敛定理知

$$\int_E \lim_{k\to\infty} u_k(x)\mathrm{d}x = \lim_{k\to\infty}\int_E u_k(x)\mathrm{d}x = \lim_{k\to\infty}\sum_{j=1}^{k}\int_E f_j(x)\mathrm{d}x = \sum_{k=1}^{\infty}\int_E f_k(x)\mathrm{d}x \qquad \square$$

推论 6.3.2 设 $E\subset\mathbf{R}^n$ 是可测集，$E = \bigcup_{k=1}^{\infty} E_k$ 且 $\{E_k\}$ 是两两互不相交的可测集合列. 假如 $f\in L(E)$，则对于任意的正整数 k，f 在 E_k 上可积且

$$\int_E f(x)\mathrm{d}x = \sum_{k=1}^{\infty}\int_{E_k} f(x)\mathrm{d}x$$

证明 不妨设 f 在 E 上非负（否则分别考虑 f_+ 和 f_-），令

$$f_k(x) = f(x)\sum_{j=1}^{k}\chi_{E_j}(x)$$

则 $\{f_k\}$ 是非负单增可测函数列且对于任意的 $x\in E$，有 $f_k(x)\to f(x)$. 由 Levi 单调收敛定理知

$$\begin{aligned} \int_E f(x)\mathrm{d}x &= \lim_{k\to\infty}\int_E f_k(x)\mathrm{d}x \\ &= \lim_{k\to\infty}\sum_{j=1}^{k}\int_{E_j} f(x)\mathrm{d}x \\ &= \sum_{k=1}^{\infty}\int_{E_k} f(x)\mathrm{d}x \end{aligned} \qquad \square$$

必须指出：推论 6.3.2 中的 $f\in L(E)$ 这个条件是本质性的. 为说明这个事实，考虑函数

$$f(x)=\frac{(-1)^{k+1}}{k},\quad x\in[k,k+1)$$

f 在$[1,\infty)$上不可积($|f|$在$[1,\infty)$上不可积)，但是 $\sum\limits_{k=1}^{\infty}\int_{[k,k+1)}f(x)\mathrm{d}x$ 收敛.

我们知道，假如 f 在无穷区间$[a,\infty)$上(广义)Riemann 可积，则

$$\lim_{A\to\infty}\int_A^{\infty}f(x)\mathrm{d}x=0$$

或者说，如果一个函数在某个无穷区间$[a,\infty)$上广义 Riemann 可积，则对整个区间上的积分的贡献主要来自函数在$[a,\infty)$的有限子区间上的积分. 对于 Lebesgue 可积函数，我们自然会期望有类似的结论. 下面的推论对上述问题给出了肯定的回答.

推论 6.3.3　设 $E\subset\mathbf{R}^n$ 是可测集，$f\in L(E)$，则对于任意的 $\varepsilon>0$，存在正整数 N，使得

$$\int_{E\cap\{x:\,|x|>N\}}|f(x)|\,\mathrm{d}x<\varepsilon$$

证明　令 $E_0=E\cap\{x:|x|\leqslant 1\}$，$E_k=E\cap\{x:k<|f(x)|\leqslant k+1\}(k\in\mathbf{N})$. 明显地，$\{E_k\}_{k\geqslant 0}$ 是两两相互不交的可测集合列，且 $\bigcup\limits_{k=0}^{\infty}E_k=E$，从而由推论 6.3.2 知

$$\int_E|f(x)|\,\mathrm{d}x=\sum_{k=0}^{\infty}\int_{E_k}|f(x)|\,\mathrm{d}x$$

因此

$$\lim_{N\to\infty}\sum_{k=N}^{\infty}\int_{E_k}|f(x)|\,\mathrm{d}x=0$$

再次利用推论 6.3.2 即可得到理想的结论.　□

利用推论 6.3.3，并重复定理 6.2.3 的证明过程(留作习题)，容易看出：定理 6.2.3 可以改进为定理 6.3.2.

定理 6.3.2　设 $E\subset\mathbf{R}^n$ 是可测集，$f\in L(E)$，则对于任意的 $\varepsilon>0$，存在 $\mathbf{R}^n$ 上有紧支集的连续函数 g，使得

$$\sup_{x\in\mathbf{R}^n}|g(x)|\leqslant\sup_{x\in E}|f(x)|,\quad\int_E|f(x)-g(x)|\,\mathrm{d}x<\varepsilon$$

例 6.3.2　设 $f\in L(\mathbf{R}^n)$，则

$$\lim_{h\to 0}\int_{\mathbf{R}^n}|f(x+h)-f(x)|\,\mathrm{d}x=0$$

证明　先假设 f 是 $\mathbf{R}^n$ 中的连续函数且对某个 $R>0$，$\mathrm{supp}f\subset B(0,R)$. 对于任意的 $\varepsilon>0$，存在 $\delta>0$，使得当$|h|<\min\{1,\delta\}$时，对于任意的 $x\in B(0,R+1)$，有

$$|f(x)-f(x+h)|<\frac{\varepsilon}{|B(0,R+1)|}$$

因此

$$\int_{\mathbf{R}^n} |f(x+h)-f(x)|\,\mathrm{d}x < \varepsilon$$

这证实了当 f 是 $\mathbf{R}^n$ 中有紧支集的连续函数时结论成立.

现假设 $f\in L(\mathbf{R}^n)$. 对于任意的 $\varepsilon>0$, 由定理 6.3.2 可知: 存在 $\mathbf{R}^n$ 中有紧支集的连续函数 g, 使得

$$\int_{\mathbf{R}^n} |f(x)-g(x)|\,\mathrm{d}x < \varepsilon/3$$

利用已经证得的结论即知: 存在 $\delta>0$, 使得当 $|h|<\delta$ 时, 有

$$\int_{\mathbf{R}^n} |g(x+h)-g(x)|\,\mathrm{d}x < \varepsilon/3$$

再结合例 6.2.1 即得

$$\begin{aligned}\int_{\mathbf{R}^n} |f(x+h)-f(x)|\,\mathrm{d}x &\leqslant \int_{\mathbf{R}^n} |f(x+h)-g(x+h)|\,\mathrm{d}x \\ &\quad + \int_{\mathbf{R}^n} |f(x)-g(x)|\,\mathrm{d}x \\ &\quad + \int_{\mathbf{R}^n} |g(x+h)-g(x)|\,\mathrm{d}x \\ &< \varepsilon\end{aligned}$$

这就完成了结论的证明. □

推论 6.3.3 表明: 若可测函数在无界区域上可积, 则该函数在无穷远附近的积分对整个积分的贡献"很小", 但这并不意味着这个可积函数在无穷远处趋于零. 为说明这一点, 考虑定义于 $[1,\infty)$ 上的函数

$$f(x)=\begin{cases}k, & x\in[k,k+1/k^3]\\ 0, & x\in[1,\infty)\setminus\left(\bigcup\limits_{k=1}^{\infty}[k,k+1/k^3]\right)\end{cases}$$

它在 $[1,\infty)$ 上可积, 但是当 $x\to\infty$ 时 $f(x)$ 不收敛.

下面再介绍一些关于积分极限的定理, 它们其实都是单调收敛定理的延伸.

定理 6.3.3(Fatou 引理) 设 $E\subset\mathbf{R}^n$ 是可测集, $\{f_k\}$ 是 E 上的非负可测函数列, 则

$$\int_E \varliminf_{k\to\infty} f_k(x)\,\mathrm{d}x \leqslant \varliminf_{k\to\infty}\int_E f_k(x)\,\mathrm{d}x \tag{6.3.10}$$

证明 对于任意的正整数 k, 记

$$h_k(x)=\inf_{j\geqslant k} f_j(x),\quad x\in E$$

则 $\{h_k\}$ 是非负单增可测函数列且对于任意的 $x\in E$, 有 $\lim\limits_{k\to\infty}h_k(x)=\varliminf\limits_{k\to\infty}f_k(x)$. 因此, 由单调收敛定理得

$$\int_E \varliminf_{k\to\infty} f_k(x)\,\mathrm{d}x=\int_E \lim_{k\to\infty} h_k(x)\,\mathrm{d}x=\lim_{k\to\infty}\int_E h_k(x)\,\mathrm{d}x\leqslant\varliminf_{k\to\infty}\int_E f_k(x)\,\mathrm{d}x$$

Fatou 引理非常简单，它仅仅要求函数列中的函数都是非负可测的．在此条件下，若 $\underline{\lim}_{k\to\infty}\int_E f_k(x)\mathrm{d}x<\infty$，则 $\underline{\lim}_{k\to\infty} f_k$ 在 E 上可积．另一方面，必须指出：不等式(6.3.10)不能改成等式．事实上，如取 $E=[0,1]$，$f_k(x)=k\chi_{[0,1/k]}(x)$，则 $\{f_k\}$ 在 $(0,1]$ 上处处收敛于零．所以

$$\int_E \underline{\lim}_{k\to\infty} f_k(x)\mathrm{d}x=0<1=\lim_{k\to\infty}\int_E f_k(x)\mathrm{d}x$$

□

例 6.3.3　设 $E\subset\mathbf{R}^n$ 是可测集，$\{f_k\}$ 是 E 上的可积函数列且 $\{f_k\}$ 在 E 上几乎处处收敛于 f，则

$$\lim_{k\to\infty}\int_E |f_k(x)-f(x)|\mathrm{d}x=0$$

的充分必要条件是

$$\lim_{k\to\infty}\int_E |f_k(x)|\mathrm{d}x=\int_E |f(x)|\mathrm{d}x$$

证明　必要性是明显的，仅证明充分性．令

$$F_k(x)=|f_k(x)|+|f(x)|-|f_k(x)-f(x)|$$

则 F_k 是非负的．明显地，$\{F_k\}$ 在 E 上几乎处处收敛于 $2|f|$．由 Fatou 引理知

$$\int_E \underline{\lim}_{k\to\infty} F_k(x)\mathrm{d}x\leqslant\underline{\lim}_{k\to\infty}\int_E F_k(x)\mathrm{d}x$$

这隐含着

$$2\int_E |f(x)|\mathrm{d}x\leqslant 2\int_E |f(x)|\mathrm{d}x-\overline{\lim}_{k\to\infty}\int_E |f_k(x)-f(x)|\mathrm{d}x$$

所以

$$\overline{\lim}_{k\to\infty}\int_E |f_k(x)-f(x)|\mathrm{d}x=0$$

从而得到理想的结论．　□

定理 6.3.3(Lebesgue 控制收敛定理)　设 $E\subset\mathbf{R}^n$ 是可测集，$\{f_k\}$ 是 E 上的可测函数列，若

$$\lim_{k\to\infty} f_k(x)=f(x),\ \text{a. e. } x\in E$$

且存在 $F\in L(E)$，使得对于任意的 $k\geqslant 1$，有

$$|f_k(x)|\leqslant F(x) \tag{6.3.11}$$

在 E 上几乎处处成立，则 $f_k(k\in\mathbf{N})$ 和 f 都在 E 上可积且

$$\int_E f(x)\mathrm{d}x=\lim_{k\to\infty}\int_E f_k(x)\mathrm{d}x \tag{6.3.12}$$

证明　式(6.3.11)意味着 $f_k\in L(E)$．由于 $|f(x)|\leqslant F(x)$ 在 E 上几乎处处成立，所以 f 在 E 上也可积．另一方面，式(6.3.11)还意味着对于任意的 $k\geqslant 1$ 和几乎处处的

$x \in E$，有

$$F(x) \pm f_k(x) \geqslant 0$$

利用 Fatou 引理即得

$$\int_E \varliminf_{k\to\infty}[F(x) \pm f_k(x)]\mathrm{d}x \leqslant \varliminf_{k\to\infty}\int_E [F(x) \pm f_k(x)]\mathrm{d}x$$

这又隐含着

$$\pm\int_E f(x)\mathrm{d}x \leqslant \varliminf_{k\to\infty}\left[\pm\int_E f_k(x)\mathrm{d}x\right]$$

从而

$$\int_E f(x)\mathrm{d}x \leqslant \varliminf_{k\to\infty}\int_E f_k(x)\mathrm{d}x$$

$$-\int_E f(x)\mathrm{d}x \leqslant -\varlimsup_{k\to\infty}\int_E f_k(x)\mathrm{d}x$$

综合最后两个不等式，最终得到

$$\varlimsup_{k\to\infty}\int_E f_k(x)\mathrm{d}x \leqslant \int_E f(x)\mathrm{d}x \leqslant \varliminf_{k\to\infty}\int_E f_k(x)\mathrm{d}x$$

从而等式(6.3.12)得证. □

推论 6.3.4 设 $E \subset \mathbf{R}^n$ 是可测集，$\{f_k\}$ 是 E 上的可积函数列且 $\sum\limits_{k=1}^{\infty}\int_E |f_k(x)|\mathrm{d}x$ 收敛，则级数 $\sum\limits_{k=1}^{\infty} f_k(x)$ 在 E 上几乎处处收敛；进一步，若令 $f(x) = \sum\limits_{k=1}^{\infty} f_k(x)$，则 $f \in L(E)$ 且

$$\int_E f(x)\mathrm{d}x = \sum_{k=1}^{\infty}\int_E f_k(x)\mathrm{d}x$$

证明 由逐项积分定理可知

$$\int_E \sum_{k=1}^{\infty} |f_k(x)|\mathrm{d}x = \sum_{k=1}^{\infty}\int_E |f_k(x)|\mathrm{d}x$$

因此 $\sum\limits_{k=1}^{\infty} |f_k(x)|$ 在 E 上可积从而几乎处处有限，故第一个结论成立. 明显地，$f(x) = \sum\limits_{k=1}^{\infty} f_k(x)$ 在 E 上可积. 另一方面，如令 $g_k(x) = \sum\limits_{j=1}^{k} f_j(x)$，则 $\{g_k\}$ 在 E 上几乎处处收敛于 f 且对于任意的正整数 k，有 $|g_k(x)| \leqslant |f(x)|$. Lebesgue 控制收敛定理表明

$$\int_E f(x)\mathrm{d}x = \lim_{k\to\infty}\int_E g_k(x)\mathrm{d}x = \sum_{k=1}^{\infty}\int_E f_k(x)\mathrm{d}x$$

从而结论得证. □

推论 6.3.5 设 $\{E_k\}$ 是 $\mathbf{R}^n$ 中单增的可测集合列，$E = \bigcup\limits_{k=1}^{\infty} E_k$，假如 f 是 E 上的可测函数且对于任意的正整数 k，$f \in L(E_k)$，$\lim\limits_{k\to\infty}\int_{E_k} |f(x)|\mathrm{d}x$ 存在有限，则 $f \in L(E)$ 且

$$\int_E f(x)\mathrm{d}x = \lim_{k\to\infty}\int_{E_k} f(x)\mathrm{d}x$$

由于在 E 上几乎处处成立 $\lim\limits_{k\to\infty} f(x)\chi_{E_k}(x) = f(x)$，且 $|f(x)\chi_{E_k}(x)| \leqslant |f(x)|$，故推论 6.3.5 可由 Fatou 引理和 Lebesgue 控制收敛定理直接给出.

例 6.3.4　设 $f(x, y)$ 是定义于 $D=[a, b]\times[c, d]$ 的实值函数，对于任意的 $y\in[c, d]$，有 $f(x, y)\in L([a, b])$，同时，对每一个 $(x, y)\in D$，f 在 (x, y) 点处关于 y 的偏导数 $f'_y(x, y)$ 存在. 假如存在 $g\in L([a, b])$，使得

$$|f'_y(x, y)| \leqslant g(x),\ (x, y)\in D$$

则函数 $F(y) = \int_a^b f(x, y)\mathrm{d}x$ 在 $[c, d]$ 上可导并且

$$F'(y) = \int_a^b f'_y(x, y)\mathrm{d}x$$

证明　固定 $y\in[c, d]$，对于任意收敛于 y 的点列 $\{y_k\}\subset[c, d]$，由微分中值定理可知

$$\frac{f(x, y_k) - f(x, y)}{y_k - y} = f'_y(x, z),\ z \text{ 介于 } y \text{ 和 } y_k \text{ 之间}$$

注意到 $\lim\limits_{k\to\infty}\dfrac{f(x, y_k)-f(x, y)}{y_k - y} = f'_y(x, y)$ 且 $|f'_y(x, y)|\leqslant g(x)$ 对于任意 $x, y\in D$ 都成立，由 Lebesgue 控制收敛定理即得

$$\lim_{k\to\infty}\frac{F(y_k)-F(y)}{y_k - y} = \lim_{k\to\infty}\int_a^b \frac{f(x, y_k)-f(x, y)}{y_k - y}\mathrm{d}x = \int_a^b f'_y(x, y)\mathrm{d}x$$

再由 $\{y_k\}\subset[c, d]$ 的任意性即可得到理想的结论.　□

例 6.3.5　假如 f 在 $\mathbf{R}^n$ 中可测且对于任意的 $R>0$，有 $f\in L(B(0, R))$，则称 f 在 $\mathbf{R}^n$ 中局部可积，记为 $f\in L_{\mathrm{loc}}(\mathbf{R}^n)$. 现假设 $f\in L_{\mathrm{loc}}(\mathbf{R}^n)$，且对于 $\mathbf{R}^n$ 中任意有紧支集的连续函数 ϕ，都有

$$\int_{\mathbf{R}^n} f(x)\phi(x)\mathrm{d}x = 0$$

则 f 在 $\mathbf{R}^n$ 中几乎处处等于零.

证明　首先断言：在假设条件下，对于任意有界有紧支集的可测函数 ψ，都有

$$\int_{\mathbf{R}^n} f(x)\psi(x)\mathrm{d}x = 0$$

事实上，假如 ψ 是有界有紧支集的可测函数，$\mathrm{supp}\psi\subset B(0, R)$，则由推论 5.3.2 知，存在几乎处处收敛于 ψ 的连续函数列 $\{\psi_k\}$，有

$$\sup_{k\in\mathbf{N}}\sup_{x\in\mathbf{R}^n}|\psi_k(x)| < \infty,\ \mathrm{supp}\psi_k\subset\overline{B(0, R)}$$

注意到 $\int_{\mathbf{R}^n} f(x)\psi_k(x)\mathrm{d}x = 0$ 以及

$$|f(x)\psi_k(x)| \leqslant |f(x)| \sup_{k\in\mathbf{N}} \sup_{y\in\mathbf{R}^n} |\psi(y)|,\ f(x)\psi_k(x) \to f(x)\psi(x),\ \text{a. e. } x \in \mathbf{R}^n$$

利用控制收敛定理即知断言成立.

现在证明 f 在 $\mathbf{R}^n$ 中几乎处处等于零. 对 $k\in\mathbf{N}$，取

$$A_k^+ = \{x \in \mathbf{R}^n : |x| < k,\ f(x) > 0\},\ A_k^- = \{x \in \mathbf{R}^n : |x| < k,\ f(x) < 0\}$$

则 $\chi_{A_k^+}$、$\chi_{A_k^-}$ 都是 $\mathbf{R}^n$ 中有紧支集的有界可测函数. 由断言知

$$\int_{A_k^+} f(x)\mathrm{d}x = 0,\quad \int_{A_k^-} f(x)\mathrm{d}x = 0$$

由 6.1 节习题 2 的结论可知 A_k^+、A_k^- 都是零测度集合，从而 f 在 $B(0,k)$ 中几乎处处等于零. 这就说明了 f 在 $\mathbf{R}^n$ 中几乎处处等于零. □

下面的推论和 Lebesgue 控制收敛定理有一定的联系，也称为依测度控制收敛定理.

推论 6.3.6 设 $E\subset\mathbf{R}^n$ 是可测集，$\{f_k\}$ 是集合 E 上几乎处处有限的可测函数列，f 是 E 上几乎处处有限的可测函数. 假如

(1) 存在 E 上的可积函数 F 使得对于任意的 $k\geqslant 1$ 和几乎处处的 $x\in E$，有

$$|f_k(x)| \leqslant F(x)$$

(2) 在 E 上 $\{f_k\}$ 依测度收敛于 $f(x)$，

则 f 在 E 上可积且

$$\lim_{k\to\infty}\int_E |f_k(x) - f(x)|\,\mathrm{d}x = 0 \tag{6.3.13}$$

证明 利用 Riesz 定理，容易看出估计式 $|f(x)|\leqslant F(x)$ 在 E 上几乎处处成立. 令

$$a_k = \int_E |f_k(x) - f(x)|\,\mathrm{d}x$$

对于 $\{a_k\}$ 的任意一个子列 $\{a_{k_j}\}$，由于 $\{f_{k_j}\}$ 在 E 上依测度收敛于 f，因此 $\{f_{k_j}\}$ 必存在几乎处处收敛于 f 的子列 $\{f_{k_{j_l}}\}$. 利用 Lebesgue 控制收敛定理，有

$$\lim_{l\to\infty}\int_E |f_{k_{j_l}}(x) - f(x)|\,\mathrm{d}x = 0$$

这说明 $\{a_{k_j}\}$ 有子列 $\{a_{k_{j_l}}\}$ 收敛于 0. 所以，$\{a_k\}$ 收敛于零，即式(6.3.13)成立. □

我们讨论了可测集上实值函数的 Lebesgue 积分，对于 $\mathbf{R}^n$ 中的可测集 E 以及 E 上的复值函数 f，记 $\mathrm{Re}f$ 和 $\mathrm{Im}f$ 分别为 f 的实部和虚部函数. 假如 $\mathrm{Re}f$ 和 $\mathrm{Im}f$ 都是 E 上的可测函数，则称 f 在 E 上可测. 类似地，假如 $\mathrm{Re}f$ 和 $\mathrm{Im}f$ 都在 E 上可积，则称 f 在 E 上可积. 容易证明：Lebesgue 控制收敛定理对于复值函数仍然成立.

例 6.3.6 对 $f\in L(\mathbf{R}^n)$，定义函数 $\mathscr{F}(f)$（f 的 Fourier 变换）如下：

$$\mathscr{F}(f)(\xi) = \int_{\mathbf{R}^n} \exp(-2\pi\mathrm{i}x\cdot\xi)f(x)\mathrm{d}x$$

则 $\mathscr{F}(f)$ 在 $\mathbf{R}^n$ 中一致连续，这里 i 表示虚数单位，即 $\mathrm{i}^2=1$，而对 $x=(x_1,\cdots,x_n)$ 和

$\xi=(\xi_1,\cdots,\xi_n)$，$x\cdot\xi$ 表示 x 和 ξ 的内积，即 $x\cdot\xi=\sum_{k=1}^{n}x_k\xi_k$.

证明　由 f 的可积性知，f 在 $\mathbf{R}^n$ 上几乎处处有限. 为方便起见，不妨设 f 在 $\mathbf{R}^n$ 上处处有限. 取 $\{\Delta_k\}\subset\mathbf{R}^n$，$|\Delta_k|\to 0$. 写

$$\begin{aligned}&\sup_{\xi\in\mathbf{R}^n}|\mathscr{F}(f)(\xi+\Delta_k)-\mathscr{F}(f)(\xi)|\\ \leqslant&\sup_{\xi\in\mathbf{R}^n}\int_{\mathbf{R}^n}|\exp(-2\pi\mathrm{i}x\cdot(\xi+\Delta_k))-\exp(-2\pi\mathrm{i}x\cdot\xi)||f(x)|\,\mathrm{d}x\\ =&\int_{\mathbf{R}^n}|\exp(-2\pi\mathrm{i}x\cdot\Delta_k)-1||f(x)|\,\mathrm{d}x\end{aligned}$$

对于任意的 $x\in\mathbf{R}^n$，有

$$\lim_{k\to\infty}|\exp(-2\pi\mathrm{i}x\cdot\Delta_k)-1||f(x)|=0$$

另一方面，我们知道

$$|\exp(-2\pi\mathrm{i}x\cdot\Delta_k)-1||f(x)|\leqslant 2|f(x)|$$

利用 f 的可积性和 Lebesgue 控制收敛定理即得

$$\lim_{k\to\infty}\int_{\mathbf{R}^n}|\exp(-2\pi\mathrm{i}x\cdot\Delta_k)-1||f(x)|\,\mathrm{d}x=0$$

所以

$$\lim_{k\to\infty}\sup_{\xi\in\mathbf{R}^n}|\mathscr{F}(f)(\xi+\Delta_k)-\mathscr{F}(f)(\xi)|=0$$

这就证明了 $\mathscr{F}(f)$ 在 $\mathbf{R}^n$ 上是一致连续的. □

习　题

1. 设 $E\subset\mathbf{R}^n$ 是可测集，$\{f_k\}$ 是 E 上的单调可积函数列(从而对于任意的 $x\in E$，$\lim_{k\to\infty}f_k(x)$ 有意义)，则

$$\int_E\lim_{k\to\infty}f_k(x)\,\mathrm{d}x=\lim_{k\to\infty}\int_E f_k(x)\,\mathrm{d}x$$

2. 设 $E\subset\mathbf{R}^n$ 是可测集且 $m(E)<\infty$，$\{f_k\}$ 在 E 上可积且等度绝对连续（等度绝对连续的定义见 6.2 节习题 7)，假如 $\{f_k\}$ 在 E 上依测度收敛于可积函数 f，证明：

$$\lim_{k\to\infty}\int_E f_k(x)\,\mathrm{d}x=\int_E f(x)\,\mathrm{d}x$$

3. 设 $E\subset\mathbf{R}^n$ 是正测度集合，f 是 E 上的可测函数且处处取正值，假如 $\{E_k\}$ 是 E 的一列可测子集且

$$\varlimsup_{k\to\infty}\int_{E_k} f(x)\mathrm{d}x = 0$$

证明：$m(\varlimsup_{k\to\infty} E_k)=0$.

4. 设 $E\subset\mathbf{R}^n$ 是可测集，$\{f_k\}$ 是 E 上的可积函数列且在 E 上依测度收敛于 f，假如

$$\lim_{k\to\infty}\int_E |f_k(x)|\mathrm{d}x = \int_E |f(x)|\mathrm{d}x$$

证明：$\lim\limits_{k\to\infty}\int_E |f_k(x)-f(x)|\mathrm{d}x = 0$.

5. 假如 f 在 $\mathbf{R}^n$ 上可积，补充什么条件能得到 $\lim\limits_{|x|\to\infty} f(x)=0$？证明你的结论.

6. 设 $E\subset\mathbf{R}^n$ 是可测集，$\{f_k\}$ 是 E 上的非负可测函数列，假如 $\{f_k\}$ 在 E 上依测度收敛于 f，证明：

$$\int_E f(x)\mathrm{d}x \leqslant \varliminf_{k\to\infty}\int_E f_k(x)\mathrm{d}x$$

7. 设 Q 是 $\mathbf{R}^n$ 中的方体，f 是 Q 上的可积函数，证明：

(1) 存在 $\alpha_Q\in\mathbf{R}$，使得

$$\int_Q |f(x)-\alpha_Q|\mathrm{d}x = \inf_{c\in\mathbf{R}}\int_Q |f(x)-c|\mathrm{d}x$$

(2) (1)中所述的 α_Q 是 f 在 Q 上的中数.

8. 设 $E\subset\mathbf{R}^n$ 是可测集，$\{f_k\}$、$\{g_k\}$ 是 E 上的可测函数列且对于任意的正整数 k 和 $x\in E$ 都有

$$|f_k(x)|\leqslant g_k(x)$$

假如 $\{f_k\}$、$\{g_k\}$ 在 E 上分别几乎处处收敛于 f、g，并且 $\int_E g_k(x)\mathrm{d}x\to\int_E g(x)\mathrm{d}x$，且 $g\in L(E)$，证明：

$$\lim_{k\to\infty}\int_E f_k(x)\mathrm{d}x = \int_E f(x)\mathrm{d}x$$

9. 设 $E\subset\mathbf{R}^n$ 是可测集，f 是 E 上的非负可积函数，$\{f_k\}$ 是 E 上的非负可积函数列，假如 $\{f_k\}$ 在 E 上几乎处处收敛于 f，且 $\int_E f_k(x)\mathrm{d}x\to\int_E f(x)\mathrm{d}x$，证明：对于 E 的任意可测子集 F，有 $\int_F f_k(x)\mathrm{d}x\to\int_F f(x)\mathrm{d}x$.

10. 设 $E\subset\mathbf{R}^n$ 是可测集，$f_k(k\in\mathbf{N})$、f、g 都是 E 上的可积函数，假如存在 $M>0$ 使得对于任意的 k 和几乎处处的 $x\in E$，有 $|f_k(x)|\leqslant M$ 且 $\int_E |f_k(x)-f(x)|\mathrm{d}x\to 0$，证明：

$$\int_E |f_k(x)-f(x)||g(x)|\mathrm{d}x\to 0$$

（提示：利用 3.1 节习题 1 的结论以及 Lebesgue 控制收敛定理.）

11. 证明下面两个条件等价.

(1) $f\in L(a, b)$;

(2) 对于任意的 $\lambda\in(a, b)$, $f\in L((a, \lambda))$ 且 $\lim\limits_{\lambda\to b-}\int_a^\lambda |f(x)|\,\mathrm{d}x$ 存在有限, 进一步, 当 $f\in L(a, b)$ 时, 有

$$\lim_{\lambda\to b-}\int_a^\lambda f(x)\,\mathrm{d}x=\int_a^b f(x)\,\mathrm{d}x$$

由此证明对于任意的 $\alpha\in(0, 1)$, $t^{-\alpha}$ 在 $[0, 1]$ 上可积.

12. 设 $E\subset\mathbf{R}^n$ 是可测集, $\{f_k\}$ 是 E 上的非负可积函数列且在 E 上依测度收敛于可积函数 f, 假如

$$\lim_{k\to\infty}\int_E f_k(x)\,\mathrm{d}x=\int_E f(x)\,\mathrm{d}x$$

证明:

$$\lim_{k\to\infty}\int_E |f_k(x)-f(x)|\,\mathrm{d}x=0$$

13. 设 $E\subset\mathbf{R}^n$, $m(E)<\infty$, f 是 E 上的非负可测函数, 证明下面三个条件等价.

(1) $f\in L(E)$;

(2) $\sum\limits_{k=1}^{\infty}2^k m(\{x\in E: f(x)\geqslant 2^k\})<\infty$;

(3) $\sum\limits_{k=1}^{\infty}m(\{x\in E: f(x)\geqslant k\})<\infty$.

6.4　回到 Riemann 积分

前面建立了 Lebesgue 积分的概念和基本性质, 在进一步研究 Lebesgue 积分之前, 应清楚它和 Riemann 积分之间的关系. 我们可以看出, Lebesgue 积分是 Riemann 积分的非常自然、朴素的推广, 更重要的是, Lebesgue 积分理论可以为研究 Riemann 积分提供很多的方便.

对于给定的区间 $[a, b]$ 和 $[a, b]$ 上的函数 f, 为清楚和方便起见, 以 $(\mathrm{R})\int_a^b f(x)\,\mathrm{d}x$ 表示 f 在 $[a, b]$ 上的 Riemann 积分.

设 f 是闭区间 $[a, b]$ 上的有界实值函数. 对于任意的 $x\in[a, b]$ 以及 $\delta>0$, 令

$$M(f)(\delta, x)=\sup_{y\in(x-\delta,\, x+\delta)\cap[a,\, b]} f(y),\quad m(f)(\delta, x)=\inf_{y\in(x-\delta,\, x+\delta)\cap[a,\, b]} f(y)$$

明显地, 当 x 固定时, $M(f)(\delta, x)$ 关于 δ 单增而 $m(f)(\delta, x)$ 关于 δ 单减, 所以

$$M_0(f)(x) = \lim_{\delta\to 0+} M(f)(\delta, x), \; m_0(f)(x) = \lim_{\delta\to 0+} m(f)(\delta, x) \tag{6.4.1}$$

存在有限且对于任意的 $x\in[a, b]$以及任意的 $\delta>0$，有

$$m(f)(\delta, x) \leqslant m_0(f)(x) \leqslant f(x) \leqslant M_0(f)(x) \leqslant M(f)(\delta, x)$$

引理 6.4.1 设 f 是$[a, b]$上的有界实值函数，$x_0\in[a, b]$，则 f 在 x_0 连续的充分必要条件是 $M_0(f)(x_0)=m_0(f)(x_0)$.

证明 先证明必要性. 对于任意的 $\varepsilon>0$，由于 f 在 x_0 连续，存在 $\delta>0$ 使得对于任意的 $x\in(x_0-\delta, x_0+\delta)\cap[a, b]$，都有

$$f(x_0)-\varepsilon/2 < f(x) < f(x_0)+\varepsilon/2$$

于是

$$M(f)(\delta, x_0) < f(x_0)+\varepsilon/2, \; m(f)(\delta, x_0) > f(x_0)-\varepsilon/2$$

所以 $M_0(f)(x_0)-m_0(f)(x_0)<\varepsilon$，从而 $M_0(f)(x_0)=m_0(f)(x_0)$.

再证明充分性. 假如 $M_0(f)(x_0)=m_0(f)(x_0)$，则对于任意的 $\varepsilon>0$，存在 $\delta>0$ 使得 $M(f)(\delta, x_0)-m(f)(\delta, x_0)<\varepsilon$，于是对于任何 x，$y\in(x_0-\delta, x_0+\delta)\cap[a, b]$，有

$$f(x)-f(y)<\varepsilon, \; f(y)-f(x)<\varepsilon$$

这意味着 $|f(x)-f(x_0)|<\varepsilon$，所以 f 在 x_0 连续. □

对于给定的闭区间$[a, b]$，令

$$T_k = \{x_j^{(k)}\}_{0\leqslant j\leqslant 2^k}, \; x_j^{(k)} = a + \frac{j(b-a)}{2^k} \tag{6.4.2}$$

以及

$$M_j^{(k)} = \sup_{x\in[x_{j-1}^{(k)}, x_j^{(k)}]} f(x), \; m_j^{(k)} = \inf_{x\in[x_{j-1}^{(k)}, x_j^{(k)}]} f(x) \tag{6.4.3}$$

$$U_k(x) = \sum_{j=1}^{2^k} M_j^{(k)} \chi_{[x_{j-1}^{(k)}, x_j^{(k)})}(x), \; u_k(x) = \sum_{j=1}^{2^k} m_j^{(k)} \chi_{[x_{j-1}^{(k)}, x_j^{(k)})}(x) \tag{6.4.4}$$

可以看出：

(1) 对于任意的正整数 k，有 $u_k(x)\leqslant f(x)\leqslant U_k(x)$；

(2) 对于任意的正整数 k，T_{k+1} 是 T_k 的加细，从而$\{U_k\}$是$[a, b]$上的单减函数列而$\{u_k\}$是$[a, b]$上的单增函数列，因此，存在$[a, b]$上有界可测函数 $U(x)$、$u(x)$，使得

$$\lim_{k\to\infty} U_k(x) = U(x), \; \lim_{k\to\infty} u_k(x) = u(x)$$

同时(由 Lebesgue 控制收敛定理)，有

$$\lim_{k\to\infty}\int_a^b U_k(x)\mathrm{d}x = \int_a^b U(x)\mathrm{d}x, \; \lim_{k\to\infty}\int_a^b u_k(x)\mathrm{d}x = \int_a^b u(x)\mathrm{d}x \tag{6.4.5}$$

(3) 沿用 1.1 节的记号，以 $S_{T_k}(f)$、$s_{T_k}(f)$分别表示 f 的相应于分割 T_k 的 Darboux 上和和 Darboux 下和. 明显地，U_k、u_k都是$[a, b]$上的简单函数，且

$$\int_a^b U_k(x)\mathrm{d}x = (\mathrm{R})\int_a^b U_k(x)\mathrm{d}x = S_{T_k}(f) \tag{6.4.6}$$

$$\int_a^b u_k(x)\mathrm{d}x = (\mathrm{R})\int_a^b u_k(x)\mathrm{d}x = s_{T_k}(f) \tag{6.4.7}$$

引理 6.4.2　假如 f 是$[a, b]$上的有界可测函数，则由式(6.4.1)定义的函数 $M_0(f)$、$m_0(f)$都是有界可测函数且

$$U(x) = M_0(f)(x), u(x) = m_0(f)(x) \tag{6.4.8}$$

在$[a, b]$上几乎处处成立，这里 U、u 分别是由式(6.4.4)定义的简单函数列$\{U_k\}$、$\{u_k\}$的极限函数.

证明　$M_0(f)$、$m_0(f)$的有界性是明显的. 对正整数 k，以 T_k 表示由式(6.4.2)给出的$[a, b]$的分割，令 $W=\bigcup\limits_{k=1}^{\infty}T_k$. 明显地，$W$ 是$[a, b]$的零测度子集，因此只要证明对于任意的 $x\in[a, b]\backslash W$，式(6.4.8)都成立.

给定 $x\in[a, b]\backslash W$，则对于任意的正整数 k，存在 $1\leqslant j\leqslant 2^k$ 使得 $x_{j-1}^{(k)}<x<x_j^{(k)}$，因此 $m_0(f)(x)\geqslant m_j^{(k)}=u_k(x)$，这意味着 $m_0(f)(x)\geqslant u(x)$. 另一方面，对于任意的 $\delta>0$，取正整数 k 足够大使得$(b-a)/2^k<\delta$ 且 T_k 的某两个相邻分割点 $x_{j-1}^{(k)}$ 和 $x_j^{(k)}$ 含于$(x-\delta, x+\delta)$，即

$$x-\delta < x_{j-1}^{(k)} < x_j^{(k)} < x+\delta$$

所以

$$m(f)(\delta, x) \leqslant m_j^{(k)} = u_k(x) \leqslant u(x)$$

在上式中令 $\delta\to 0$ 即得 $m_0(f)(x)\leqslant u(x)$. 综合上面的估计即知 $u(x)=m_0(f)(x)$. 同理，可证对 $x\in[a, b]\backslash W$，有 $M_0(f)(x)=U(x)$. □

有了这些准备工作，现在可以给出本节的主要结论了.

定理 6.4.1　假如 f 是$[a, b]$上的有界函数，则 f 在有限区间$[a, b]$上 Riemann 可积的充分必要条件是 f 在$[a, b]$上几乎处处连续；进一步，当 f 在$[a, b]$上 Riemann 可积时，f 在$[a, b]$上也 Lebesgue 可积且

$$\int_a^b f(x)\mathrm{d}x = (\mathrm{R})\int_a^b f(x)\mathrm{d}x$$

证明　假如 f 在$[a, b]$上 Riemann 可积，则由定理 1.1.2 知

$$\lim_{k\to\infty}S_{T_k}(f) = \lim_{k\to\infty}s_{T_k}(f) = (\mathrm{R})\int_a^b f(x)\mathrm{d}x$$

再结合式(6.4.5)～式(6.4.8)可知

$$\int_a^b [M_0(f)(x) - m_0(f)(x)]\mathrm{d}x = 0$$

所以 $M_0(f)(x)=m_0(f)(x)$在$[a, b]$上几乎处处成立，再由引理 6.4.1 可知 f 在$[a, b]$上几乎处处连续. 注意到 f 在$[a, b]$上 Riemann 可积时 $f(x)=M_0(f)(x)$在$[a, b]$上几乎处处成立，而 $M_0(f)$是$[a, b]$上有界可测函数，所以 $f\in L([a, b])$. 进一步，有

$$\begin{aligned}\int_a^b f(x)\mathrm{d}x &= \int_a^b M_0(f)(x)\mathrm{d}x = \int_a^b U(x)\mathrm{d}x \\ &= \lim_{k\to\infty}\int_a^b U_k(x)\mathrm{d}x = \lim_{k\to\infty} S_{T_k}(f) \\ &= (\mathrm{R})\int_a^b f(x)\mathrm{d}x\end{aligned}$$

现在假设 f 在$[a, b]$上有界且几乎处处连续，则由引理 6.4.1 和引理 6.4.2 知，在$[a, b]$上几乎处处有

$$u(x) = m_0(f)(x) = M_0(f)(x) = U(x)$$

于是

$$\begin{aligned}\lim_{k\to\infty} S_{T_k}(f) &= (\mathrm{R})\lim_{k\to\infty}\int_a^b U_k(x)\mathrm{d}x \\ &= \lim_{k\to\infty}\int_a^b U_k(x)\mathrm{d}x = \int_a^b U(x)\mathrm{d}x \\ &= \int_a^b u(x)\mathrm{d}x = \lim_{k\to\infty}\int_a^b u_k(x)\mathrm{d}x \\ &= \lim_{k\to\infty} s_{T_k}(f)\end{aligned}$$

这意味着 f 在$[a, b]$上 Lebesgue 可积. □

定理 6.4.1 简洁且清晰地说明了闭区间上函数的 Riemann 可积性与连续性之间的关系，解决了 Riemann 可积函数的不连续点集的特征刻画问题. 更重要的是，利用这个定理，Riemann 积分的一些问题在实变函数知识体系下将会显得非常简单.

例 6.4.1 Cantor 集的特征函数在$[0, 1]$上 Riemann 可积且其 Riemann 积分为零.

证明 Cantor 集 C 的特征函数χ_C在$[0, 1]$上有界，且$[0, 1]\backslash C = \bigcup_{k=1}^{\infty} I_k$，其中 I_k 是一列相互不交的开区间，明显地，对于任意的 $x\in[0, 1]\backslash C$，χ_C在 x 的某个邻域中恒等于 0，这意味着χ_C在 x 连续. 由于 C 的测度为零，所以χ_C在$[0, 1]$上几乎处处连续. 由定理 6.4.1 知χ_C在$[0, 1]$上 Riemann 可积且 $(\mathrm{R})\int_0^1 \chi_C(x)\mathrm{d}x = 0$. □

下面利用定理 6.4.1 来证明 Riemann 函数的可积性.

例 6.4.2 Riemann 函数

$$R(x) = \begin{cases} 1/q, & x = p/q,\ q > 0,\ p、q \text{ 是既约整数} \\ 0, & x \text{ 是无理数}\end{cases}$$

是$[0, 1]$上的 Riemann 可积函数.

证明 由定理 6.4.1 知，只要证明：对于$[0, 1]$中任意的无理数 x，R 在 x 连续. 事实上，对于任意的 $\varepsilon>0$，满足 $1/q\geqslant\varepsilon$ 的正整数 q 只有有限个，因此可以找到 $\delta>0$ 使得$(x-\delta, x+\delta)$中不含有满足 $1/q\geqslant\varepsilon$ 的有理数 p/q. 也就是说，对于任意的 $y\in(x-\delta, x+\delta)$，有

$$|R(y)-R(x)|<\varepsilon$$

所以 R 在 x 点连续. □

上面讨论的是区间上 Riemann 积分和 Lebesgue 积分之间的关系. 我们自然要问：区间上无界函数的广义 Riemann 积分和 Lebesgue 积分之间是否有类似的关系呢？我们知道：在给定的有限区间$[a, b]$上，无论是 Riemann 积分还是 Lebesgue 积分，函数 f 的可积性必隐含着$|f|$的可积性. 但对于闭区间$[a, b]$上无界函数的广义积分和无限区间上的广义积分就不一样了. 以无限区间上的广义 Riemann 积分为例，它是通过下面的极限来定义的，即

$$(\mathrm{R})\int_a^{\infty} f(x)\mathrm{d}x=\lim_{A\to\infty}\int_a^A f(x)\mathrm{d}x$$

函数 f 在$[a, \infty)$上广义 Riemann 可积并不意味着$|f|$在$[a, \infty)$上广义 Riemann 可积. 这似乎暗示着广义 Riemann 积分和相应的 Lebesgue 积分之间不一定满足定理 6.4.1 所述的关系. 下面的例题清楚地表明了这个事实.

例 6.4.3　考虑定义于$[0, 1]$区间上的函数

$$f(x)=\begin{cases}0, & x=0\\ (-1)^k\dfrac{1}{x}, & x\in\left(\dfrac{1}{k+1}, \dfrac{1}{k}\right]\end{cases}$$

它在$[0, 1]$上的广义 Riemann 积分为

$$(\mathrm{R})\int_0^1 f(x)\mathrm{d}x=\sum_{k=1}^{\infty}(-1)^k\int_{1/(k+1)}^{1/k}\frac{1}{x}\mathrm{d}x=\sum_{k=1}^{\infty}(-1)^k\ln\left(1+\frac{1}{k}\right)$$

但是 f 在$[0, 1]$上不是 Lebesgue 可积的. 事实上，假如 f 在$[0, 1]$上 Lebesgue 可积，则$|f|$也在$[0, 1]$上 Lebesgue 可积. 但是

$$\int_0^1|f(x)|\mathrm{d}x=\sum_{k=1}^{\infty}\int_{1/(k+1)}^{1/k}|f(x)|\mathrm{d}x=\infty$$

矛盾.

例 6.4.4　函数 $f(x)=\dfrac{\sin x}{x}$在$[0, \infty)$上广义 Riemann 可积，但它不是 Lebesgue 可积的. 事实上，假如 f 在$[0, \infty)$上 Lebesgue 可积，则$|f|$也在$[0, \infty)$上 Lebesgue 可积，从而

$$\sum_{k=1}^{\infty}\int_{k\pi+\pi/6}^{k\pi+\pi/2}\frac{|\sin x|}{x}\mathrm{d}x<\infty$$

但是

$$\sum_{k=1}^{\infty}\int_{k\pi+\pi/6}^{k\pi+\pi/2}\frac{|\sin x|}{x}\mathrm{d}x\geqslant\frac{1}{2}\sum_{k=1}^{\infty}\frac{1}{k\pi+\pi/6}=\infty$$

矛盾.

尽管如此，在特殊情形下，广义 Riemann 积分与 Lebesgue 积分之间仍有如下的关系(对于区间$[a, b]$上的无界函数，其广义 Riemann 积分和 Lebesgue 积分之间也有类似的结论)．

定理 6.4.2　设 f 是$[a, \infty)$上的实值函数，假如 f 和$|f|$都在$[a, \infty)$上广义 Riemann 可积，则 f 在$[a, \infty)$上 Lebesgue 可积且

$$\int_a^\infty f(x)\mathrm{d}x = (\mathrm{R})\int_a^\infty f(x)\mathrm{d}x$$

证明　由于 f 和$|f|$都在$[a, \infty)$上广义 Riemann 可积，所以对于任意的 $A>a$，f 在$[a, A]$上 Lebesgue 可积，且 $\lim\limits_{A\to\infty}\int_a^A |f(x)|\mathrm{d}x$ 存在有限，于是由 6.3 节习题 11 知，f 在$[a, \infty)$上 Lebesgue 可积且

$$\int_a^\infty f(x)\mathrm{d}x = \lim_{A\to\infty}\int_a^A f(x)\mathrm{d}x = \lim_{k\to\infty}(\mathrm{R})\int_a^k f(x)\mathrm{d}x = (\mathrm{R})\int_a^\infty f(x)\mathrm{d}x \qquad \square$$

本节的有关结论表明：Lebesgue 积分是 Riemann 积分的推广，但它并不能包含广义 Riemann 积分．如果把广义 Riemann 积分也称为 Riemann 积分，那么只有在 Riemann 积分绝对收敛的条件下，Lebesgue 积分才等于 Riemann 积分．因此，Lebesgue 积分理论并不能完全代替 Riemann 积分理论．正如我们所看到的，在很多时候，Lebesgue 积分的计算要借助于 Riemann 积分的计算．

例 6.4.5　对于任意的 $k\in\mathbf{N}$，$\dfrac{1}{\left(1+\dfrac{t}{k}\right)^k t^{\frac{1}{k}}}$在$[0, \infty)$上广义 Riemann 可积，且

$$\lim_{k\to\infty}(\mathrm{R})\int_0^\infty \frac{\mathrm{d}t}{\left(1+\dfrac{t}{k}\right)^k t^{\frac{1}{k}}} = 1 \tag{6.4.9}$$

证明　略去$\dfrac{1}{\left(1+\dfrac{t}{k}\right)^k t^{\frac{1}{k}}}$在$[0, \infty)$上广义 Riemann 可积的证明，仅证明式(6.4.9)．当 $t>1$ 以及 $k\in\mathbf{N}$ 且 $k>2$ 时，有

$$\left(1+\frac{t}{k}\right)^k t^{\frac{1}{k}} \geqslant \sum_{j=0}^k \mathrm{C}_k^j\left(\frac{t}{k}\right)^j \geqslant \mathrm{C}_k^2 t^2 k^{-2} \geqslant \frac{1}{2}t^2$$

注意到 t^{-2} 在$[1, \infty)$上 Lebesgue 可积，由 Lebesgue 控制收敛定理知

$$\lim_{k\to\infty}\int_1^\infty \frac{\mathrm{d}t}{\left(1+\dfrac{t}{k}\right)^k t^{\frac{1}{k}}} = \int_1^\infty \mathrm{e}^{-t}\mathrm{d}t = \mathrm{e}^{-1}$$

另一方面，当 $t\leqslant 1$ 且 $k>2$ 时，有

$$\left(1+\frac{t}{k}\right)^k t^{\frac{1}{k}} \geqslant t^{\frac{1}{2}}$$

利用 6.3 节习题 11 可知：$t^{-\frac{1}{2}}$在[0，1]上 Lebesgue 可积，再次利用 Lebesgue 控制收敛定理，有

$$\lim_{k\to\infty}\int_0^1 \frac{\mathrm{d}t}{\left(1+\frac{t}{k}\right)^k t^{\frac{1}{k}}} = \int_0^1 \mathrm{e}^{-t}\mathrm{d}t = 1-\mathrm{e}^{-1}$$

定理 6.4.2 告诉我们：

$$(\mathrm{R})\int_0^{\infty} \frac{\mathrm{d}t}{\left(1+\frac{t}{k}\right)^k t^{\frac{1}{k}}} = \int_0^{\infty} \frac{\mathrm{d}t}{\left(1+\frac{t}{k}\right)^k t^{\frac{1}{k}}}$$

综合上述讨论就得到理想的结论. □

1. 假如 f 和 g 都在[a，b]上 Riemann 可积，证明：$f(x)g(x)$也在[a，b]上 Riemann 可积.

2. 设 f 和 g 是区间[a，b]上的 Riemann 可积函数，假如它们在[a，b]的某个稠密子集上相等，证明：$\int_a^b f(x)\mathrm{d}x = \int_a^b g(x)\mathrm{d}x$.

3. 设函数 g 在[a，b]上 Riemann 可积，$A\leqslant g(x)\leqslant B$，而 f 在[A，B]上连续，证明：$f(g(x))$也在[a，b]上 Riemann 可积.

4. 证明：函数 $f(x)=\mathrm{sgn}\left(\sin\frac{\pi}{x}\right)$在[0，1]上 Riemann 可积.

5. 证明：

$$(\mathrm{R})\lim_{k\to\infty}\int_0^{\infty} \frac{n\sqrt{x}}{1+n^2x^2}\sin^5 x\,\mathrm{d}x = 0$$

6. 计算积分$\int_0^1 f(x)\mathrm{d}x$，其中

$$f(x)=\begin{cases} x^2, & x\in C \\ x^3, & x\in(0,1]\backslash C \end{cases}$$

这里 C 表示 Cantor 集.

7. 举例说明："函数 f 在[a，b]上几乎处处连续"与"函数 f 在[a，b]上几乎处处等于一个连续函数"并不是一回事.

8. 对于 $\alpha>0$，讨论函数 $f(x)=\frac{\sin x}{x^{\alpha}}$在[0，∞)上的 Lebesgue 可积性.

6.5 重积分与累次积分

在微积分理论中，重积分能否化为累次积分进行计算是一个重要的问题. 我们知道：假如$-\infty<a<b<\infty$，$-\infty<c<d<\infty$，$f(x, y)$在矩形$I=[a, b]\times[c, d]$上连续，则

$$\begin{aligned}(R)\int_I f(x, y)\mathrm{d}x\mathrm{d}y &= (R)\int_a^b\left[\int_c^d f(x, y)\mathrm{d}y\right]\mathrm{d}x\\ &= (R)\int_c^d\left[\int_a^b f(x, y)\mathrm{d}x\right]\mathrm{d}y\end{aligned}$$

一个很自然的问题是：在 Lebesgue 积分理论中，是否有上面类似的结论？为讨论这个问题，我们需要做一些准备工作.

引理 6.5.1 设$E\subset\mathbf{R}^k\times\mathbf{R}^l$，对于$x\in\mathbf{R}^k$和$y\in\mathbf{R}^l$，令

$$E_x=\{y\in\mathbf{R}^l: (x, y)\in E\}, E_y=\{x\in\mathbf{R}^k: (x, y)\in E\}$$

(如图 6-5-1 所示). 假如E是$\mathbf{R}^k\times\mathbf{R}^l$中的可测集，则对于几乎处处的$x\in\mathbf{R}^k$，$E_x$是$\mathbf{R}^l$中的可测集且$m(E_x)$是$\mathbf{R}^k$中的可测函数，而对于几乎处处的$y\in\mathbf{R}^l$，$E_y$是$\mathbf{R}^k$中的可测集且$m(E_y)$是$\mathbf{R}^l$中的可测函数. 进一步，有

$$m(E)=\int_{\mathbf{R}^k}m_l(E_x)\mathrm{d}x=\int_{\mathbf{R}^l}m_k(E_y)\mathrm{d}y \quad (6.5.1)$$

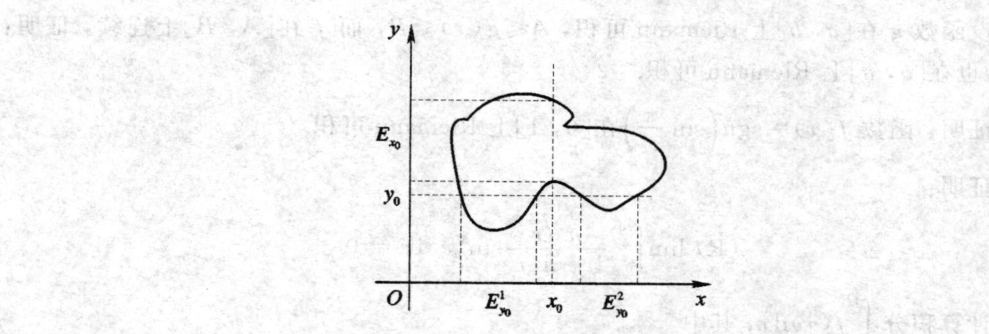

图 6-5-1 E_{x_0}和$E_{y_0}=E^1_{y_0}\cup E^2_{y_0}$

证明 容易验证：若$\{E^{(j)}\}$是$\mathbf{R}^k\times\mathbf{R}^l$中至多可数个集合，则

$$(\bigcup_{j\geqslant1}E^{(j)})_x=\bigcup_{j\geqslant1}(E^{(j)})_x, \quad (\bigcap_{j\geqslant1}E^{(j)})_x=\bigcap_{j\geqslant1}(E^{(j)})_x \quad (6.5.2)$$

现在转向结论的证明. 仅考虑E_x的性质以及式(6.5.1)的第一个等式. 假如E是$\mathbf{R}^k\times\mathbf{R}^l$中的方体，此时$E=I_k\times I_l$，其中$I_k$、$I_l$分别是$\mathbf{R}^k$、$\mathbf{R}^l$中的方体. 对于$x\in\mathbf{R}^k$，

$$E_x=\begin{cases}\varnothing, & 若 x\notin I_k\\ I_l, & 若 x\in I_k\end{cases}$$

是可测集，$m_l(E_x)=|I_l|\chi_{I_k}(x)$是$\mathbf{R}^k$中的可测函数且式(6.5.1)成立. 假如$E$是$\mathbf{R}^k\times\mathbf{R}^l$中的开集，则由定理3.2.4可知：$E=\bigcup\limits_{j\geqslant 1}I^{(j)}$，其中$\{I^{(j)}\}=\{I_k^{(j)}\times I_l^{(j)}\}$是$\mathbf{R}^k\times\mathbf{R}^l$中至多可数个相互不交的半开二进方体. 明显地，$\{(I^{(j)})_x\}$是$\mathbf{R}^l$中至多可数个相互不交的可测集，所以$E_x=\bigcup\limits_{j\geqslant 1}(I^{(j)})_x$在$\mathbf{R}^l$中也可测且$m(E_x)=\sum\limits_{j\geqslant 1}m((I^{(j)})_x)$是$\mathbf{R}^k$中的可测函数，由定理4.2.3和$E$是方体时式(6.5.1)成立这个事实可知

$$m(E)=\sum_{j=1}^{\infty}m(I_k^{(j)}\times I_l^{(j)})=\sum_{j=1}^{\infty}\int_{\mathbf{R}^k}m((I^{(j)})_x)\mathrm{d}x=\int_{\mathbf{R}^k}m(E_x)\mathrm{d}x$$

现在假设E是$\mathbf{R}^k\times\mathbf{R}^l$中的有界零测度集，由定理4.3.2知，存在$\mathbf{R}^k\times\mathbf{R}^l$中的一列单减、有界开集$\{G^{(j)}\}$使得$G^{(j)}\supset E$且$m(\lim\limits_{j\to\infty}G^{(j)})=0$. 令$G=\lim\limits_{j\to\infty}G^{(j)}$，由式(6.5.2)知，$G_x=\lim\limits_{j\to\infty}(G^{(j)})_x$且$m(G)=0$. 前面已经证得的结论表明：

$$0=m(G)=\lim_{j\to\infty}m(G^{(j)})=\lim_{j\to\infty}\int_{\mathbf{R}^k}m((G^{(j)})_x)\mathrm{d}x=\int_{\mathbf{R}^k}m(G_x)\mathrm{d}x$$

因此$m(G_x)=0$，从而$m(E_x)=0$在$\mathbf{R}^k$中几乎处处成立，这表明此时式(6.5.1)仍成立.

再考虑E是$\mathbf{R}^k\times\mathbf{R}^l$中的有界可测集的情形. 可以找到一列包含$E$的单减、有界开集$\{G^{(j)}\}$使得$\bigcap\limits_{j=1}^{\infty}G^{(j)}=E\cup S$，其中$S$是$\mathbf{R}^k\times\mathbf{R}^l$中的零测度集. 由于$E_x\cup S_x=\bigcap\limits_{j=1}^{\infty}(G^{(j)})_x$，并由前面证明的结论可知$E_x\cup S_x$是$\mathbf{R}^l$中的可测集，$S_x$是$\mathbf{R}^l$中的零测度集. 同时，有

$$\begin{aligned}m(E)=m(G)&=m(\lim_{j\to\infty}G_j)=\lim_{j\to\infty}m(G_j)\\&=\lim_{j\to\infty}\int_{\mathbf{R}^k}m((G^{(j)})_x)\mathrm{d}x=\int_{\mathbf{R}^k}m(G_x)\mathrm{d}x\\&=\int_{\mathbf{R}^k}m(E_x)\mathrm{d}x\end{aligned}$$

这里$G=\bigcap\limits_{j=1}^{\infty}G^{(j)}=\lim\limits_{j\to\infty}G^{(j)}$.

对于$\mathbf{R}^k\times\mathbf{R}^l$中的可测集$E$，令$E^{(0)}=E\cap\{x\in\mathbf{R}^k\times\mathbf{R}^l: |x|\leqslant 1\}$以及对于正整数$j$，有

$$E^{(j)}=E\cap\{x\in\mathbf{R}^k\times\mathbf{R}^l: j<|x|\leqslant j+1\}$$

对$E^{(0)}$、$E^{(j)}$分别利用已证明成立的结论得到

$$m(E)=\sum_{j=0}^{\infty}m(E^{(j)})=\sum_{j=0}^{\infty}\int_{\mathbf{R}^k}m((E^{(j)})_x)\mathrm{d}x=\int_{\mathbf{R}^k}m(E_x)\mathrm{d}x$$

这就完成了结论的证明. □

现在回到本节开始时提出的问题，先考虑$f(x,y)$在$\mathbf{R}^k\times\mathbf{R}^l$上非负可测这个简单情形.

定理 6.5.1(Tonelli 定理) 设f是$\mathbf{R}^k\times\mathbf{R}^l$上的非负可测函数，则

(1) 对于几乎所有的$x\in\mathbf{R}^k$，$f(x,y)$作为y的函数在$\mathbf{R}^l$上可测，$F(x)=\int_{\mathbf{R}^l}f(x,y)\mathrm{d}y$

作为x 的函数在 $\mathbf{R}^k$上可测，且

$$\int_{\mathbf{R}^k\times\mathbf{R}^l} f(x,y)\mathrm{d}x\mathrm{d}y = \int_{\mathbf{R}^k}\left[\int_{\mathbf{R}^l} f(x,y)\mathrm{d}y\right]\mathrm{d}x \tag{6.5.3}$$

(2) 对于几乎所有的 $y\in\mathbf{R}^l$，$f(x,y)$作为 x 的函数在 $\mathbf{R}^k$ 上可测，$F(y)=\int_{\mathbf{R}^k} f(x,y)\mathrm{d}x$ 作为y 的函数在 $\mathbf{R}^l$上可测，且

$$\int_{\mathbf{R}^k\times\mathbf{R}^l} f(x,y)\mathrm{d}x\mathrm{d}y = \int_{\mathbf{R}^l}\left[\int_{\mathbf{R}^k} f(x,y)\mathrm{d}x\right]\mathrm{d}y$$

证明 仅考虑结论(1). 假如 $E\subset\mathbf{R}^k\times\mathbf{R}^l$是可测集，$f(x,y)=\chi_E(x,y)$. 引理 6.5.1 表明：对于几乎处处的 $x\in\mathbf{R}^k$，E_x是 $\mathbf{R}^l$中的可测集. 注意到 $f(x,y)=\chi_{E_x}(y)$，因此，对于几乎处处的 $x\in\mathbf{R}^k$，$f(x,y)$作为 y 的函数在 $\mathbf{R}^l$中可测且

$$F(x)=\int_{\mathbf{R}^l} f(x,y)\mathrm{d}y = m_l(E_x)$$

是关于 x 的可测函数. 再次利用式(6.5.1)即得

$$\begin{aligned}\int_{\mathbf{R}^k\times\mathbf{R}^l}\chi_E(x,y)\mathrm{d}x\mathrm{d}y &= \int_{\mathbf{R}^k} m_l(E_x)\mathrm{d}x\\ &= \int_{\mathbf{R}^k}\left[\int_{\mathbf{R}^l}\chi_{E_x}(y)\mathrm{d}y\right]\mathrm{d}x\\ &= \int_{\mathbf{R}^k}\left[\int_{\mathbf{R}^l}\chi_E(x,y)\mathrm{d}y\right]\mathrm{d}x\end{aligned}$$

这表明当 f 是可测集的特征函数时结论成立. 利用积分的线性性质可知，当 f 是非负简单函数时结论也成立. 进一步，对于非负可测函数 f，取单增收敛于 f 的非负简单函数列 $\{f_j\}$，则对于几乎处处的 $x\in\mathbf{R}^k$，$f_j(x,y)$是关于 y 的可测函数且单增收敛于$f(x,y)$，所以对于几乎处处的 $x\in\mathbf{R}^k$，$f(x,y)$是关于 y 的可测函数. 另一方面，由 Levi 单调收敛定理可知

$$\lim_{j\to\infty}\int_{\mathbf{R}^l} f_j(x,y)\mathrm{d}y = \int_{\mathbf{R}^l} f(x,y)\mathrm{d}y$$

于是，$F(x)=\int_{\mathbf{R}^l} f(x,y)\mathrm{d}y$ 就是关于 x 的可测函数列 $\left\{\int_{\mathbf{R}^l} f_j(x,y)\mathrm{d}y\right\}$ 的极限函数，当然是可测函数，同时，有

$$\begin{aligned}\int_{\mathbf{R}^k\times\mathbf{R}^l} f(x,y)\mathrm{d}x\mathrm{d}y &= \lim_{j\to\infty}\int_{\mathbf{R}^k\times\mathbf{R}^l} f_j(x,y)\mathrm{d}x\mathrm{d}y\\ &= \lim_{j\to\infty}\int_{\mathbf{R}^k}\left[\int_{\mathbf{R}^l} f_j(x,y)\mathrm{d}y\right]\mathrm{d}x\\ &= \int_{\mathbf{R}^k}\left[\int_{\mathbf{R}^l} f(x,y)\mathrm{d}y\right]\mathrm{d}x\end{aligned}$$

□

例 6.5.1 设 $E\subset\mathbf{R}^n$ 是可测集，f 是 E 上的可测函数，$(0,\infty)$ 上的函数 $\lambda_f(E,\alpha)$ 定义如下：

$$\lambda_f(E,\alpha)=m(\{x\in E:|f(x)|>\alpha\})\tag{6.5.4}$$

它称为 f 的**分布函数**，则对于 $p\in(0,\infty)$，有

$$\int_E|f(x)|^p\mathrm{d}x=p\int_0^\infty\lambda_f(E,\alpha)\alpha^{p-1}\mathrm{d}\alpha$$

证明 以 $\Gamma_E(|f|)$ 表示由式(5.1.4)定义的集合. 例 5.1.7 以及 f 的可测性表明：$\Gamma_E(|f|)$ 是 $\mathbf{R}^n\times\mathbf{R}$ 中的可测集. 令 $F(E;x,\alpha)$ 为 $\Gamma_E(|f|)$ 的特征函数，它当然是 $\mathbf{R}^n\times\mathbf{R}$ 中的可测函数且对于固定的 $\alpha>0$，有 $F(E;x,\alpha)=\chi_{E(|f|>\alpha)}(x)$，从而

$$\int_{\mathbf{R}^n}F(E;x,\alpha)\mathrm{d}x=\lambda_f(E,\alpha)$$

由 Tonelli 定理知

$$\begin{aligned}\int_E|f(x)|^p\mathrm{d}x&=p\int_E\left(\int_0^{|f(x)|}\alpha^{p-1}\mathrm{d}\alpha\right)\mathrm{d}x\\&=p\int_{\mathbf{R}^n}\left[\int_0^\infty F(E;x,\alpha)\alpha^{p-1}\mathrm{d}\alpha\right]\mathrm{d}x\\&=p\int_0^\infty\alpha^{p-1}\left[\int_{\mathbf{R}^n}F(E;x,\alpha)\mathrm{d}x\right]\mathrm{d}\alpha\\&=p\int_0^\infty\alpha^{p-1}\lambda_f(E,\alpha)\mathrm{d}\alpha\end{aligned}$$

从而得到理想的结论. □

Tonelli 定理非常简洁，它只需要函数 f 非负可测，就能得出三个积分

$$\int_{\mathbf{R}^k}\left[\int_{\mathbf{R}^l}f(x,y)\mathrm{d}y\right]\mathrm{d}x,\quad\int_{\mathbf{R}^l}\left[\int_{\mathbf{R}^k}f(x,y)\mathrm{d}x\right]\mathrm{d}y,\quad\int_{\mathbf{R}^k\times\mathbf{R}^l}f(x,y)\mathrm{d}x\mathrm{d}y$$

相等. 在实际应用时，可以根据具体情况，计算这三个积分中容易计算的那一个，如果得到的积分值有限，则 f 在 $\mathbf{R}^k\times\mathbf{R}^l$ 中就是可积的，这为判别 $f(x,y)$ 是否可积提供了很大的便利.

在 $\mathbf{R}^k\times\mathbf{R}^l$ 中的长方形 $I\times J$ 上，与 Tonelli 定理类似的结论也成立. 事实上，假如 f 是 $I\times J$ 上的非负可测函数，则

$$g(x,y)=\begin{cases}f(x,y), & x\in I\times J\\0, & x\notin I\times J\end{cases}$$

是 $\mathbf{R}^k\times\mathbf{R}^l$ 上的非负可测函数，所以，对于几乎处处的 $x\in I$，$g(x,y)$ 在 $\mathbf{R}^l$ 上可测，这意味着 $f(x,y)$ 在 J 上可测，且

$$F(x)=\int_{\mathbf{R}^l}g(x,y)\mathrm{d}y=\int_J f(x,y)\mathrm{d}y$$

是 I 上的可测函数；与此同时

$$\int_I\left[\int_J f(x, y)\mathrm{d}y\right]\mathrm{d}x=\int_{\mathbf{R}^k}\left[\int_{\mathbf{R}^l}g(x, y)\mathrm{d}y\right]\mathrm{d}x$$
$$=\int_{\mathbf{R}^k\times\mathbf{R}^l}g(x, y)\mathrm{d}x\mathrm{d}y$$
$$=\int_{I\times J}f(x, y)\mathrm{d}x\mathrm{d}y$$

对于 $\mathbf{R}^k\times\mathbf{R}^l$ 上的一般可测函数 f，利用 $f=f_+-f_-$ 并对 f_+、f_- 分别应用 Tonelli 定理，容易证得如下结论.

定理 6.5.2(Fubini 定理) 设 k、l 是正整数，f 是 $\mathbf{R}^k\times\mathbf{R}^l$ 上的可积函数，则

(1) 对于几乎处处的 $x\in\mathbf{R}^k$，$f(x, y)$ 是 $\mathbf{R}^l$ 上的可积函数且积分 $\int_{\mathbf{R}^l}f(x, y)\mathrm{d}y$ 是 $\mathbf{R}^k$ 上的可积函数，进一步，有

$$\int_{\mathbf{R}^k\times\mathbf{R}^l}f(x, y)\mathrm{d}x\mathrm{d}y=\int_{\mathbf{R}^k}\left[\int_{\mathbf{R}^l}f(x, y)\mathrm{d}y\right]\mathrm{d}x$$

(2) 对于几乎处处的 $y\in\mathbf{R}^l$，$f(x, y)$ 是 $\mathbf{R}^k$ 上的可积函数且积分 $\int_{\mathbf{R}^k}f(x, y)\mathrm{d}x$ 是 $\mathbf{R}^l$ 上的可积函数，进一步，有

$$\int_{\mathbf{R}^k\times\mathbf{R}^l}f(x, y)\mathrm{d}x\mathrm{d}y=\int_{\mathbf{R}^l}\left[\int_{\mathbf{R}^k}f(x, y)\mathrm{d}x\right]\mathrm{d}y$$

对于 $\mathbf{R}^k\times\mathbf{R}^l$ 上的可测函数 f，由 Fubini 定理知，只要 f 可积，三个积分

$$\int_{\mathbf{R}^k}\left[\int_{\mathbf{R}^l}f(x, y)\mathrm{d}y\right]\mathrm{d}x,\ \int_{\mathbf{R}^l}\left[\int_{\mathbf{R}^k}f(x, y)\mathrm{d}x\right]\mathrm{d}y,\ \int_{\mathbf{R}^k\times\mathbf{R}^l}f(x, y)\mathrm{d}x\mathrm{d}y$$

必相等. 也就是说：f 在 $\mathbf{R}^k\times\mathbf{R}^l$ 上可积是重积分可以通过累次积分来计算的一个充分条件.

推论 6.5.1(Fubini 定理) 设 k、l 是正整数，f 是 $\mathbf{R}^k\times\mathbf{R}^l$ 上的可测函数，假如积分

$$\int_{\mathbf{R}^k}\left[\int_{\mathbf{R}^l}|f(x, y)|\mathrm{d}y\right]\mathrm{d}x,\ \int_{\mathbf{R}^l}\left[\int_{\mathbf{R}^k}|f(x, y)|\mathrm{d}x\right]\mathrm{d}y$$

其中之一有限，则 f 在 $\mathbf{R}^k\times\mathbf{R}^l$ 上可积且

$$\int_{\mathbf{R}^k\times\mathbf{R}^l}f(x, y)\mathrm{d}x\mathrm{d}y=\int_{\mathbf{R}^k}\left[\int_{\mathbf{R}^l}f(x, y)\mathrm{d}y\right]\mathrm{d}x=\int_{\mathbf{R}^l}\left[\int_{\mathbf{R}^k}f(x, y)\mathrm{d}x\right]\mathrm{d}y$$

不难看出，在 $\mathbf{R}^k\times\mathbf{R}^l$ 中的矩体上，与 Fubini 定理类似的结论也成立.

例 6.5.2 计算积分

$$I=\int_0^\infty\frac{\sin x}{x}[\exp(-ax)-\exp(-bx)]\mathrm{d}x$$

其中 $0<a<b$.

解 容易看出

$$I=\int_0^\infty\left[\int_a^b\exp(-xy)\sin x\mathrm{d}y\right]\mathrm{d}x$$

由于

$$\int_a^b\left[\int_0^\infty |\exp(-xy)\sin x|\,\mathrm{d}x\right]\mathrm{d}y \leqslant \int_a^b\left[\int_0^\infty \exp(-xy)\,\mathrm{d}x\right]\mathrm{d}y = \ln\frac{b}{a} < \infty$$

利用推论 6.5.1 即知

$$I = \int_a^b\left[\int_0^\infty \exp(-xy)\sin x\,\mathrm{d}x\right]\mathrm{d}y = \int_a^b \frac{1}{1+y^2}\mathrm{d}y = \arctan b - \arctan a$$

□

本节的最后应用 Fubini 定理讨论 $\mathbf{R}^n$ 中两个可积函数的卷积. 利用 5.1 节习题 6 的结论可知：若 f 是 $\mathbf{R}^n$ 中的可测函数，则 $f(x-y)$ 作为 (x, y) 的函数在 $\mathbf{R}^n\times\mathbf{R}^n$ 中可测. 因此，对于 $\mathbf{R}^n$ 中的可测函数 f 和 g，$f(x-y)g(y)$ 作为 (x, y) 的函数在 $\mathbf{R}^n\times\mathbf{R}^n$ 上可测. 进一步，有如下结论.

定理 6.5.3　假设 f 和 g 都是 $\mathbf{R}^n$ 上的可积函数，则

$$f*g(x) = \int_{\mathbf{R}^n} f(x-y)g(y)\,\mathrm{d}y$$

作为 x 的函数在 $\mathbf{R}^n$ 中可测且几乎处处有限，$f*g\in L(\mathbf{R}^n)$ 且

$$\int_{\mathbf{R}^n} |f*g(x)|\,\mathrm{d}x \leqslant \left[\int_{\mathbf{R}^n} |f(x)|\,\mathrm{d}x\right]\left[\int_{\mathbf{R}^n} |g(x)|\,\mathrm{d}x\right] \tag{6.5.5}$$

证明　假如 f 和 g 都是非负的，由 Tonelli 定理即知：$f*g$ 在 $\mathbf{R}^n$ 上可测且

$$\begin{aligned}\int_{\mathbf{R}^n} f*g(x)\,\mathrm{d}x &= \int_{\mathbf{R}^n}\left[\int_{\mathbf{R}^n} f(x-y)\,\mathrm{d}x\right]g(y)\,\mathrm{d}y \\ &= \left[\int_{\mathbf{R}^n} f(x)\,\mathrm{d}x\right]\left[\int_{\mathbf{R}^n} g(y)\,\mathrm{d}y\right]\end{aligned}$$

现在考虑 f 和 g 在 $\mathbf{R}^n$ 上可积的情形. 利用 $f=f_+-f_-$，$g=g_+-g_-$ 即可证明 $f*g(x)$ 是 $\mathbf{R}^n$ 中几乎处处有限的可测函数. 再注意到

$$|f*g(x)| \leqslant |f|*|g|(x)$$

即知式(6.5.5)仍然成立.　□

习　题

1. 设 $E\subset\mathbf{R}^n$ 是可测集，f 和 g 都在 E 上非负可测，令

$$F(y) = \int_{E(g\geqslant y)} f(x)\,\mathrm{d}x$$

证明：

$$\int_0^\infty F(y)\,\mathrm{d}y = \int_E f(x)g(x)\,\mathrm{d}x$$

2. 设 f 是 $\mathbf{R}\times\mathbf{R}$ 上的可积函数，证明：

$$\int_{\mathbf{R}}\left[\int_{-\infty}^{x} f(x, y)\mathrm{d}y\right]\mathrm{d}x = \int_{\mathbf{R}}\left[\int_{y}^{\infty} f(x, y)\mathrm{d}x\right]\mathrm{d}y$$

3. 设 f 和 g 是 $\mathbf{R}^n$ 上的可积函数，证明：

$$\int_{\mathbf{R}^n} f(x)\mathscr{F}(g)(x)\mathrm{d}x = \int_{\mathbf{R}^n} \mathscr{F}(f)(x)g(x)\mathrm{d}x$$

这里 $\mathscr{F}(f)$ 表示 f 的 Fourier 变换，其定义见例 6.3.6.

4. 设 $E\subset\mathbf{R}^n$ 是可测集且 $m(E)<\infty$，f 是集合 E 上的可测函数，假如存在正常数 A 使得对于任意的 $\lambda>0$，有 $m(E(f>\lambda))\leqslant A\lambda^{-1}$. 证明：对于任意的 $r\in(0, 1)$，都有

$$\int_{E} |f(x)|^r\mathrm{d}x \leqslant \{m(E)\}^{1-r}\left(\frac{rA}{1-r}\right)^r$$

(提示：利用例 6.5.1，可以写

$$\int_{E} |f(x)|^r\mathrm{d}x = r\int_{0}^{c} m(E(|f|>\lambda))\lambda^{r-1}\mathrm{d}\lambda + r\int_{c}^{\infty} m(E(|f|>\lambda))\lambda^{r-1}\mathrm{d}\lambda$$

其中 c 是某个常数.)

5. 设 $\psi\in L(\mathbf{R}^n)$ 且 $\int_{\mathbf{R}^n}\psi(x)\mathrm{d}x = 1$，对于 $\varepsilon>0$，令 $\psi_\varepsilon(x)=\varepsilon^{-n}\psi(x/\varepsilon)$. 假如对于任意的 $\delta>0$，$\lim\limits_{\varepsilon\to 0}\sup\limits_{|x|\geqslant\delta}\psi_\varepsilon(x)=0$，证明：对于任意的 $f\in L(\mathbf{R}^n)$，

$$\lim_{\varepsilon\to 0}\psi_\varepsilon * f(x) = f(x)$$

在 f 的连续点 x 处成立.

6. 设 f，$g\in L(\mathbf{R}^n)$，证明：$\mathscr{F}(f*g)(x)=\mathscr{F}(f)(x)\mathscr{F}(g)(x)$.

6.6 Lorentz 空间

古典分析中关于函数的研究主要侧重于某个或某些个函数的特殊性质，也就是说，对函数的研究局限于“点”. 随着数学的发展，需要对特定的函数类做统一的分析、研究，即对函数的研究要扩展到“面”，于是就涉及这些特定函数类的整体结构以及函数类中的函数之间的相互关系，也就需要对函数类附加某些特殊结构(如线性结构、度量结构等)，这就是函数空间.

本节简要介绍建立于 Lebesgue 积分理论上的最基本的函数空间——Lorentz 空间，它是现代分析理论涉及最多的函数空间之一. 为不涉及泛函分析的知识，本节仅介绍 Lorentz 空间最基本的性质.

6.6.1 可测函数的单减重排函数

给定 $\mathbf{R}^n$ 中的可测集 E 以及 E 上的可测函数 f，它的分布函数 $\lambda_f(E, \alpha)$ 由式(6.5.4)定

义. 我们希望知道：能否找到$(0,\infty)$上的一个可测函数 f^*，使得 f^* 的分布函数等于 f 的分布函数？下面从一个基础性的引理开始本节的讨论.

引理 6.6.1　设 f 是$[0,\infty)$上的非负、单减右连续函数，则函数

$$g(t)=\inf\{s>0:f(s)\leqslant t\}$$

是$[0,\infty)$上的单减右连续函数且

$$f[g(t)]\leqslant t \tag{6.6.1}$$

证明　g 的单减性是明显的，为证明式(6.6.1)，只要注意到对于任意的 $t\in[0,\infty)$和正整数 k，存在 $s_k>0$ 满足 $s_k<g(t)+1/k$ 且 $f(s_k)\leqslant t$ 即可. 由 f 的单减性和右连续性可知

$$f[g(t)]=\lim_{k\to\infty}f[g(t)+1/k]\leqslant f(s_k)\leqslant t$$

这就验证了式(6.6.1).

对于任意的 $t_0\in[0,\infty)$，为证明 g 在 t_0 的右连续性，首先注意到当 $g(t_0)=0$ 时结论是明显的，而当 $g(t_0)>0$ 时，对于任意的 $\varepsilon\in(0,g(t_0))$，必有 $f[g(t_0)-\varepsilon]>t_0$（假如 $f[g(t_0)-\varepsilon]\leqslant t_0$，则 $g(t_0)\leqslant g(t_0)-\varepsilon$，这当然是不可能的）. 现假设$\{\varepsilon_k\}$是一个单减收敛于零的实数列，取 k_0 使得

$$f[g(t_0)-\varepsilon]>t_0+\varepsilon_{k_0}$$

则

$$\{s:f(s)\leqslant t_0+\varepsilon_{k_0}\}\subset[g(t_0)-\varepsilon,\infty)$$

从而

$$g(t_0+\varepsilon_{k_0})\geqslant g(t_0)-\varepsilon$$

所以，当 $k>k_0$时，有

$$g(t_0)-g(t_0+\varepsilon_k)<\varepsilon$$

这意味着 g 在 t_0点右连续.　□

设 $E\subset\mathbf{R}^n$是可测集，f 是 E 上几乎处处有限的可测函数，$[0,\infty)$上的函数 $f^*(E,t)$定义如下：

$$f^*(E,t)=\inf\{\alpha>0:\lambda_f(E,\alpha)\leqslant t\} \tag{6.6.2}$$

为方便起见，将 $\lambda_f(\mathbf{R}^n,\alpha)$简记为 $\lambda_f(\alpha)$，而将 $f^*(\mathbf{R}^n,t)$简记为 $f^*(t)$. 明显地，对于任意的 $t\in[0,\infty)$，有 $f^*(E,t)<\infty$. 由于非负可测函数的分布函数是单减右连续的，因此由引理 6.6.1 可知，f^* 是$[0,\infty)$上的单减函数，将其称为 f 的单减重排函数.

在进一步研究单减重排函数的性质之前，先举几个例子.

例 6.6.1　设 $f(x)=|x|^{-n/p}$，则对于任意的 $\alpha>0$，有

$$\lambda_f(\alpha)=m(\{x\in\mathbf{R}^n:|x|<\alpha^{-p/n}\})=c_0\alpha^{-p}$$

因此，$f^*(t)=c_0^{1/p}t^{-1/p}$，其中 c_0表示 $\mathbf{R}^n$中单位球面的面积.

例 6.6.2　设 f 是 $\mathbf{R}^n$中的简单函数，即

$$f(x)=\sum_{j=1}^{N}a_j\chi_{E_j}(x)$$

其中 E_j 是测度有限的可测集，$a_1>\cdots>a_N$. 如记 $a_{N+1}=0$，$B_0=0$ 以及 $B_j=\sum_{l=1}^{j}m(E_l)(j\geqslant 1)$，容易证明

$$\lambda_f(\alpha)=\sum_{j=0}^{N}B_j\chi_{[a_{j+1},a_j)}(\alpha) \tag{6.6.3}$$

对于 $t\in[B_0, B_1)$，有

$$\inf\{s>0: \lambda_f(s)\leqslant t\}=a_1$$

因此 $f^*(t)=a_1$. 类似地，对于 $t\in[B_{k-1}, B_k)$，有 $f^*(t)=a_k$. 于是可知

$$f^*(t)=\sum_{k=1}^{N}a_k\chi_{[B_{k-1},B_k)}(t)$$

如图 6-6-1 所示.

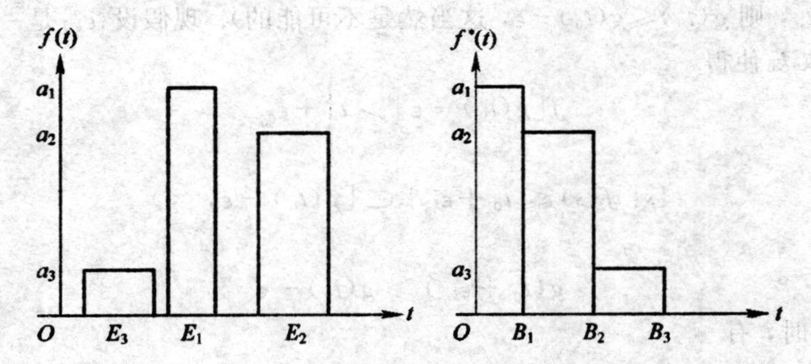

图 6-6-1 非负简单函数的单减重排函数

例 6.6.3 设 $f(x)=1-\exp(-|x|^2)$. 容易验证：

$$m(\{x\in\mathbf{R}^n: |f(x)|>\alpha\})=m(\{x\in\mathbf{R}^n: \exp(-|x|^2)<1-\alpha\})=\infty，若\ \alpha<1$$

以及

$$m(\{x\in\mathbf{R}^n: |f(x)|>\alpha\})=0，若\ \alpha\geqslant 1$$

所以，对于任意的 $t\geqslant 0$，有 $f^*(t)=1$.

现在转向单减重排函数的性质.

定理 6.6.1 设 $E\subset\mathbf{R}^n$ 是可测集，f、g、$f_k(k\in\mathbf{N})$ 是 E 上几乎处处有限的可测函数.

(1) $f^*(E, t)$ 在 $[0, \infty)$ 上单减、右连续；

(2) 对于任意的 $t\in[0, \infty)$，有 $\lambda_f(E, f^*(E, t))\leqslant t$；

(3) 对于任意的 $\alpha>0$，只要 $\lambda_f(E, \alpha)<\infty$，必有 $f^*(E, \lambda_f(E, \alpha))\leqslant\alpha$；

(4) $f^*(E, t)>s$ 当且仅当 $t<d_f(s)$，因此 $\{t>0: f^*(E, t)>s\}=[0, \lambda_f(E, s))$；

(5) 若 $|f|\leqslant|g|$ 在 E 上几乎处处成立，则 $f^*(E, \alpha)\leqslant g^*(E, \alpha)$ 在 $[0, \infty)$ 上恒成立；

(6) 若$\{|f_k|\}$在 E 上单增收敛于$|f|$，则$\{f_k^*(E,\cdot)\}$在$[0,\infty)$上单增收敛于 $f^*(E,\cdot)$；

(7) 若$|f|\leqslant\varliminf\limits_{k\to\infty}f_k$在 E 上几乎处处成立，则 $f^*(E,t)\leqslant\varliminf\limits_{k\to\infty}f_k(E,t)$在$[0,\infty)$上处处成立；

(8) 对于任意的 $t_1,t_2\in[0,\infty)$，有$(f+g)^*(E,t_1+t_2)\leqslant f^*(E,t_1)+g^*(E,t_2)$；

(9) 对于任意的 $t_1,t_2\in[0,\infty)$，有$(fg)^*(E,t_1+t_2)\leqslant f^*(E,t_1)g^*(E,t_2)$；

(10) 假如对于某个 $c>0$，有 $m(\{x\in E:|f(x)|\geqslant f^*(E,t)-c\})<\infty$，则 $t\leqslant m(\{x\in E:|f(x)|\geqslant f^*(E,t)\})$；

(11) $\sup\limits_{t>0}t^q f^*(E,t)=\sup\limits_{\alpha>0}\alpha\{\lambda_f(E,\alpha)\}^q$，其中 $0<q<\infty$.

证明　结论(1)和结论(2)是引理 6.6.1、$\lambda_f(E,\alpha)$的右连续性(见例 5.2.3 的证明)以及非负单减性的直接推论.

为证明结论(3)，只要注意到对于任意的 $\alpha>0$，有 $\alpha\in\{s>0:\lambda_f(E,s)\leqslant\lambda_f(E,\alpha)\}$，由单减重排函数的定义即知 $f^*(E,\lambda_f(E,\alpha))\leqslant\alpha$. 至于结论(4)，注意到当 $s<f^*(E,t)$时，有 $s\notin\{u>0:\lambda_f(E,u)\leqslant t\}$，从而 $\lambda_f(E,s)>t$；反过来，假如 $t<\lambda_f(E,s)$而 $f^*(t)\leqslant s$，则由 $\lambda_f(E,\cdot)$的单减性质以及结论(2)即得 $\lambda_f(E,s)\leqslant\lambda_f(E,f^*(E,t))\leqslant t$，矛盾.

结论(5)是明显的. 为证明结论(6)，首先注意到对于任意的 $t\in[0,\infty)$，$\{f_k^*(E,t)\}$是单增数列. 对于固定的 $t\in[0,\infty)$，设$\lim\limits_{k\to\infty}f_k^*(E,t)=a$，则对于任意的 k，有

$$\lambda_{f_k}(E,a)\leqslant\lambda_{f_k}(f_k^*(E,t))\leqslant t$$

再结合 5.1 节习题 1 即得

$$\lambda_f(E,a)=\lim_{k\to\infty}\lambda_{f_k}(E,a)\leqslant t$$

所以，$f^*(E,t)\leqslant a$. 另一方面，由$|f_k|$单增收敛于 f 可知 $f_k^*(E,t)\leqslant f^*(E,t)$，所以

$$f^*(E,t)\geqslant\lim_{k\to\infty}f_k^*(E,t)=a$$

综合起来即得 $f^*(E,t)=\lim\limits_{k\to\infty}f_k^*(E,t)$.

为证明结论(7)，令 $F_k(x)=\inf\limits_{l\geqslant k}|f_l(x)|$以及 $h(x)=\lim\limits_{k\to\infty}F_k(x)$，则由结论(6)可知$\{F_k^*(E,\cdot)\}$在$[0,\infty)$上单增收敛于 $h^*(E,t)$. 由$|f|\leqslant|h|$即知

$$f^*(E,t)\leqslant h^*(E,t)=\sup_k F_k^*(E,t)$$

注意到 $F_k^*(E,t)\leqslant\inf\limits_{l\geqslant k}f_l^*(E,t)$，即得

$$f^*(E,t)\leqslant\sup_k\inf_{l\geqslant k}f_l^*(E,t)=\varliminf_{k\to\infty}f_k^*(E,t)$$

现在考虑结论(8)和结论(9). 由于它们的证明非常类似，这里仅证明结论(8). 对于任意的 $\varepsilon>0$，由非增重排函数的定义可知：存在 $s_1>0$，$s_1<f^*(t_1)+\varepsilon/2$ 使得 $\lambda_f(s_1)\leqslant t_1$；同理，存在 $s_2>0$，$s_2<g^*(t_2)+\varepsilon/2$ 使得 $\lambda_g(s_2)\leqslant t_2$. 因此，$\lambda_{f+g}(s_1+s_2)\leqslant\lambda_f(s_1)+\lambda_g(s_2)\leqslant t_1+t_2$. 这意味着

$$(f+g)^*(t_1+t_2)\leqslant s_1+s_2\leqslant f^*(t_1)+g^*(t_2)+\varepsilon$$

令 $\varepsilon\to 0$ 即知结论(8)成立.

为证明结论(10)，令

$$A_k=\{x\in E: |f(x)|>f^*(E,t)-1/k\}$$

只要注意到 $m(A_k)>t$ 对于任意的正整数 k 都成立，以及集合列$\{A_k\}$单减等事实，即知

$$m(\{x\in E: |f(x)|\geqslant f^*(E,t)\})=\lim_{k\to\infty}m(A_k)\geqslant t$$

最后证明结论(11). 对于给定的 $\alpha>0$ 以及任意的 $\varepsilon\in(0,\lambda_f(E,\alpha))$，由结论(4)知 $f^*[E,\lambda_f(E,\alpha)-\varepsilon]>\alpha$，从而

$$\sup_{t>0}t^q f^*(E,t)\geqslant[\lambda_f(E,\alpha)-\varepsilon]^q f^*[E,\lambda_f(E,\alpha)-\varepsilon]>\alpha[\lambda_f(E,\alpha)-\varepsilon]^q$$

这就证明了 $\sup\limits_{t>0}t^q f^*(E,t)\geqslant\sup\limits_{\alpha>0}\alpha[\lambda_f(E,\alpha)]^p$. 反过来，对于给定的 $t>0$ 以及 $\varepsilon\in(0,f^*(E,t))$，由结论(4)知 $\lambda_f[E,f^*(E,t)-\varepsilon]>t$. 所以

$$\sup_{\alpha>0}\alpha[\lambda_f(E,\alpha)]^q\geqslant[f^*(E,t)-\varepsilon]\{\lambda_f[f^*(E,t)-\varepsilon]\}^q>[f^*(E,t)-\varepsilon]t^q$$

这意味着$\sup\limits_{t>0}t^q f^*(E,t)\leqslant\sup\limits_{\alpha>0}\alpha[\lambda_f(E,\alpha)]^p$. 综合上面的估计即得到要证的结论. □

6.6.2 Lorentz 空间

清楚可测函数的单减重排函数的性质之后，即可引入 Lorentz 空间.

定义 6.6.1 设 $E\subset\mathbf{R}^n$是可测集，f 是 E 上几乎处处有限的可测函数，$0<p<\infty$，$0<q\leqslant\infty$，令

$$\|f\|_{L^{p,q}(E)}=\begin{cases}\left\{\int_0^\infty[t^{1/p}f^*(E,t)]^q\dfrac{\mathrm{d}t}{t}\right\}^{1/q}, & 若\ q<\infty\\ \sup\limits_{t>0}t^{1/p}f^*(E,t), & 若\ q=\infty\end{cases}\tag{6.6.4}$$

以及

$$L^{p,q}(E)=\{f: f\ 是\ E\ 上几乎处处有限的可测函数且\ \|f\|_{L^{p,q}(E)}<\infty\}$$

则 $L^{p,q}(E)$称为带有指标 p，q 的 Lorentz 空间.

定义 6.6.1 不包含 $p=\infty$这一特殊情形. 为了合理地定义 $L^{\infty,\infty}(E)$，首先注意到 $\sup\limits_{t>0}f^*(E,t)<\infty$等价于 $f^*(E,0)<\infty$，而后者意味着存在常数 C，使得

$$m(\{x\in E: |f(x)|>C\})=0$$

这样的可测函数称为**本性有界函数**. 其全体记为 $L^\infty(E)$(它就是指标 $p=q=\infty$的 Lorentz 空间). 与式(6.6.4)相应，对于 $f\in L^\infty(E)$，记

$$\|f\|_{L^\infty(E)}=f^*(E,0)=\inf\{s>0: m(E(|f|>s))=0\}\tag{6.6.5}$$

还有一个问题：当 $q\in(0,\infty)$时，如何定义 $L^{\infty,q}(E)$? 设 f 是例 6.6.2 所考虑的简单函数. 直接计算可知：对于 p，$q\in(0,\infty)$，有

$$\|f\|_{L^{p,q}(E)}=\left(\frac{p}{q}\right)^{1/q}[a_1^q B_1^{q/p}+a_2^q(B_2^{q/p}-B_1^{q/p})+\cdots+a_N^q(B_N^{q/p}-B_{N-1}^{q/p})]^{1/q}$$

这表明：若简单函数 f 满足 $\|f\|_{L^{\infty,q}(E)}<\infty$，则它在 E 上几乎处处等于零. 所以，$L^{\infty,q}(E)$中仅包含几乎处处等于零的函数，也就没有继续研究的必要了.

由式(6.6.4)、式(6.6.5)定义的量 $\|\cdot\|_{L^{p,q}(E)}$ 在研究 Lorentz 空间的结构和性质时非常重要. 我们简单地看一下它的性质.

引理 6.6.2 设 $0<p, q\leqslant\infty$.

(1) 假如 $f\in L^{p,q}(E)$，则 $\|f\|_{L^{p,q}(E)}=0$ 当且仅当 f 在 E 上几乎处处等于零；

(2) 存在依赖于 p、q 的常数 C，使得对于任意的 $f, g\in L^{p,q}(E)$，有

$$\|f+g\|_{L^{p,q}(E)}\leqslant C(\|f\|_{L^{p,q}(E)}+\|g\|_{L^{p,q}(E)})$$

(3) 对于任意的常数 $c\in\mathbf{R}$，有

$$\|cf\|_{L^{p,q}(E)}=|c|\,\|f\|_{L^{p,q}(E)}$$

证明 结论(2)由定理 6.6.1 中的结论(8)直接得到，而结论(3)是明显的. 为证明结论(1)，只要注意到 $\|f\|_{L^{p,q}(E)}=0$ 意味着 $f^*(E, t)=0$ 对任意的 $t\in(0, \infty)$都成立，从而对于任意的 $s>0$，$\lambda_f(E, s)=0$，这表明 f 在 E 上几乎处处等于零. □

由引理 6.6.1 容易看出：$L^{p,q}(E)$对于通常的加法运算和数乘运算

$$(f+g)(x)=f(x)+g(x),\ (\lambda f)(x)=\lambda f(x)$$

是封闭的，但这并不意味着 $L^{p,q}(E)$按照上面的线性运算是线性空间，零元素的存在仍是一个问题. 为此，我们改变一下思路，将 E 上几乎处处相等的可测函数视为同一个函数，这样就可以将在 E 上几乎处处等于零的函数看作是 $L^{p,q}(E)$的零元素. 换句话说，记

$$[f]=\{g: g\in L^{p,q}(E)\text{ 且 }g\text{ 在 }E\text{ 上几乎处处等于 }f\}$$

并在集合

$$\mathscr{L}^{p,q}(E)=\{[f]: f\in L^{p,q}(E)\}$$

中定义加法和数乘运算，即

$$[f]+[g]=[f+g],\ \lambda[f]=[\lambda f]$$

则 $\mathscr{L}^{p,q}(E)$按照上述加法和数乘运算构成线性空间，其中的零元素是[0]（也就是几乎处处等于零的函数的全体组成的那个类）. 我们仍然以 $L^{p,q}(E)$来记 $\mathscr{L}^{p,q}(E)$，并且约定 $f\in L^{p,q}(E)$是指从$[f]$中任取一个函数作为代表.

下面的定理给出了 Lorentz 空间的基于分布函数的特征刻画.

定理 6.6.2 设 $E\subset\mathbf{R}^n$ 是可测集，$0<p<\infty$，$0<q\leqslant\infty$，则

$$\|f\|_{L^{p,q}(E)}=\left\{p\int_0^\infty[\lambda_f(E, s)]^{q/p}s^q\frac{\mathrm{d}s}{s}\right\}^{1/q}\tag{6.6.6}$$

证明 由定理 6.6.1 的结论(11)可知当 $q=\infty$时式(6.6.6)成立，因此只要考虑 $p, q\in(0, \infty)$. 利用例 6.6.2 的结果容易验证式(6.6.6)对于 E 上的简单函数成立. 对于一般的 $f\in L^{p,q}(E)$，不妨设 f 非负，则由定理 5.1.4 知，可以取简单函数列$\{f_k\}$，$f_k\uparrow f$. 由 5.1 节习题 1 和定理 6.6.1 的结论(6)可知 $\lambda_{f_k}\uparrow\lambda_f$ 且 $f_k^*\uparrow f^*$. 结合单调收敛定理即知式

(6.6.6)仍成立. □

由单减重排函数的性质可知，当 $p\in(0,\infty)$时，有

$$\|f\|_{L^{p,p}(E)}^{p}=\int_{0}^{\infty}[f^{*}(E,t)]^{p}\mathrm{d}t=p\int_{0}^{\infty}\lambda_{f^{*}}(E,t)t^{p-1}\mathrm{d}t=\int_{E}|f(x)|^{p}\mathrm{d}x$$

将 $L^{p,p}(E)$简记为 $L^{p}(E)$，并将 $\|f\|_{L^{p,p}(E)}$简记为 $\|f\|_{L^{p}(E)}$. 而由定理 6.6.1 的结论(11)可知

$$\|f\|_{L^{p,\infty}(E)}=\sup_{t>0}t[\lambda_{f}(t)]^{1/p}$$

将 $L^{p,\infty}(E)$称为弱 $L^{p}(E)$空间.

由 Chebshev 不等式可知 $\|f\|_{L^{p,\infty}(E)}\leqslant\|f\|_{L^{p}(E)}$，即 $L^{p}(E)\subset L^{p,\infty}(E)$. 另一方面，如例 6.6.1 所述，函数 $f(x)=|x|^{-n/p}\in L^{p,\infty}(\mathbf{R}^{n})$，但是对于任意的 $q\in(0,\infty)$，$f\notin L^{p,q}(\mathbf{R}^{n})$. 这启发我们：对于固定的 p，$L^{p,q}(\mathbf{R}^{n})$是否随指标 q 的增大而增大？下面的定理回答了这个问题.

定理 6.6.3 设 $0<p<\infty$，$0<q<r\leqslant\infty$，则存在常数 $C=C_{p,q,r}$使得对于任意可测集 $E\subset\mathbf{R}^{n}$，有

$$\|f\|_{L^{p,r}(E)}\leqslant C\|f\|_{L^{p,q}(E)} \tag{6.6.7}$$

证明 首先考虑 $r=\infty$这一特殊情形. 注意到对于任意的 $t\in[0,\infty)$，有

$$\begin{aligned}t^{1/p}f^{*}(E,t)&=f^{*}(E,t)\left(\frac{q}{p}\int_{0}^{t}s^{q/p}\frac{\mathrm{d}s}{s}\right)^{1/q}\\&\leqslant\left\{\frac{q}{p}\int_{0}^{t}[s^{1/p}f^{*}(E,s)]^{q}\frac{\mathrm{d}s}{s}\right\}^{1/q}\\&\leqslant(qp^{-1})^{1/q}\|f\|_{L^{p,q}(E)}\end{aligned}$$

这表明当 $r=\infty$时式(6.6.7)成立. 而当 $r\in(q,\infty)$时，直接计算可得

$$\|f\|_{L^{p,r}(E)}=\left\{\int_{0}^{\infty}[t^{1/p}f^{*}(E,t)]^{(r-q)+q}\frac{\mathrm{d}t}{t}\right\}^{1/r}\leqslant\|f\|_{L^{p,\infty}(E)}^{(r-q)/r}\|f\|_{L^{p,q}(E)}^{q/r}$$

结合前面两个不等式即知 $r\in(q,\infty)$时式(6.6.7)也成立. □

现在转向 Lorentz 空间中的结构. 首先研究 $L^{p,q}(E)$中函数的逼近问题.

定理 6.6.4 设 $E\subset\mathbf{R}^{n}$是可测集，$0<p,q<\infty$，对于任意的 $f\in L^{p,q}(E)$，存在 E 上的简单函数列$\{\phi_{k}\}$，使得

$$\lim_{k\to\infty}\|f-\phi_{k}\|_{L^{p,q}(E)}\to 0$$

证明 设 $f\in L^{p,q}(E)$. 不失一般性，假设 f 在 E 上非负. 明显地，$f\in L^{p,\infty}(E)$，进而由例 5.2.7 知，存在 E 上的简单函数列$\{\phi_{k}\}$，它满足 $0\leqslant\phi_{k}(x)\leqslant f(x)$且

$$m(E(|\phi_{k}-f|\geqslant 2^{-k}))<2^{-k}$$

这意味着当 $t\geqslant 2^{-k}$时$(f-\phi_{k})^{*}(E,t)\leqslant 2^{-k}$，进而对于任意的 $t>0$，有

$$\lim_{k\to\infty}(f-\phi_{k})^{*}(E,t)=0,\ \phi_{k}^{*}(E,t)\leqslant f^{*}(E,t)$$

注意到$(f-\phi_k)^*(E,t)\leqslant 2f^*(E,t/2)$，利用 Lebesgue 控制收敛定理即可得到理想的结论. □

定义 6.6.2　设$E\subset\mathbf{R}^n$是可测集，$0<p,q\leqslant\infty$，$\{f_k\}\subset L^{p,q}(E)$，$f\in L^{p,q}(E)$，假如对于任意的$\varepsilon>0$，存在$N$，使得对于任意的正整数$k>N$以及任意正整数$l$，有

$$\|f_{k+l}-f_l\|_{L^{p,q}(E)}<\varepsilon$$

则称$\{f_k\}$是$L^{p,q}(E)$中的 Cauchy 列.

下面的定理表明 Lorentz 空间的结构是比较好的.

定理 6.6.5　设$E\subset\mathbf{R}^n$是可测集，$0<p,q\leqslant\infty$，$\{f_k\}\subset L^{p,q}(E)$，假如$\{f_k\}$是$L^{p,q}(E)$中的 Cauchy 列，则必存在$f\in L^{p,q}(E)$，使得$\|f_k-f\|_{L^{p,q}(E)}\to 0$.

证明　设$\{f_k\}$是$L^{p,q}(E)$中的 Cauchy 列，则对于任意的$\varepsilon>0$，存在N，使得对于任意的正整数$k>N$和正整数l，有

$$\|f_{k+l}-f_k\|_{L^{p,q}(E)}<\varepsilon$$

由定理 6.6.3 知

$$\|f_{k+l}-f_k\|_{L^{p,\infty}(E)}<\varepsilon$$

所以$\{f_k\}$是E上依测度的 Cauchy 列，又由引理 5.2.2 知：存在$\{f_k\}$的某个子列$\{f_{k_j}\}$，该子列在E上几乎处处收敛于某个可测函数f. 只要能够证明

$$\lim_{j\to\infty}\|f_{k_j}-f\|_{L^{p,q}(E)}=0 \tag{6.6.8}$$

则结合$\{f_k\}$是 Cauchy 列这一事实即知$\lim\limits_{k\to\infty}\|f_k-f\|_{L^{q,q}(E)}=0$.

现在证明式(6.6.8). 对于固定的$j>N$，注意到

$$|f(x)-f_{k_j}(x)|=\lim_{j_1\to\infty}|f_{k_j}(x)-f_{k_{j_1}}(x)|$$

进而由定理 6.6.1 知

$$(f-f_{k_j})^*(E,t)\leqslant\varliminf_{j_1\to\infty}(f_{k_j}-f_{k_{j_1}})^*(E,t)$$

再利用 Fatou 引理即知式(6.6.8)成立. □

习　题

1. 设$E\subset\mathbf{R}^n$是可测集，f是$\mathbf{R}^n$上的非负可测函数，证明：

$$\int_E f(x)\mathrm{d}x=\int_0^{m(E)}f^*(t)\mathrm{d}t$$

2. 设$E\subset\mathbf{R}^n$，$f\in L^\infty(E)$，证明：

$$\|f\|_{L^\infty(E)}=\min\{C\geqslant 0:m[E(|f|>C)]=0\}$$

3. 设E是$\mathbf{R}^n$的可测子集，$f\in L^\infty(E)$，证明：

(1) $\|f\|_{L^\infty(E)}=\inf\limits_{E_0\subset E,\ m(E_0)=0}\ \sup\limits_{x\in E\setminus E_0}|f(x)|$；

(2) 存在 $E_0\subset E$，使得 $m(E_0)=0$ 且 $\|f\|_{L^\infty(E)}=\sup\limits_{x\in E\setminus E_0}|f(x)|$.

4. 设 $0<p_0<p<p_1<\infty$，假如 $f\in L^{p_0,\infty}(\mathbf{R}^n)\cap L^{p_1,\infty}(\mathbf{R}^n)$，证明：对于任意的 $s\in(0,\infty)$，有 $f\in L^{p,s}(\mathbf{R}^n)$.

5. 设 $1<p<\infty$，以 p' 表示 p 的共轭数，即 $1/p+1/p'=1$.

(1) 设 $A,B\in[0,\infty)$，证明：$AB\leqslant A^p/p+B^{p'}/p'$；

(2) 设 $E\subset\mathbf{R}^n$ 是可测集，$f\in L^p(E)$，$g\in L^{p'}(E)$，证明：

$$\int_E|f(x)g(x)|\,\mathrm{d}x\leqslant\|f\|_{L^p(E)}\|g\|_{L^{p'}(E)}$$

(3) 设 $E\subset\mathbf{R}^n$ 是可测集，$1<p,q<\infty$，$f,g\in L^{p,q}(E)$，证明：

$$\|f+g\|_{L^{p,q}(E)}\leqslant\|f\|_{L^{p,q}(E)}+\|g\|_{L^{p,q}(E)}$$

第7章　微分与积分

微积分基本定理是数学分析中最重要的定理之一(虽然这个定理看起来非常简单)，它是微分理论和积分理论之间的桥梁. 但是，经典的微积分基本定理要求函数的导函数是 Riemann 可积的，这个看似自然的限制其实是有些苛刻的，以至于函数 $f(x)=\sqrt{x}$ 在 $[0,1]$上都不满足微积分基本定理的要求. 因此，在 Riemann 积分理论建立之后，分析学家们就致力于改进和推广微积分基本定理. Lebesgue 积分理论为推广微积分基本定理提供了一个很好的平台.

本章在 Lebesgue 测度与积分的框架下讨论微分与积分运算的关系. 我们主要关注等式

$$\frac{\mathrm{d}}{\mathrm{d}x}\left(\int_a^x f(t)\mathrm{d}t\right)=f(x) \tag{7.0.1}$$

以及

$$f(x)=f(a)+\int_a^b f'(t)\mathrm{d}t \tag{7.0.2}$$

成立的条件. 我们知道(1.2 节习题 2)：当 f 在$[a, b]$上 Riemann 可积时，式(7.0.1)在 f 的连续点处成立，而定理 6.4.1 又表明$[a, b]$上的 Riemann 可积函数的不连续点构成$[a, b]$的一个零测度子集，所以当 f 在$[a, b]$上 Riemann 可积时，式(7.0.1)在$[a, b]$上几乎处处成立. 我们希望知道：当 f 在$[a, b]$上 Lebesgue 可积时，式(7.0.1)是否在$[a, b]$上几乎处处成立? 关于 Lebesgue 可积函数的不定积分的有关结论将对此给予肯定的回答.

由微积分基本定理知：当 f 在$[a, b]$上处处可导且导函数在$[a, b]$上 Riemann 可积时，式(7.0.2)成立. 我们期待当函数 f' 在$[a, b]$上 Lebesgue 可积时，式(7.0.2)依然成立. 但是 f' 在$[a, b]$上 Lebesgue 可积意味着可以在任意零测度集上改变 f' 的值而不影响其积分的值，这样，f 满足的条件可以是几乎处处可微的，而这明显不能保证 $f(b)-f(a)$的唯一性. 因此，f' 在$[a, b]$上 Lebesgue 可积并不能保证式(7.0.2)成立. 为了寻找式(7.0.2)成立的条件，和 Riemann 积分的有关研究类似，需要以 Lebesgue 可积函数的不定积分作为研究过程中的桥梁.

7.1 单调函数的可微性

设 f 是定义于$[a, b]$的非负实值可测函数，由定理 6.1.3 可知，函数 $F(x)=\int_a^x f(t)\mathrm{d}t$ 是$[a, b]$上的单增函数. 因此，对于 $f\in L([a, b])$，

$$\int_a^x f(t)\mathrm{d}t=\int_a^x f_+(t)\mathrm{d}t-\int_a^x f_-(t)\mathrm{d}t$$

是两个单增函数的差. 本节的主要目的是研究单调函数的可微性.

定理 7.1.1(Lebesgue) 设 f 是$[a, b]$上的实值单增函数，则 f 在$[a, b]$上几乎处处可导，其导函数 f'在$[a, b]$上可积，且

$$\int_a^b f'(x)\mathrm{d}x\leqslant f(b)-f(a) \tag{7.1.1}$$

定理 7.1.1 的证明涉及 $\mathbf{R}$ 中的一个覆盖引理，为介绍这个结论，下面先给出有关的定义.

定义 7.1.1 设 $E\subset\mathbf{R}$，$\{I_\alpha\}_{\alpha\in\Lambda}$是一族区间，假如对于任意的 $x\in E$ 及 $\varepsilon>0$，存在 $\alpha\in\Lambda$，使得 $m(I_\alpha)<\varepsilon$ 且 $x\in I_\alpha$，则称$\{I_\alpha\}_{\alpha\in\Lambda}$是 E 的一个 **Vitali 覆盖.**

引理 7.1.1(Vitali 引理) 设 $E\subset\mathbf{R}$ 且 $m^*(E)<\infty$，$\Lambda=\{I_\alpha\}$是 E 的一个 Vitali 覆盖，则对任意 $\varepsilon>0$，可从$\{I_\alpha\}$中选出有限个两两相互不交的区间$\{I_k\}_{1\leqslant k\leqslant n}$，使得

$$m^*(E\setminus(\bigcup_{k=1}^n I_k))<\varepsilon \tag{7.1.2}$$

证明 不妨设 $\Lambda=\{I_\alpha\}$为闭区间族，否则取闭区间族$\{\overline{I_\alpha}\}$即可. 由外测度定义知，存在开集 Q，使得 $E\subset Q$ 且 $m(Q)<\infty$. 明显地，可以假定对于任意的 $\alpha\in\Lambda$，$I_\alpha\subset Q$，否则取 $\Lambda_0=\{I_\alpha: I_\alpha\in\Lambda$ 且 $I_\alpha\subset Q\}$，容易看出 Λ_0也是 E 的一个 Vitali 覆盖.

假如$\{I_\alpha\}$中有两两不相交的有限个区间 $I_1, \cdots, I_n$，并且 $E\setminus\bigcup_{k=1}^n I_k=\varnothing$，结论当然成立. 所以只要考虑如下的情形：对于$\{I_\alpha\}$中两两不相交的闭区间 $I_1, \cdots, I_n$，都有 $E\setminus\bigcup_{k=1}^n I_k\neq\varnothing$.

任取 $I_1\in\Lambda$，由于 $E\setminus I_1$不是空集，因此区间族 $\Lambda_1=\{I\in\Lambda: I\cap I_1=\varnothing\}$非空. 注意到 Λ 中所有区间都包含于 Q，所以

$$\sup_{I\in\Lambda_1} m(I)\leqslant m(Q)$$

可以取到 $I_2\in\Lambda$，使得对于任何 $I\in\Lambda_1$，有

$$2m(I_2)>m(I)$$

又由于 $E\setminus\bigcup_{i=1}^2 I_i$非空，如前推理可知，在区间族 $\Lambda_2=\{I\in\Lambda: I\cap I_i=\varnothing, i=1, 2\}$中可以取

到 I_3，使得对于任何 $I\in\Lambda_2$，有

$$2m(I_3)>m(I)$$

依次类推，即得 Λ 中一列两两相互不交的区间 $\{I_i\}$，使得对每一 $i\geqslant 1$，有

$$2m(I_{i+1})>m(I) \tag{7.1.3}$$

其中

$$I\in\Lambda_i=\{I\in\Lambda: I\cap I_j=\varnothing, 1\leqslant j\leqslant i\}$$

对于任意的 $\varepsilon>0$，由于

$$\sum_{i=1}^{\infty}m(I_i)=m(\bigcup_{i=1}^{\infty}I_i)\leqslant m(\boldsymbol{Q})<\infty$$

可以找到正整数 N，使得

$$\sum_{i=N+1}^{\infty}m(I_i)<\frac{\varepsilon}{5} \tag{7.1.4}$$

我们断言：$\{I_i\}_{1\leqslant i\leqslant N}$ 满足式(7.1.2)．为证实这一点，以 x_i 和 r_i 分别表示 I_i 的中心和半径；对于任意的 $x\in E\setminus(\bigcup_{i=1}^{N}I_i)$，记 $d_0=\operatorname{dist}(x, \bigcup_{i=1}^{N}I_i)$，则 $d_0>0$．因为 Λ 是 E 的 Vitali 覆盖，此时有 $I\in\Lambda$，使得 $x\in I$ 且 $m(I)<d_0/2$．于是 $I\cap I_i=\varnothing$，$1\leqslant i\leqslant N$．取 $i>N$，使得 $I\cap I_i\neq\varnothing$(这样的 I_i 是存在的，否则从式(7.1.3)及 $\lim\limits_{i\to\infty}m(I_i)=0$ 得出 $m(I)=0$)．令

$$i_0=\min\{i: I\cap I_i\neq\varnothing\}$$

则 $i_0\geqslant N+1$，并且由式(7.1.3)知 $m(I)<2m(I_{i_0})$．于是，由 $x\in I$ 及 $I\cap I_{i_0}\neq\varnothing$ 知，x 与 I_{i_0} 的中心 x_{i_0} 的距离 d 满足

$$d\leqslant m(I)+\frac{1}{2}m(I_{i_0})<2m(I_{i_0})+\frac{1}{2}m(I_{i_0})=5r_{i_0}$$

从而 $x\in[x_{i_0}-5r_{i_0}, x_{i_0}+5r_{i_0}]$．这就证实了

$$E\setminus(\bigcup_{i=1}^{N}I_i)\subset\bigcup_{i=N+1}^{\infty}[x_i-5r_i, x_i+5r_i]$$

再结合式(7.1.4)即知断言成立．□

为证明定理 7.1.1，我们还需要做一些准备工作．设 $x\in\mathbf{R}$，f 是定义于 x 的某个邻域内的函数，假如 $\lim\limits_{y\to x}\frac{f(y)-f(x)}{y-x}$ 存在或者当 $y\to x$ 时 $\frac{f(y)-f(x)}{y-x}$ 趋于无穷大或负无穷大，则称 f 在 x 点的导数存在(注意这和经典的导数定义的区别)．对给定的 $x\in\mathbf{R}$ 以及定义在 x 的某个邻域内的函数 f，定义

$$(D^+f)(x)=\overline{\lim_{h\to 0+}}\frac{f(x+h)-f(x)}{h}$$

$$(D_+f)(x)=\underline{\lim_{h\to 0+}}\frac{f(x+h)-f(x)}{h}$$

$$(D^-f)(x)=\overline{\lim_{h\to 0-}}\frac{f(x+h)-f(x)}{h}$$

$$(D_- f)(x) = \varliminf_{h\to 0-} \frac{f(x+h)-f(x)}{h}$$

它们统称为 f 在 x 点处的 **Dini 微商**. 明显地，f 在点 x 处导数存在当且仅当 f 在 x 处的 Dini 微商均相等. 另外，$\mathbf{R}$ 上的实值函数 f 的 Dini 微商满足

$$\begin{aligned}&(D_+ f)(x) \leqslant (D^+ f)(x),\ (D_- f)(x) \leqslant (D^- f)(x)\\ &D^+(-f) = -D_+(f),\ D^-(-f) = -D_-(f)\end{aligned} \tag{7.1.5}$$

引理 7.1.2 设 f 是 $\mathbf{R}$ 上的单增函数，则对于几乎处处的 $x\in\mathbf{R}$，

$$\lim_{h\to 0} \frac{f(x+h)-f(x)}{h}$$

存在且有限或等于无穷大.

证明 要证明对实值单增函数 f，几乎处处有

$$D^+ f(x) = D_+ f(x) = D^- f(x) = D_- f(x)$$

由式(7.1.5)知，只需证明不等式

$$(D^+ f)(x) \leqslant (D_- f)(x)$$

$$(D^- f)(x) \leqslant (D_+ f)(x)$$

在 $\mathbf{R}$ 中几乎处处成立. 而上式的后一结论可以从前一个结论得出. 事实上，若几乎处处有 $(D^+ f)(x)\leqslant(D_- f)(x)$，令 $g(x)=-f(-x)$，则 g 是单增实值函数. 因此，几乎处处有 $(D^+ g)(x)\leqslant(D_- g)(x)$，即几乎处处有 $(D^+ g)(-x)\leqslant(D_- g)(-x)$. 由 Dini 微商定义易知 $(D^+ g)(-x)=(D^- f)(x)$，$(D_- g)(-x)=(D_+ f)(x)$. 于是对于几乎处处的 x，都有 $(D^- f)(x)\leqslant(D_+ f)(x)$. 因此，只需证明集合 $\{D^+ f>D_- f\}$ 是零测度集. 而这归结为证明对任何满足 $u>v$ 的正实数 u、v 及正数 a，

$$E = \{D^+ f > u > v > D_- f\} \cap (-a, a)$$

是零测度集. 为此，对于 $\varepsilon>0$，令 Q 是满足

$$E \subset Q \quad 且 \quad m(Q) < m^*(E) + \varepsilon$$

的开集，并记

$$\Lambda = \{[x-h, x] \subset Q: x \in E, h > 0, f(x) - f(x-h) < vh\}$$

显然 Λ 是 E 的 Vitali 覆盖. 由引理 7.1.1 知，Λ 中存在有限个两两不相交的区间 $I_k=[x_k-h_k, x_k]$，$k=1, 2, \cdots, N$，使得

$$m^*(E\setminus \bigcup_{k=1}^{N} I_k) < \varepsilon \tag{7.1.6}$$

令

$$F = E \cap (\bigcup_{k=1}^{N} I_k^\circ), \quad 其中\ I_k^\circ = (x_k - h_k, x_k)$$

则由式(7.1.6)可知 $m^*(F\cup(E\setminus\bigcup_{k=1}^{N}I_k^\circ))<m^*(F)+\varepsilon$，所以

$$m^*(F)>m^*(E)-\varepsilon \tag{7.1.7}$$

由于 $\{I_k\}_{1\leqslant k\leqslant N}$ 两两不相交，故有

$$\sum_{k=1}^{N}[f(x_k)-f(x_k-h_k)]<v\sum_{k=1}^{N}h_k\leqslant vm(Q)<v[m^*(E)+\varepsilon] \tag{7.1.8}$$

另一方面，记

$$\begin{aligned}\Omega=\{[y,\ y+w]:\ y\in F,\ w>0,\ &\text{存在正整数 } k,\ 1\leqslant k\leqslant N,\\ &\text{使得}[y,\ y+w]\subset I_k^\circ,\ f(y+w)-f(y)>uw\}\end{aligned}$$

显然 Ω 是 F 的 Vitali 覆盖. 再次由引理 7.1.1 知，对上面的 $\varepsilon>0$，取 Ω 中有限个两两不相交的区间 $J_i=[y_i,\ y_i+w_i]$，$i=1,2,\cdots,M$，使得

$$m^*(F\setminus\bigcup_{i=1}^{M}J_i)<\varepsilon \tag{7.1.9}$$

于是由式(7.1.7)与式(7.1.9)可知

$$\begin{aligned}\sum_{i=1}^{M}w_i=m(\bigcup_{i=1}^{M}J_i)&\geqslant m^*(F\cap(\bigcup_{i=1}^{M}J_i))\\ &\geqslant m^*(F)-m^*(F\setminus\bigcup_{i=1}^{M}J_i)\\ &>m^*(E)-2\varepsilon\end{aligned} \tag{7.1.10}$$

由 f 单增及每一 J_i 包含于某一 I_k 中可得

$$\sum_{k=1}^{N}[f(x_k)-f(x_k-h_k)]\geqslant\sum_{i=1}^{M}[f(y_i+w_i)-f(y_i)]>u\sum_{i=1}^{M}w_i \tag{7.1.11}$$

结合式(7.1.8)、式(7.1.10)及式(7.1.11)，可得

$$u[m^*(E)-2\varepsilon]<v[m^*(E)+\varepsilon]$$

由 $u>v$ 及 ε 的任意性可知 $m^*(E)=0$. □

定理 7.1.1 的证明　设实值函数 f 在 $[a,b]$ 上单调递增，令

$$\tilde{f}(x)=\begin{cases}f(a), & x<a\\ f(x), & x\in[a,\ b]\\ f(b), & x>b\end{cases}$$

则 $\tilde{f}$ 是 $\mathbf{R}$ 上的实值单增函数. 由引理 7.1.2 知，$\tilde{f}'(x)$ 几乎处处存在. 对正整数 k，令

$$g_k(x)=k\left[\tilde{f}\left(x+\frac{1}{k}\right)-\tilde{f}(x)\right]$$

则由 $\tilde{f}$ 的单增性质可知 $\{g_k\}$ 几乎处处收敛于 $\tilde{f}'$. 由 Fatou 引理知

$$\int_a^b f'(x)\mathrm{d}x=\int_a^b\tilde{f}'(x)\mathrm{d}x\leqslant\varliminf_{k\to\infty}\int_a^b g_k(x)\mathrm{d}x$$

对每个正整数 k，直接计算可得

$$\begin{aligned}\int_a^b g_k(x)\mathrm{d}x &= k\int_a^b\left[\tilde{f}\left(x+\frac{1}{k}\right)-\tilde{f}(x)\right]\mathrm{d}x\\ &= f(b)-k\int_a^{a+\frac{1}{k}}f(x)\mathrm{d}x\\ &\leqslant f(b)-f(a)\end{aligned}$$

从而

$$\int_a^b f'(x)\mathrm{d}x\leqslant f(b)-f(a)$$

所以，f'几乎处处有限，即 f 在$[a, b]$上几乎处处可导. 这样就完成了定理的证明. □

我们希望知道：定理 7.1.1 的结果是不是最佳的？这包含两层意思：首先是“$[a, b]$上的单调函数几乎处处可导”能否改为“$[a, b]$上单调函数的不可导的点至多可数”；其次，式(7.1.1)中的“$\leqslant$”是否可以改为“$=$”. 我们来看下面的例题.

例 7.1.1 若 E 是$[a, b]$中的零测集，则存在$[a, b]$上的单增连续函数 f，使得对于每一点 $x\in E$，有

$$\lim_{h\to 0}\frac{f(x+h)-f(x)}{h}=\infty$$

证明 由 $m(E)=0$ 可知，存在单调递减开集列$\{G_n\}$，使得

$$E\subset G_n,\ m(G_n)<\frac{1}{2^n}$$

令

$$f_n(x)=m([a, x]\cap G_n)$$

$$f(x)=\sum_{n=1}^{\infty}f_n(x)$$

显然 $f_n(x)$是非负单增连续函数，且 $\sum\limits_{n=1}^{\infty}f_n$ 在$[a, b]$上一致收敛于 f，因此 f 是单增连续函数. 对于任意的 $x\in E$ 及正整数 n，当 $h>0$ 充分小时，有$[x, x+h]\subset G_n$. 因为$\{G_k\}$单调递减，可知当 $1\leqslant k\leqslant n$ 时，$[x, x+h]\subset G_k$，所以

$$\begin{aligned}\frac{f(x+h)-f(x)}{h} &\geqslant \frac{1}{h}\sum_{k=1}^{n}[f_k(x+h)-f_k(x)]\\ &= \frac{1}{h}\sum_{k=1}^{n}m([x, x+h]\cap G_k)\\ &= n\end{aligned}$$

这意味着 f 在 x 点处不可微. □

例 7.1.1 说明定理 7.1.1 中关于单增函数可导性的结论不能再改进了.

例 7.1.2　函数

$$f(x)=\begin{cases}0, & x\in[0, 1/2)\\ 1, & x\in[1/2, 1]\end{cases}$$

是$[0, 1]$上的单调函数，除 $x=\frac{1}{2}$点外，$f'(x)$处处等于零，因此

$$\int_0^1 f'(x)\mathrm{d}x=0<f(1)-f(0)$$

例 7.1.2 说明定理 7.1.1 中关于单增函数的导函数的 Lebesgue 积分的结论不能再改进了. 事实上，即使 f 是$[a, b]$上严格单增的连续函数，也不能保证

$$\int_a^b f'(x)\mathrm{d}x=f(b)-f(a)$$

我们来看下面的例题.

例 7.1.3　存在$[a, b]$上严格单增的连续函数 f，使得 $f'(x)=0$ 几乎处处成立.

证明　考虑区间$[0, 1]$，用归纳法定义单增连续折线函数列.

取定 $t\in(0, 1)$，首先令

$$f_0(x)=x,\ x\in[0, 1]$$

其节点集为$\{0, 1\}$. 假设 f_{n-1}已确定，其节点集为

$$\{x_k^{(n-1)}\}_{0\leqslant k\leqslant 2^{n-1}}$$

其中 $x_k^{(n-1)}=\frac{k}{2^{n-1}}$.

$f_n(x)$确定如下：

(1) f_n的节点集是 f_{n-1}的节点集以及任意两个相邻的节点的中点

$$\lambda_k^{(n-1)}=\frac{x_{k-1}^{(n-1)}+x_k^{(n-1)}}{2}=\frac{2k-1}{2^n}$$

组成的集合的并集，即

$$\{x_k^{(n)}\}_{0\leqslant k\leqslant 2^n}=\{x_k^{(n-1)}\}_{0\leqslant k\leqslant 2^{n-1}}\cup\{\lambda_k^{(n-1)}\}_{0\leqslant k\leqslant 2^{n-1}}$$

(2) 在 f_{n-1}的节点处，f_n的取值与 f_{n-1}的相同，在 f_{n-1}的两个相邻的节点 $x_{k-1}^{(n-1)}$与 $x_k^{(n-1)}$的中点处，

$$f_n(\lambda_k^{(n-1)})=\frac{1-t}{2}f_{n-1}(x_{k-1}^{(n-1)})+\frac{1+t}{2}f_{n-1}(x_k^{(n-1)})$$

(3) 在 f_n 的两个相邻节点之间，f_n 是线性函数.

从上述定义方式易知，每一个 f_n都为严格单增函数且 $0\leqslant f_{n-1}(x)\leqslant f_n(x)\leqslant 1$. 所以，$\{f_n\}_{n\geqslant 0}$处处收敛于单增函数 f. 直观上看(见图 7-1-1))，f 应该满足要求，但是我们要

用准确的数学语言来精确表述这个事实.

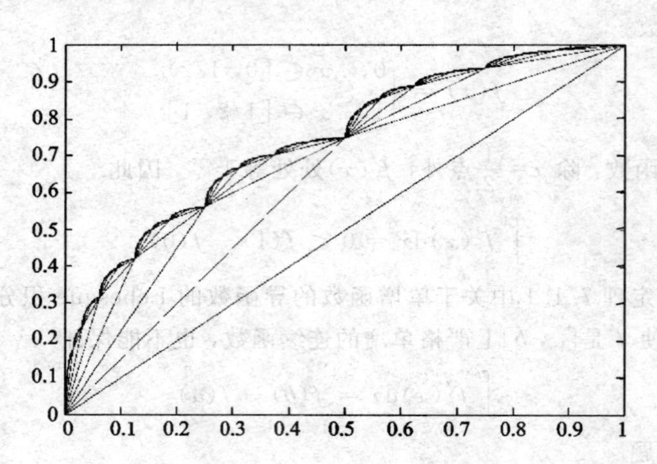

图 7-1-1 $t=0.5$ 时 $f_n(x)(0\leqslant n\leqslant 15)$的图像严格单增函数导数几乎处处为零

首先对于固定的 n 及 k，计算 f_n 在区间$(x_{k-1}^{(n)}, x_k^{(n)})$上的节差，即端点上的取值之差. 由其定义过程可知，此区间由 f_{n-1} 的两个相邻节点构成的区间平分得到，即为$(\lambda_k^{(n-1)}, x_k^{(n-1)})$或$(x_{k-1}^{(n-1)}, \lambda_k^{(n-1)})$中的一个. 直接计算可知

$$f_n(\lambda_k^{(n-1)}) - f_n(x_{k-1}^{(n-1)}) = \frac{1+t}{2}[f_{n-1}(x_k^{(n-1)}) - f_{n-1}(x_{k-1}^{(n-1)})]$$

$$f_n(x_k^{(n-1)}) - f_n(\lambda_k^{(n-1)}) = \frac{1-t}{2}[f_{n-1}(x_k^{(n-1)}) - f_{n-1}(x_{k-1}^{(n-1)})]$$

这表明 f_n的某个节差是 f_{n-1} 的某个节差与$(1+t)/2$ 或$(1-t)/2$ 的乘积. 而 f_0只有一个节差$f_0(1)-f_0(0)=1$，因此逐步递推可得

$$f_n(x_k^{(n)}) - f_n(x_{k-1}^{(n)}) = \prod_{i=1}^{n} \frac{1+\varepsilon_i t}{2}$$

其中 $\varepsilon_i=1$ 或-1.

另外，由定义过程可知，当 n 增大时，已有节点集处的取值不发生变化，即当 $m\geqslant n$ 时，有

$$f_m(x_{k-1}^{(n)}) = f_n(x_{k-1}^{(n)})$$
$$f_m(x_k^{(n)}) = f_n(x_k^{(n)})$$

令 $f=\lim\limits_{m\to\infty} f_m$，则有

$$f(x_k^{(n)}) - f(x_{k-1}^{(n)}) = \prod_{i=1}^{n} \frac{1+\varepsilon_i t}{2} \tag{7.1.12}$$

因此

$$0 < f(x_k^{(n)}) - f(x_{k-1}^{(n)}) \leqslant \left(\frac{1+t}{2}\right)^n, \quad 1 \leqslant k \leqslant 2^n \tag{7.1.13}$$

取$[0, 1]$中任意两点 $x_1 < x_2$，必存在 n 及 k 使得

$$x_1 < x_{k-1}^{(n)} < x_k^{(n)} < x_2$$

因此，由 f 单增及式(7.1.13)可知

$$f(x_2) - f(x_1) \geqslant f(x_k^{(n)}) - f(x_{k-1}^{(n)}) > 0$$

这样就证明了 f 严格单增. 由式(7.1.13)及$\left(\frac{1+t}{2}\right)^n \to 0$ 易知 f 连续.

由引理 7.1.1 知，f 在$[0, 1]$上几乎处处可导. 若 f 在 $x \in (0, 1)$处可导，则此时对每一个固定的 n，存在唯一的 k，使得

$$x \in [x_{k-1}^{(n)}, x_k^{(n)})$$

由式(7.1.12)直接计算可知

$$\frac{f(x_k^{(n)}) - f(x_{k-1}^{(n)})}{x_k^{(n)} - x_{k-1}^{(n)}} = \prod_{i=1}^{n}(1 + \varepsilon_i t)$$

上式两侧取极限得

$$f'(x) = \lim_{n\to\infty}\prod_{i=1}^{n}(1+\varepsilon_i t) < +\infty$$

注意到 $\lim\limits_{n\to\infty}\prod\limits_{i=1}^{n}(1+\varepsilon_i t)$ 存在且有限时其值必为零(否则由 $\lim\limits_{n\to\infty}\prod\limits_{i=1}^{n}(1+\varepsilon_i t)$ 收敛可知 $\lim\limits_{i\to\infty}(1+\varepsilon_i t)=1$，这与 $\varepsilon_i = 1$ 或 -1 矛盾)，因此即知 $f'(x)=0$. □

下面的关于函数项级数逐项微分的 Fubini 定理在某种意义上也显现了 Lebesgue 积分理论的优越性.

定理 7.1.2(Fubini 定理)　设$\{f_k\}$是$[a, b]$上的函数列且对于任意的 k，f_k 是单增函数，假设 $\sum\limits_{k=1}^{\infty} f_k(x)$ 在$[a, b]$上收敛，则对于几乎处处的 $x \in [a, b]$，有

$$\left(\sum_{k=1}^{\infty} f_k(x)\right)' = \sum_{k=1}^{\infty} f_k'(x) \tag{7.1.14}$$

证明　令

$$f(x) = \sum_{k=1}^{\infty} f_k(x)$$

$$R_N(x) = \sum_{k=N+1}^{\infty} f_k(x)$$

则

$$f(x) = \sum_{k=1}^{N} f_k(x) + R_N(x)$$

由于 f、R_N 是$[a, b]$上的单增实值函数，因此它们在$[a, b]$上几乎处处可导，即对于几乎处处的 $x\in[a, b]$，有

$$f'(x)=\left(\sum_{k=1}^{N} f_k(x)\right)'+R'_N(x)$$
$$=\sum_{k=1}^{N} f'_k(x)+R'_N(x)$$

我们断言，对于几乎处处的 $x\in[a, b]$，有

$$\lim_{N\to\infty} R'_N(x)=0$$

事实上，对于几乎处处的 $x\in[a, b]$，显然有 $f'_k(x)\geqslant 0$，因此

$$R'_N(x)\geqslant R'_{N+1}(x)$$

所以 $\lim\limits_{N\to\infty} R'_N(x)$ 几乎处处存在且非负. 由 Fatou 引理和 $\sum\limits_{k=1}^{\infty} f_k(x)$ 的收敛性可知

$$\int_a^b \lim_{N\to\infty} R'_N(x)\,\mathrm{d}x\leqslant \varliminf_{N\to\infty}\int_a^b R'_N(x)\,\mathrm{d}x\leqslant \varliminf_{N\to\infty}(R_N(b)-R_N(a))=0$$

再结合 6.1 节习题 2 即可证实断言成立. 这就证实了式(7.1.14). □

下面介绍与单调函数相近但更为一般的一个函数类.

定义 7.1.2 设 f 是定义于$[a, b]$的实值函数，$X=\{x_k\}_{0\leqslant k\leqslant n}$ 是$[a, b]$的一个分割，称

$$V(X)=\sum_{k=1}^{n}\left| f(x_k)-f(x_{k-1})\right|$$

为 f 对应于分割 X 的**变差**，并称

$$T_a^b(f)=\sup_{X\text{是}[a,\,b]\text{的分割}} V(X)$$

为 f 在$[a, b]$上的**全变差**. 若 $T_a^b(f)<\infty$，则称 f 是$[a, b]$上的**有界变差函数**.

显然，$[a, b]$上的单调实函数 f 是有界变差的且 $T_a^b(f)=|f(b)-f(a)|$，但连续函数未必是有界变差函数，如例 7.1.4.

例 7.1.4 函数

$$f(x)=\begin{cases} x\cos\dfrac{\pi}{2x}, & x\neq 0\\ 0, & x=0\end{cases}$$

在$[0, 1]$上连续. 对于每个正整数 k，取$[0, 1]$上的分割

$$X_k=\left\{0, \frac{1}{2k}, \frac{1}{2k-1}, \cdots, \frac{1}{3}, \frac{1}{2}, 1\right\}$$

容易看出

$$V(X_k)=1+\frac{1}{2}+\cdots+\frac{1}{k}\to\infty \qquad (k\to\infty)$$

因此 f 在$[0, 1]$上不是有界变差的.

由有界变差函数的定义可以看出：若函数 f 在$[a, b]$上有界变差，则 f 在$[a, b]$上不会有过于剧烈的振荡. 对于例 7.1.4 中的函数 f 来说，当 $0<\theta<1$ 时，f 在$[\theta, 1]$上有界变差，但是在$[0, 1]$上不是有界变差的，归根到底是由于 f 在 $x=0$ 的附近振荡得太剧烈，如图 7-1-2 所示.

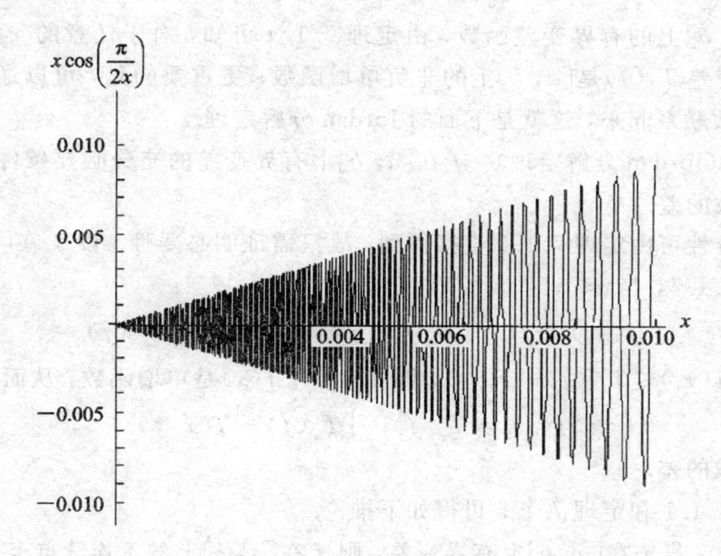

图 7-1-2　零点震荡的函数

容易证明：有界变差函数必有界；此外，还有如下结论.

定理 7.1.3　若 f 和 g 都在$[a, b]$上有界变差，则

(1) $f\pm g$ 有界变差并且 $T_a^b(f\pm g)\leqslant T_a^b(f)+T_a^b(g)$；

(2) fg 有界变差；

(3) 当$|g(x)|\geqslant\lambda>0$ 时，f/g 也有界变差.

定理 7.1.4　设 f 是$[a, b]$上的实值函数，则对于任何 $c\in[a, b]$，有

$$T_a^b(f) = T_a^c(f) + T_c^b(f)$$

证明　任取$[a, c]$上的分割 $X_{[a, c]}$ 和$[c, b]$上的分割 $X_{[c, b]}$，则 $X=X_{[a, c]}\cup X_{[c, b]}$ 是$[a, b]$的一个分割，且

$$V(X_{[a, c]}) + V(X_{[c, b]}) = V(X) \leqslant T_a^b(f)$$

从而

$$T_a^c(f) + T_c^b(f) \leqslant T_a^b(f)$$

所以只需证明 $T_a^b(f)\leqslant T_a^c(f)+T_c^b(f)$即可.

任取$[a, b]$上的分割 X，则 $Y=X\cup\{c\}$亦为$[a, b]$上的分割，且 $V(X)\leqslant V(Y)$. 取

$$Y_{[a,c]} = \{x \in Y: x \leqslant c\}, Y_{[c,b]} = \{x \in Y: x \geqslant c\}$$

则 $Y_{[a,c]}$ 和 $Y_{[c,b]}$ 分别是 $[a, c]$ 和 $[c, b]$ 上的分割，而且

$$V(X) \leqslant V(Y) = V(Y_{[a,c]}) + V(Y_{[c,b]}) \leqslant T_a^c(f) + T_c^b(f)$$

从而

$$T_a^b(f) \leqslant T_a^c(f) + T_c^b(f)$$

□

设 f 是 $[a, b]$ 上的有界变差函数，由定理 7.1.4 可知，对于任意的 $x \in (a, b]$，f 在 $[a, x]$ 上的全变差 $T_a^x(f)$ 是 $[a, b]$ 上的非负单增函数；更重要的是，可以通过 $T_a^x(f)$ 将函数 f 与单增函数联系起来，这就是下面的 Jordan 分解定理.

定理 7.1.5（Jordan 分解定理） f 在 $[a, b]$ 上有界变差的充分必要条件是 f 可以表示为两个单增函数的差.

证明 充分性可由定理 7.1.3 直接得到，故只需证明必要性. 设 f 在 $[a, b]$ 上有界变差，根据定理 7.1.4，当 $a \leqslant x_1 < x_2 \leqslant b$ 时，有

$$f(x_2) - f(x_1) \leqslant T_{x_1}^{x_2}(f) = T_a^{x_2}(f) - T_a^{x_1}(f)$$

因此 $T_a^{x_1}(f) - f(x_1) \leqslant T_a^{x_2}(f) - f(x_2)$，即 $T_a^x(f) - f(x)$ 是单增函数，从而

$$f(x) = T_a^x(f) - [T_a^x(f) - f(x)]$$

是两个单增函数的差. □

结合定理 7.1.1 和定理 7.1.5 可得如下推论.

推论 7.1.1 若 f 在 $[a, b]$ 上有界变差，则 f 在 $[a, b]$ 上的不连续点至多可数，f 几乎处处可导并且 f' 在 $[a, b]$ 上可积.

习 题

1. 设 E 是外测度有限的实数集，Λ 是 E 的 Vitali 覆盖，证明：对于任何 $\varepsilon > 0$，Λ 中有至多可数个两两不相交的区间 $\{I_k\}_{k \geqslant 1}$，使得

$$m(E \setminus \bigcup_{k=1}^{\infty} I_k) = 0$$

2. 试给出一个严格单增的连续函数 $f(x)$，使得它在 0 点的 Dini 导数各不相同.

3. 设 f 在 $\mathbf{R}$ 上单增有界，证明：$f' \in L(\mathbf{R})$.

4. 设 $\{r_n\}$ 是 $(0, 1)$ 上的有理数全体，定义

$$f(x) = \sum_{r_n < x} 2^{-n}, \ x \in (0, 1); \ f(0) = 0$$

利用 Fubini 逐项微分定理证明：$f'(x) = 0$ 在 $[0, 1]$ 上几乎处处成立.

5. 设 $f(x)$在$[a, b]$上可微，且在(a, b)内使 $f'(x)=0$ 的点可以排列为 $a<x_1<x_2<\cdots<x_n<b$，证明：f 是有界变差函数并计算其全变差.

6. 设 f 是$[a, b]$上的实值函数且存在 $M>0$ 使得对于任意的 $\varepsilon>0$，有 $T_{a+\varepsilon}^b(f)\leqslant M$. 证明：$f$ 在$[a, b]$上有界变差.

7. 设$\{f_k\}$是$[a, b]$上的有界变差函数且 $f_k(x)\to f(x)$对于任意的 $x\in[a, b]$成立，且存在常数 $M>0$ 使得 $T_a^b(f_k)\leqslant M$. 证明：f 在$[a, b]$上有界变差且 $T_a^b(f)\leqslant M$.

8. 设 f 在$[0, a]$上有界变差，证明：函数

$$F(x)=\begin{cases}0, & x=0\\ \dfrac{1}{x}\displaystyle\int_0^x f(t)\,\mathrm{d}t, & x>0\end{cases}$$

也是$[0, a]$上的有界变差函数.

9. 证明：函数 $f(x)$为有界变差函数的充分必要条件是存在增函数 $\psi(x)$，使得当 $x_1<x_2$时，$f(x_2)-f(x_1)\leqslant\psi(x_2)-\psi(x_1)$.

10. 设 f 在$[a, b]$上可微且 f'有界变差，证明：f'在$[a, b]$上连续.

7.2　不定积分的导数

本节讨论 Lebesgue 可积函数的不定积分的可导性，我们将证明：在 Lebesgue 积分的框架下式(7.0.1)仍然成立. 下面从不定积分及其基本性质出发.

定义 7.2.1　设 $f\in L([a, b])$，则称

$$F(f)(x)=\int_a^x f(t)\,\mathrm{d}t,\quad x\in[a, b]$$

为 f 的**不定积分**.

设 f 是定义于$[a, b]$的非负可测函数，由 Lebesgue 积分的性质可知，函数 $F(f)(x)$是$[a, b]$上的单增函数. 因此，对于 $f\in L([a, b])$，

$$\int_a^x f(t)\,\mathrm{d}t=\int_a^x f_+(t)\,\mathrm{d}t-\int_a^x f_-(t)\,\mathrm{d}t$$

是两个单增函数的差. 所以，当 $f\in L([a, b])$时，$F(f)(x)$是$[a, b]$上的有界变差函数. 事实上，有下面的定理.

定理 7.2.1　设 $f\in L([a, b])$，则 $F(f)(x)$是$[a, b]$上连续的有界变差函数，并且

$$T_a^b(F(f))=\int_a^b |f(t)|\,\mathrm{d}t \tag{7.2.1}$$

证明　我们已经知道 $F(f)(x)$是$[a, b]$上的有界变差函数，而 $F(f)(x)$的连续性可由

积分的绝对连续性直接得出，所以只需证明式(7.2.1)成立. 对$[a, b]$的任一分割$a=x_0<x_1<\cdots<x_n=b$，明显有

$$\begin{aligned}\sum_{k=1}^{n}|F(f)(x_k)-F(f)(x_{k-1})| &= \sum_{k=1}^{n}\left|\int_{x_{k-1}}^{x_k} f(t)\mathrm{d}t\right| \\ &\leqslant \sum_{k=1}^{n}\int_{x_{k-1}}^{x_k}|f(t)|\mathrm{d}t \\ &= \int_a^b |f(t)|\mathrm{d}t\end{aligned}$$

于是，式(7.2.1)的证明就归结为证明

$$\int_a^b |f(t)|\mathrm{d}t \leqslant T_a^b(F(f)) \tag{7.2.2}$$

现在证明式(7.2.2). 先考虑f在$[a, b]$上连续的情形. 令

$$Q_1=\{x\in(a, b): f(x)>0\},\ Q_2=\{x\in(a, b): f(x)<0\}$$

由f连续可知它们都是开集. 设$\{(a_k, b_k)\}$、$\{(c_k, d_k)\}$分别是Q_1、Q_2的生成区间族，则由积分的可数可加性得

$$\begin{aligned}\int_a^b |f(t)|\mathrm{d}t &= \int_{Q_1}|f(t)|\mathrm{d}t+\int_{Q_2}|f(t)|\mathrm{d}t \\ &= \sum_{k\geqslant 1}\int_{a_k}^{b_k} f(t)\mathrm{d}t-\sum_{k\geqslant 1}\int_{c_k}^{d_k} f(t)\mathrm{d}t \\ &= \sum_{k\geqslant 1}|F(f)(b_k)-F(f)(a_k)|+\sum_{k\geqslant 1}|F(f)(d_k)-F(f)(c_k)| \\ &\leqslant T_a^b(F(f))\end{aligned}$$

因此当f连续时式(7.2.2)成立.

现在假设$f\in L([a, b])$. 对于任意的$\varepsilon>0$，由定理6.2.3知，可以找到$[a, b]$上的连续函数g，使得

$$\int_a^b |f(x)-g(x)|\mathrm{d}x<\frac{\varepsilon}{2}$$

于是$T_a^b(F(f-g))<\varepsilon/2$. 由定理7.1.3的结论(1)以及$g$是连续函数得知

$$\begin{aligned}\int_a^b |f(x)|\mathrm{d}x &\leqslant \int_a^b |g(x)|\mathrm{d}x+\frac{\varepsilon}{2}=T_a^b(F(g))+\frac{\varepsilon}{2} \\ &\leqslant T_a^b(F(f))+\varepsilon\end{aligned}$$

再由ε的任意性即知式(7.2.2)仍成立. □

现在可以建立本节的主要结论了.

定理 7.2.2　设$f\in L([a, b])$，$F(x)=F(f)(x)$是f的不定积分，则F在$[a, b]$上几乎处处可导且几乎处处有$F'(x)=f(x)$.

证明　因为 F 是有界变差函数，由推论 7.1.1 可知，F 在$[a, b]$上几乎处处可导，且 $F'(x)$在$[a, b]$上可积.

现在来证明 $F'(x)=f(x)$在$[a, b]$上几乎处处成立. 首先从容易处理的情形开始. 先假设 f 在$[a, b]$上有界. 注意到 F 是$[a, b]$上的连续函数，所以

$$\begin{aligned}\lim_{k\to\infty}k\int_a^x[F(t+1/k)-F(t)]\mathrm{d}t &= \lim_{k\to\infty}k\int_x^{x+1/k}F(t)\mathrm{d}t-\lim_{k\to\infty}k\int_a^{a+1/k}F(t)\mathrm{d}t\\ &= F(x)-F(a)=\int_a^x f(t)\mathrm{d}t\end{aligned}$$

由于

$$\sup_{k\in\mathbf{N}}k\mid F(t+1/k)-F(t)\mid=\sup_{k\in\mathbf{N}}\left|k\int_t^{t+\frac{1}{k}}f(s)\mathrm{d}s\right|<\infty$$

由 Lebesgue 控制收敛定理可得

$$\begin{aligned}\int_a^x F'(t)\mathrm{d}t &= \int_a^x\lim_{k\to\infty}\frac{F(t+1/k)-F(t)}{1/k}\mathrm{d}t\\ &= \lim_{k\to\infty}k\int_a^x[F(t+1/k)-F(t)]\mathrm{d}t\end{aligned}$$

所以

$$\int_a^x[F'(t)-f(t)]\mathrm{d}t=0$$

再结合例 6.2.2 的结论即知 $F'(x)=f(x)$在$[a, b]$上几乎处处成立.

现在假设 f 是$[a, b]$上的非负可积函数. 对于正整数 k，令

$$f_k(x)=\begin{cases}f(x), & f(x)\leqslant k\\ 0, & f(x)>k\end{cases}$$

并且记 $F_k(x)$为 f_k在$[a, b]$上的不定积分，以及

$$G_k(x)=F(x)-F_k(x)=\int_a^x[f(t)-f_k(t)]\mathrm{d}t$$

对于固定的正整数 k，因为 f_k有界，由已经证明的结论可知 $F_k'(x)=f_k(x)$在$[a, b]$上几乎处处成立. 又由于 $f\geqslant f_k$处处成立，因此 $G_k(x)$是单增函数，故 $G_k(x)$几乎处处可导且

$$0\leqslant G'_k(x)=F'(x)-F'_k(x)=F'(x)-f_k(x)$$

再令 $k\to\infty$即知

$$F'(x)\geqslant f(x),\ \text{a. e. }x\in[a, b]\tag{7.2.3}$$

另一方面，由 $F(x)$的单调增性和定理 7.1.1 可知

$$\int_a^b F'(x)\mathrm{d}x\leqslant F(b)-F(a)=\int_a^b f(x)\mathrm{d}x\tag{7.2.4}$$

综合式(7.2.3)和式(7.2.4)即知此时 $F'(x)=f(x)$在$[a, b]$上也成立.

当 $f\in L([a,b])$时，通过将 f 表示成 $f(x)=f_+(x)-f_-(x)$并利用已经证得的结果即可验证此时 $F'(x)=f(x)$在$[a,b]$上仍几乎处处成立. □

对于 $f\in L([a,b])$，我们希望搞清楚到底在哪些点处 $F'(x)=f(x)$成立. 直接计算可以看出：

$$\left|\frac{F(x+h)-F(x)}{h}-f(x)\right|=\left|\frac{1}{h}\int_x^{x+h}[f(t)-f(x)]\mathrm{d}t\right|$$
$$\leqslant\frac{1}{h}\int_x^{x+h}|f(t)-f(x)|\,\mathrm{d}t$$

这表明：若

$$\lim_{h\to 0}\frac{1}{h}\int_x^{x+h}|f(t)-f(x)|\,\mathrm{d}t=0 \tag{7.2.5}$$

则 $F'(x)=f(x)$必成立. 另一方面，容易验证：假如 f 在 x 点连续，则式(7.2.5)一定成立. 因此我们有兴趣研究那些使得式(7.2.5)成立的点.

定义 7.2.2 设 $f\in L([a,b])$，$x\in(a,b)$，假如在 x 点式(7.2.5)成立，则称 x 是 f 的 **Lebesgue 点.**

例 7.2.1 容易验证：$[0,1]$中的任意无理点都是 Dirichlet 函数的 Lebesgue 点.

定理 7.2.3 若 $f\in L([a,b])$，则除零测度集外，$[a,b]$中的其他点都是 f 的 Lebesgue 点，并在所有 Lebesgue 点 x 处有 $F'(x)=f(x)$，其中 F 是 f 的不定积分.

证明 我们已经证实了当 x 是 f 的 Lebesgue 点时，$F'(x)=f(x)$，所以只要证明除去零测度集外的点都是 f 的 Lebesgue 点.

设 $\mathbf{Q}=\{r_1,\cdots,r_n,\cdots\}$，对于任意的正整数 n，由定理 7.2.2 可知，对于几乎处处的 $x\in(a,b)$，有

$$\left(\int_a^x|f(t)-r_n|\,\mathrm{d}t\right)'=|f(x)-r_n| \tag{7.2.6}$$

令 $E_n=\{x: x\in(a,b)$且不满足式(7.2.6)$\}$，则

$$m(E_n)=0$$

记

$$E=\bigcup_{n=1}^{\infty}E_n\cup\{x\in(a,b): |f(x)|=\infty\}$$

下面来证明$(a,b)\backslash E$ 中的点都是 f 的 Lebesgue 点.

任取 $x\in(a,b)\backslash E$，对于任意的 $\varepsilon>0$，存在 r_n，使得

$$|f(x)-r_n|<\frac{\varepsilon}{3}$$

对此 r_n和上述 ε，取 $\delta>0$，使得当 $0<|h|<\delta$时，有

$$\left|\frac{1}{h}\int_x^{x+h}|f(t)-r_n|\,\mathrm{d}t-|f(x)-r_n|\right|<\frac{\varepsilon}{3}$$

这又隐含着当 $0<|h|<\delta$ 时，有

$$\frac{1}{h}\int_x^{x+h}|f(t)-f(x)|\,\mathrm{d}t\leqslant\frac{1}{h}\int_x^{x+h}|f(t)-r_n|\,\mathrm{d}t+|f(x)-r_n|<\varepsilon$$

即 x 为 f 的 Lebesgue 点. 这就完成了定理的证明. □

定理 7.2.3 表明，若 $f\in L([a,b])$，则

$$\left(\int_a^x f(t)\,\mathrm{d}t\right)'=f(x)$$

在 $[a,b]$ 上几乎处处成立. 这一结论与 Riemann 积分的有关结论相同，但假设条件明显减弱了.

习　题

1. 试给出一个函数 $f\in L([0,1])$，使得 $F(f)(x)$ 在点 $c\in(0,1)$ 处可微，但 $F(f)'(c)\neq f(c)$.

2. 设 $f\in L([a,b])$，$F(f)$ 是 f 的不定积分，证明：$T_a^x(F(f))$ 几乎处处可导，且几乎处处有 $\frac{\mathrm{d}}{\mathrm{d}x}T_a^x(F(f))=|F(f)'(x)|=|f(x)|$.

3. 设 $f\in L([a,b])$，$x_0\in(a,b)$ 是 $f(x)$ 的 Lebesgue 点，$\{E_n\}$ 是一列可测集，存在正数列 $\{\delta_n\}$，$\delta_n\to0$ 且对于任意的 n 满足 $E_n\subset[x_0-\delta_n,x_0+\delta_n]$，$m(E_n)\geqslant\alpha\delta_n$，其中 $\alpha>0$，证明：

$$\lim_{n\to\infty}\frac{1}{m(E_n)}\int_{E_n}f(x)\,\mathrm{d}x=f(x_0)$$

4. 设 $f\in L([0,1])$，$g(x)$ 是 $[0,1]$ 上的单增函数，若对于任意的 $[a,b]\subset[0,1]$，有

$$\left|\int_a^b f(x)\,\mathrm{d}x\right|^2\leqslant[g(b)-g(a)](b-a)$$

证明：$f^2(x)$ 是 $[0,1]$ 上的可积函数.

7.3　绝对连续函数与微积分基本定理

本节讨论微积分基本定理在 Lebesgue 测度与积分框架下的推广. 前面已经指出：即使

f 在$[a, b]$上严格单增($f' \in L([a, b])$当然成立)，Newton-Leibniz 公式:

$$\int_a^b f'(t)\mathrm{d}t = f(b) - f(a)$$

也未必成立. 因此，有必要引进比有界变差函数更强的一类函数.

定义 7.3.1 设 $f(x)$是$[a, b]$上的实值函数，假如对于任意的 $\varepsilon > 0$，存在 $\delta > 0$，使得对于$[a, b]$中任意有限个两两不相交的开区间$\{(a_l, b_l)\}_{1 \leqslant l \leqslant k}$，只要 $\sum\limits_{l=1}^{k}(b_l - a_l) < \delta$，便有

$$\sum_{l=1}^{k} |f(b_l) - f(a_l)| < \varepsilon$$

则称 f 在$[a, b]$上**绝对连续**或 f 是$[a, b]$上的绝对连续函数.

容易证明，$f(x)$在$[a, b]$上绝对连续的充分必要条件是：对于任意的 $\varepsilon > 0$，存在 $\delta > 0$，使得对于$[a, b]$中任意至多可数个两两不相交的开区间$\{(a_l, b_l)\}_{1 \leqslant l \leqslant N}$($N$ 是正整数或 $N = \infty$)，只要 $\sum\limits_{l=1}^{N}(b_l - a_l) < \delta$，便有

$$\sum_{l=1}^{\infty} |f(b_l) - f(a_l)| < \varepsilon$$

关于绝对连续函数的性质，有如下结论.

定理 7.3.1

(1) 若 f 在$[a, b]$上绝对连续，则 f 在$[a, b]$上连续；

(2) 若 f、g 都是$[a, b]$上的绝对连续函数，则 $f \pm g$ 和 fg 也都绝对连续，且当 g 没有零点时，f/g 也绝对连续；

(3) 若 f 在$[a, b]$上绝对连续，则 f 在$[a, b]$上有界变差，进而在$[a, b]$上几乎处处可导；

(4) 若 $f \in L([a, b])$，则 f 的不定积分 $F(x) = \int_a^x f(t)\mathrm{d}t$ 在$[a, b]$上绝对连续.

证明 仅证明结论(3)和结论(4).

先考虑结论(3). f 在$[a, b]$上绝对连续，所以，存在 $\delta > 0$，使得对于$[a, b]$上的任意相互不交的开区间$\{(a_l, b_l)\}_{1 \leqslant l \leqslant k}$，当 $\sum\limits_{l=1}^{k}(b_l - a_l) < \delta$ 时，有

$$\sum_{l=1}^{k} |f(b_l) - f(a_l)| < 1$$

现在将$[a, b]$等分成 N 个区间$\{[x_{l-1}, x_l]\}_{1 \leqslant l \leqslant N}$，每一个区间的长度小于 δ. 明显地，有 $T_{x_{l-1}}^{x_l}(f) \leqslant 1$. 由定理 7.1.4 即知

$$T_a^b(f) = \sum_{l=1}^{N} T_{x_{l-1}}^{x_l}(f) \leqslant N$$

现在转向结论(4). 对于$[a, b]$中任意有限个两两不相交的区间$\{(a_l, b_l)\}_{1\leqslant l\leqslant k}$，由推论 6.3.2，有

$$\sum_{l=1}^{k} |F(b_l)-F(a_l)| = \sum_{l=1}^{k} \left|\int_{a_l}^{b_l} f(t)\mathrm{d}t\right| \leqslant \sum_{l=1}^{k}\int_{a_l}^{b_l} |f(t)|\,\mathrm{d}t = \int_{\bigcup_{l=1}^{k}[a_l, b_l]} |f(t)|\,\mathrm{d}t$$

由积分的绝对连续性可知，对于任意的$\varepsilon>0$，存在δ，使得当$\sum_{l=1}^{k}(b_l-a_l)<\delta$时，

$$\int_{\bigcup_{l=1}^{k}[a_l, b_l]} |f(t)|\,\mathrm{d}t<\varepsilon$$

因此F在$[a, b]$上绝对连续. □

例 7.3.1　设f在$[a, b]$上满足 **Lipschitz 条件**，即对于任意的$x, y\in[a, b]$，有

$$|f(x)-f(y)|\leqslant M|x-y|$$

容易验证f在$[a, b]$上绝对连续.

为了建立主要结论，我们还需要做一些准备工作.

引理 7.3.1　设f在$[a, b]$上绝对连续，假如f的导函数在$[a, b]$上几乎处处等于 0，则f在$[a, b]$上恒等于某个常数.

证明　由于f在$[a, b]$上绝对连续，因此对于任意的$\varepsilon>0$，存在$\delta>0$，使得对于$[a, b]$上任意有限个相互不交的开区间$\{(a_l, b_l)\}_{1\leqslant l\leqslant k}$，只要$\sum_{l=1}^{k}(b_l-a_l)<\delta$，就有

$$\sum_{l=1}^{k} |f(b_l)-f(a_l)|<\varepsilon$$

令$E=\{x\in(a, b): f'(x)=0\}$，以及

$$\Lambda=\{[x, x+h]\subset[a, b]: x\in E;\ h>0,\ |f(x+h)-f(x)|<\varepsilon h\}$$

容易看出：Λ是E的 Vitali 覆盖. 于是，对上述δ，存在有限个相互不交的区间$I_k=[x_k, x_k+h_k](1\leqslant k\leqslant n)$，使得

$$m([a, b]\setminus \bigcup_{k=1}^{n} I_k)=m(E\setminus \bigcup_{k=1}^{n} I_k)<\delta$$

不妨设$a<x_1<x_2<\cdots<x_n<x_n+h_n<b$，于是区间

$$(a, x_1), (x_1+h_1, x_2), \cdots, (x_n+h_n, b)$$

的长度的和小于δ，所以

$$|f(x_1)-f(a)|+|f(x_2)-f(x_1+h_1)|+\cdots+|f(b)-f(x_n+h_n)|<\varepsilon$$

另一方面，由 $x_k(k=1, \cdots, n)$ 的选取过程可知

$$\sum_{k=1}^{n} | f(x_k+h_k)-f(x_k) | < \varepsilon(b-a)$$

于是就得到

$$| f(b)-f(a) | < \varepsilon+\varepsilon(b-a)$$

再由 ε 的任意性即得 $f(b)=f(a)$. 显然，对于任意的 $x\in[a, b]$，在上述过程中用 $[a, x]$ 代替 $[a, b]$ 可以得到 $f(x)=f(a)$. 因此，f 是常数. □

在上面的证明中，通过覆盖引理，将 $[a, b]$ 分成两部分，一部分由小区间族 $\{I_k\}_{1\leqslant k\leqslant n}$ 构成，这些区间很小，从而使得 f 在这些小区间上变化足够小，在另一部分区间上，f 整体上变化很小，于是 f 在 $[a, b]$ 上变化较小.

利用引理 7.3.1 可以给出 Newton-Leibniz 公式成立的一个充分条件.

定理 7.3.2 若 f 在 $[a, b]$ 上绝对连续，则对于任意的 $x\in[a, b]$，有

$$f(x)=f(a)+\int_a^x f'(t)\mathrm{d}t \tag{7.3.1}$$

证明 令

$$g(x)=f(x)-\int_a^x f'(t)\mathrm{d}t$$

由定理 7.3.1 和定理 7.2.2 知，$g(x)$ 在 $[a, b]$ 上绝对连续且几乎处处有

$$g'(x)=f'(x)-f'(x)=0$$

再由引理 7.3.1 即知 g 在 $[a, b]$ 上恒等于一个常数，进而式(7.3.1)成立. □

结合定理 7.3.2 和定理 7.3.1，容易得到下面的推论.

推论 7.3.1 设 f 是定义于 $[a, b]$ 上的实值函数，则 f 在 $[a, b]$ 上绝对连续的充分必要条件是：存在 $[a, b]$ 上的 Lebesgue 可积函数 g，使得对于任意的 $x\in(a, b]$，有

$$f(x)=f(a)+\int_a^x g(t)\mathrm{d}t$$

下面举例说明推论 7.3.1 的应用.

例 7.3.2 设 f 是 $[a, b]$ 上的有界变差函数，假如 f 在 $x=a$ 处右连续且对于任意的 $0<\varepsilon<b-a$，f 在 $[a+\varepsilon, b]$ 上绝对连续，则 f 在 $[a, b]$ 上绝对连续.

证明 对于任意的 $x\in(a, b]$ 和 $\varepsilon\in(0, x-a)$，由推论 7.3.1 知

$$f(x)=f(a+\varepsilon)+\int_{a+\varepsilon}^x f'(t)\mathrm{d}t \tag{7.3.2}$$

由于 f 在 $[a, b]$ 上有界变差，$f'(t)$ 在 (a, b) 上 Lebesgue 可积，在式(7.3.2)中令 $\varepsilon\to 0$，即得

$$f(x)=f(a)+\int_a^x f'(t)\mathrm{d}t$$

再次利用推论 7.3.1 即得 f 在$[a, b]$上的绝对连续性. □

对于区间$[a, b]$以及$[a, b]$上的函数 f，条件"f'在$[a, b]$上 Riemann 可积"比条件"f 在$[a, b]$上绝对连续"要强. 事实上，"f'在$[a, b]$上 Riemann 可积"意味着"f'在$[a, b]$上有界"，进而由 Lagrange 中值定理知，"f 在$[a, b]$上满足 Lipschitz 条件"，从而"f 在$[a, b]$上绝对连续". 对比定理 1.1.4 和定理 7.3.2 可知：在 Lebesgue 积分意义下，式(7.3.1)成立的条件比 Riemann 积分意义下相应公式成立的条件要弱. 我们还可以给出一个具体的例子来说明这一点. 事实上，由例 7.3.2 知，函数 $f(x)=\sqrt{x}$在$[0, 1]$上绝对连续，因此 Newton-Leibniz 公式成立；但这个函数在 $x=0$ 处不可导，且其在$(0, 1]$上的导函数无界，因此在 Riemann 积分意义下，Newton-Leibniz 公式不适应于$[0, 1]$上的函数 $f(x)=\sqrt{x}$.

由例 7.1.3 可知，严格单增的连续函数不一定绝对连续. 下面的定理告诉我们：满足 Newton-Leibniz 公式的单增函数必为绝对连续函数.

定理 7.3.3　若 f 在$[a, b]$上单增且满足 Newton-Leibniz 公式

$$\int_a^b f'(x)\mathrm{d}x = f(b) - f(a)$$

则 f 在$[a, b]$上绝对连续.

证明　因为 f 单增，所以 f'在$[a, b]$上非负可积. 令

$$g(x) = f(x) - f(a) - \int_a^x f'(t)\mathrm{d}t$$

则由定理 7.1.1 容易验证 g 在$[a, b]$上单增. 注意到 $g(b)=0=g(a)$，故

$$f(x) = f(a) + \int_a^x f'(t)\mathrm{d}t$$

现在给出本节的主要结论，它不但建立了函数绝对连续的一个充分条件，也是定理 1.1.4 在 Lebesgue 积分情形的类似.

定理 7.3.4　设 f 是$[a, b]$上的实值函数，假如 f 在$[a, b]$上处处可微且 $f'\in L([a, b])$，则 f 在$[a, b]$上绝对连续，从而 Newton-Leibniz 公式成立.

定理 7.3.4 的证明需要一些预备性引理，记

$$(Df)(x) = \varliminf_{h\to 0}\frac{f(x+h)-f(x)}{h}$$

引理 7.3.2　设 f 是$[a, b]$上的实值函数，假如对任意 $x\in[a, b]$，$(Df)(x)\geqslant 0$，则 f 在$[a, b]$上单增.

证明　只需证明 $f(a)\leqslant f(b)$. 假如 $f(a)>f(b)$，取 $\varepsilon>0$ 足够小，使得

$$f(a)+\varepsilon a > f(b)+\varepsilon b$$

令 $g(x)=f(x)+\varepsilon x$，则

$$g(a) > g(b)$$

且对于任意的 $x\in[a, b]$，都有

$$(Dg)(x) \geqslant \varepsilon$$

注意到对于 $c=\dfrac{a+b}{2}$，或者 $g(a)>g(c)$，或者 $g(c)>g(b)$. 于是可得$[a_1, b_1]\subset[a, b]$，使得 $g(a_1)>g(b_1)$且 $b_1-a_1=\dfrac{b-a}{2}$. 类似地，可得$[a_2, b_2]\subset[a_1, b_1]$，$g(a_2)>g(b_2)$且 $b_2-a_2=\dfrac{b_1-a_1}{2}$. 依次类推，得到一列单减闭区间$\{[a_n, b_n]\}$，使得

$$g(a_n) > g(b_n),\ b_n - a_n = \frac{b-a}{2^n} \to 0 \qquad (n\to\infty)$$

由区间套定理知，存在 $\xi\in\bigcap\limits_{n=1}^{\infty}[a_n, b_n]$. 显然，$(Dg)(\xi)\leqslant 0$，与$(Dg)(\xi)\geqslant\varepsilon$ 矛盾，从而 $f(a)\leqslant f(b)$. □

引理 7.3.3 设 f 是$[a, b]$上的实值函数，假如：

(1) $(Df)(x)>-\infty$，$x\in[a, b]$；

(2) 几乎处处有$(Df)(x)\geqslant 0$，

则 f 单增.

证明 令 $E=\{x\in[a, b]: (Df)(x)<0\}$，则

$$m(E) = 0$$

由例 7.1.1 可知，存在$[a, b]$上的单增函数 $e(x)$，使得当 $x\in E$ 时，有

$$e'(x) = +\infty$$

于是，对于任意的 $\varepsilon>0$，函数

$$g(x) = f(x) + \varepsilon e(x)$$

满足$(Dg)(x)\geqslant 0$. 由引理 7.3.2 知，g 在$[a, b]$上单增，因此，对于任意的 $\varepsilon>0$，$a\leqslant x_1< x_2\leqslant b$，有

$$f(x_1) + \varepsilon e(x_1) \leqslant f(x_2) + \varepsilon e(x_2)$$

再由 ε 的任意性即知 $f(x_1)\leqslant f(x_2)$，即 f 单增. □

定理 7.3.4 的证明 对于正整数 k，令

$$g_k(x) = \begin{cases} f'(x), & f'(x)\leqslant k \\ k, & f'(x) > k \end{cases}$$

$$G_k(x) = f(x) - \int_a^x g_k(t)\,\mathrm{d}t$$

则 $G_k'(x)=f'(x)-g_k(x)\geqslant 0$ 在$[a, b]$上几乎处处成立. 其次，对于任意的 $x\in[a, b]$，有

$$\frac{G_k(x+h)-G_k(x)}{h} \geqslant \frac{f(x+h)-f(x)}{h}-k$$

从而$(DG_k)(x)>-\infty$在$[a, b]$上处处成立. 由引理 7.3.3 可知，G_k在$[a, b]$上单增，从而$G_k(a)\leqslant G_k(x)$或者

$$f(a) \leqslant f(x)-\int_a^x g_k(t)\mathrm{d}t$$

因为$|g_k(x)|\leqslant|f'(x)|$，故由 Lebesgue 控制收敛定理可知

$$f(a) \leqslant f(x)-\int_a^x f'(t)\mathrm{d}t$$

对$-f$重复上面的证明可得

$$-f(a) \leqslant -f(x)+\int_a^x f'(t)\mathrm{d}t$$

因此 $f(x)=f(a)+\int_a^x f'(t)\mathrm{d}t$. 这样就完成了定理的证明. □

利用定理 7.3.4 可以建立 Lebesgue 积分的分部积分法.

定理 7.3.5(分部积分法)　设f和g都在$[a, b]$上绝对连续，则

$$\int_a^b f'(x)g(x)\mathrm{d}x = f(t)g(t)\Big|_a^b - \int_a^b f(x)g'(x)\mathrm{d}x$$

证明　因为f和g都在$[a, b]$上绝对连续，fg在$[a, b]$上绝对连续，f和g几乎处处可导且$f', g'\in L([a, b])$，所以$(fg)'$在$[a, b]$上 Lebesgue 可积. 由定理 7.3.4 知

$$\begin{aligned} f(b)g(b) &= f(a)g(a)+\int_a^b [f(x)g(x)]'\mathrm{d}x \\ &= f(a)g(a)+\int_a^b f'(x)g(x)\mathrm{d}x+\int_a^b f(x)g'(x)\mathrm{d}x \end{aligned}$$

□

习　题

1. 利用绝对连续函数的定义证明：假如f在$[a, b]$和$[b, c]$上绝对连续，则f在$[a, c]$上绝对连续.

2. 设$\{f_k\}$是$[a, b]$上的绝对连续函数列且$\{f_k(x)\}$在$[a, b]$上一致收敛于$f(x)$，证明：f在$[a, b]$上也绝对连续.

3. 设f、ϕ分别是$[a, b]$和$[p, q]$上的绝对连续函数，$a\leqslant\phi(x)\leqslant b$且$\phi$在$[p, q]$上严格单增，证明：$f[\phi(t)]$是$[p, q]$上的绝对连续函数.

4. 证明：f在$[a, b]$上绝对连续当且仅当它可以表示为两个单增实值绝对连续函数

的差.

5. 设 $f\in L(\mathbf{R})$，证明：$F(x)=\int_{-\infty}^{x}f(t)\mathrm{d}t$ 是 $\mathbf{R}$ 上的绝对连续函数.

6. 设 $\mathbf{R}$ 上的函数

$$f(x)=\begin{cases}\sqrt{|x|}, & |x|<1\\ 1, & |x|\geqslant 1\end{cases}$$

$$g(x)=\begin{cases}x^2\sin^2\dfrac{1}{x}, & x\neq 0\\ 0, & x=0\end{cases}$$

证明：f 和 g 是绝对连续函数但 $f\circ g$ 不是绝对连续函数.

7. 设$\{g_k\}$是一列在$[a,b]$上绝对连续的函数，$F\in L([a,b])$且在$[a,b]$上几乎处处有$|g_k'(x)|\leqslant F(x)(k\geqslant 1)$. 假如

$$\lim_{k\to\infty}g_k(x)=g(x),\qquad \lim_{n\to\infty}g_k'(x)=f(x)$$

证明：$g'(x)=f(x)$在$[a,b]$上几乎处处成立.

8. 设 f 是$[a,b]$上的连续函数，$g\in L([a,b])$，证明：存在 $\xi\in[a,b]$，使得

$$\int_a^b f(x)g(x)\mathrm{d}x=f(\xi)\int_a^b g(x)\mathrm{d}x$$

7.4 积分的变量替换

首先回顾 Riemann 积分中的变量替换公式. 假设 f 是区间$[a,b]$上的连续函数，$x=\phi(t)$在$[p,q]$上连续可微，$\phi(t)$的值域含于$[a,b]$且 $\phi(p)=a$，$\phi(q)=b$，则

$$\int_a^b f(x)\mathrm{d}x=\int_p^q f[\phi(t)]\phi'(t)\mathrm{d}t \tag{7.4.1}$$

虽然前面建立过 Lebesgue 积分的一个变量替换结论(见例 6.2.1)，但那里涉及的变量替换是线性变换，我们希望对 Lebesgue 积分建立与式(7.4.1)类似的结论.

当 $f\in L([a,b])$时，为使式(7.4.1)成立，$\phi'(t)\in L([p,q])$是一个非常自然的条件，这看起来需要 $\phi(t)$在$[a,b]$上绝对连续，但是这个条件是否能保证 $f[\phi(t)]$可测，进而可积呢？为此，先研究可测集通过绝对连续映射后所得像的可测性的问题.

引理 7.4.1 设 $\phi(t)$是$[p,q]$上的绝对连续函数，假如 $E\subset[p,q]$是零测度集，则 $\phi(E)=\{\phi(x):x\in E\}$也是零测度集.

证明 不妨设 $E\subset(p,q)$，否则取 $\bar{E}=E\setminus\{p,q\}$即可. 对于任意的 $\varepsilon>0$，因为 ϕ 在

$[p,q]$上绝对连续，故可以找到$\delta>0$，使得对于$[p,q]$中至多可数个相互不交的开区间$\{(a_k,b_k)\}_{k\geqslant 1}$，当$\sum_{k\geqslant 1}(b_k-a_k)<\delta$时，必有

$$\sum_{k\geqslant 1}|\phi(b_k)-\phi(a_k)|<\varepsilon$$

对于上述$\delta>0$，可以找到开集$G\subset(p,q)$，使得$E\subset G$且$m(G)<\delta$. 由定理3.2.3知，G为至多可数个相互不交的生成区间$\{(a_k,b_k)\}_{k\geqslant 1}$的并. 由$\phi$的连续性可知，$\phi([a_k,b_k])=[\phi(x_k),\phi(y_k)]$，其中$x_k$，$y_k\in[a_k,b_k]$. 明显地，$\{(x_k,y_k)\}_{k\geqslant 1}$是至多可数个两两不相交的开区间，且

$$\sum_{k\geqslant 1}|y_k-x_k|\leqslant\sum_{k\geqslant 1}(b_k-a_k)<\delta$$

因此

$$\begin{aligned}m^*(\phi(E))&\leqslant m^*\left(\bigcup_{k\geqslant 1}\phi([a_k,b_k])\right)\\&=m^*\left(\bigcup_{k\geqslant 1}[\phi(x_k),\phi(y_k)]\right)\\&\leqslant\sum_{k\geqslant 1}|\phi(x_k)-\phi(y_k)|<\varepsilon\end{aligned}$$

再由$\varepsilon>0$的任意性即知$m(\phi(E))=0$. □

引理7.4.2　设$\phi(t)$是$[p,q]$上的绝对连续函数，若$E\subset[p,q]$可测，则$\phi(E)$也可测.

证明　由可测集的性质知，存在单增闭集列$\{F_n\}\subset[p,q]$和零测度集Z，使得$E=\bigcup_{n=1}^{\infty}F_n\cup Z$. 这样，$\phi(E)=\bigcup_{n=1}^{\infty}\phi(F_n)\cup\phi(Z)$. 由$\phi$的连续性可知，$\phi(F_n)$为闭集. 又由引理7.4.1知，$\phi(Z)$为零测度集. 因此，$\phi(E)$可测. □

定理7.4.1　设$\phi(t)$是$[p,q]$上的单增绝对连续函数，若E是$[p,q]$中的可测集，则

$$m(\phi(E))=\int_E\phi'(t)\mathrm{d}t\tag{7.4.2}$$

证明　不妨假设$E\subset(p,q)$. 先从最简单的可测集开始. 若E为开区间(t_1,t_2)，则$\phi(E)=(\phi(t_1),\phi(t_2))$，因此

$$m(\phi(E))=\phi(t_2)-\phi(t_1)=\int_{t_1}^{t_2}\phi'(t)\mathrm{d}t=\int_E\phi'(t)\mathrm{d}t$$

即式(7.4.2)成立. 进一步，利用定理3.2.3、开集与闭集的关系可以验证当E为开集或闭集时结论成立.

注意到$\phi'(t)$在$[p,q]$上Lebesgue可积，由积分的绝对连续性知，任给$\varepsilon>0$，存在$\delta>0$，使得当$e\subset[p,q]$且$m(e)<\delta$时，有

$$\int_e\phi'(t)\mathrm{d}t<\varepsilon$$

假如$E\subset(p,q)$是可测集，则对于上述$\delta>0$，存在开集G、闭集F、$F\subset E\subset G$，且$m(G\backslash F)<\delta$.

此时，由$\phi'(t)\geqslant 0$可知

$$\int_F \phi'(t)\mathrm{d}t = m(\phi(F)) \leqslant m(\phi(E)) \leqslant m(\phi(G)) = \int_G \phi'(t)\mathrm{d}t$$

$$\int_F \phi'(t)\mathrm{d}t \leqslant \int_E \phi'(t)\mathrm{d}t \leqslant \int_G \phi'(t)\mathrm{d}t$$

从而

$$\left| m(\phi(E)) - \int_E \phi'(t)\mathrm{d}t \right| \leqslant \int_{G\setminus F} \phi'(t)\mathrm{d}t < \varepsilon$$

再由 ε 的任意性即知式(7.4.2)仍成立. □

现在可以建立本节的主要结论了.

定理 7.4.2 设 $\phi(t)$是$[p, q]$上的严格单增绝对连续函数，$a=\phi(p)$，$b=\phi(q)$，则对于 $f\in L([a, b])$，有

$$\int_a^b f(x)\mathrm{d}x = \int_p^q f[\phi(t)]\phi'(t)\mathrm{d}t \tag{7.4.3}$$

证明 从容易处理的情形开始. 假设 f 在$[a, b]$上连续，令

$$F(x) = \int_a^x f(t)\mathrm{d}t$$

$$G(x) = \int_p^x f[\phi(t)]\phi'(t)\mathrm{d}t$$

由 F 绝对连续以及 ϕ 单调且绝对连续知，$F[\phi(t)]$是$[p, q]$上的绝对连续函数(见 7.3 节习题 3)，且在$[p, q]$上处处有

$$\{F[\phi(t)]\}' = f[\phi(t)]\phi'(t) = G'(t)$$

由引理 7.3.1 知，对于任意的 $t\in[p, q]$，有

$$F[\phi(t)] - G(t) \equiv F[\phi(p)] - G(p) = 0$$

这就证实了 f 在$[a, b]$上连续时式(7.4.3)成立.

现假设 f 是有界可积函数，由推论 5.3.2 知，存在$[a, b]$上的连续函数列$\{g_k\}$使得$g_k(x)\to f(x)$在$[a, b]$上几乎处处成立，且$\sup\limits_{k\geqslant 1,\, x\in[a, b]} |g_k(x)| \leqslant \sup\limits_{x\in[a, b]} |f(x)|$. 由已经建立的结论得

$$\int_a^b g_k(x)\mathrm{d}x = \int_p^q g_k[\phi(t)]\phi'(t)\mathrm{d}t$$

若能证明在$[p, q]$上

$$g_k[\phi(t)]\phi'(t) \to f[\phi(t)]\phi'(t) \tag{7.4.4}$$

几乎处处成立，则由 Lebesgue 控制收敛定理即知在此情形下式(7.4.3)成立.

为证明式(7.4.4)，令

$$E_1 = \{t \in [p, q]: \lim_{k\to\infty} g_k[\phi(t)] = f[\phi(t)]\}$$

$$E_2 = \{t \in [p, q]: \phi'(t) \text{ 存在有限}\}$$

$$F = [p, q] \setminus (E_1 \cap E_2) = ([p, q] \setminus E_1) \cup ([p, q] \setminus E_2)$$

明显地，式(7.4.4)在 $E_1 \cap E_2$ 上处处成立. 由于 E_2^c 是零测度集，由引理 7.4.1 知 $m(\phi(E_2^c))=0$；另一方面，由于 g_k 几乎处处收敛于 f，$m(\phi(E_1^c))=0$. 因此，$\phi(F)$ 是 $[a, b]$ 中的零测度集. 由定理 7.4.1 可知，$\phi'(t)$ 在 F 上几乎处处等于零，这就证实了式(7.4.4)在 $[p, q]$ 上几乎处处成立.

最后考虑一般情形. 不妨假定 f 非负可积(否则对 f_+、f_- 分别讨论). 对正整数 k，令

$$f_k(x) = \begin{cases} f(x), & 0 \leqslant f(x) \leqslant k \\ 0, & f(x) > k \end{cases}$$

前面已经证明的结论表明

$$\int_a^b f_k(x)\mathrm{d}x = \int_p^q f_k[\phi(t)]\phi'(t)\mathrm{d}t$$

利用 Levi 单调收敛定理可知

$$\int_a^b f(x)\mathrm{d}x = \int_p^q f[\phi(t)]\phi'(t)\mathrm{d}t$$

□

习　题

1. 设 f 在 $[c, d]$ 上满足 Lipschitz 条件，u 在 $[a, b]$ 上绝对连续且 $u([a, b]) \subset [c, d]$，证明：$f \circ u$ 在 $[a, b]$ 上绝对连续，而且对于几乎处处的 $t \in [a, b]$，有

$$(f \circ u)'(t) = f'[u(t)]u'(t)$$

2. 设 g 为 $[c, d]$ 上的有界可测函数，u 在 $[a, b]$ 上绝对连续且 $u([a, b]) \subset [c, d]$，证明：$(g \circ u)u' \in L([a, b])$ 且对于任意的 $\alpha, \beta \in [a, b]$，有

$$\int_{u(\alpha)}^{u(\beta)} g(x)\mathrm{d}x = \int_\alpha^\beta g[u(t)]u'(t)\mathrm{d}t$$

3. 设 g 为 $[c, d]$ 上的 Lebesgue 可积函数，u 在 $[a, b]$ 上绝对连续且 $u([a, b]) \subset [c, d]$，证明：若 $(g \circ u)u' \in L([a, b])$，则对于任意的 $\alpha, \beta \in [a, b]$，有

$$\int_{u(\alpha)}^{u(\beta)} g(x)\mathrm{d}x = \int_\alpha^\beta g[u(t)]u'(t)\mathrm{d}t$$

索 引

注：索引内容后对应的数字为节号.

参 考 文 献

[1] 邓东皋，常心怡. 实变函数简明教程. 北京：高等教育出版社，2005.
[2] Grafakos L. Classical Fourier Analysis. 2ed. New York：Springer，2008.
[3] 周性伟. 实变函数. 2 版. 北京：科学出版社，2007.